技工院校计算机类专业教材（中／高级技能层级）

WPS Office 文字编辑处理

主　编　陈　军
副主编　李　聪　廖庆军
主　审　曹　洁

中国劳动社会保障出版社

简介

本书主要内容包括制作青年志愿者招募公告——WPS 文字的基础排版、制作公益宣传海报——WPS 文字的图文混排、制作学生技能竞赛成绩统计图表——WPS 文字的表格制作、制作网络技术基础试卷——WPS 文字的高级应用、制作学生准考证——WPS 文字的邮件合并、编排项目技术方案——WPS 文字的长文档编辑、制作技能人才需求调查报告——WPS 文字的智能办公等。

本书由陈军担任主编，李聪、廖庆军担任副主编，李艳娟、肖巧玲、李锋、杨朝胜、叶红美、肖雄英参与编写，曹洁担任主审。

图书在版编目（CIP）数据

WPS Office 文字编辑处理 / 陈军主编. -- 北京：中国劳动社会保障出版社，2025. --（技工院校计算机类专业教材）. -- ISBN 978-7-5167-7054-2

Ⅰ. TP317.1

中国国家版本馆 CIP 数据核字第 2025M2H488 号

WPS Office 文字编辑处理

WPS Office WENZI BIANJI CHULI

中国劳动社会保障出版社出版发行

（北京市惠新东街 1 号　邮政编码：100029）

*

北京宏伟双华印刷有限公司印刷装订　　新华书店经销

787 毫米 ×1092 毫米　16 开本　15.75 印张　308 千字

2025 年 11 月第 1 版　　2025 年 11 月第 1 次印刷

定价：40.00 元

营销中心电话：400-606-6496

出版社网址：https://www.class.com.cn

https://jg.class.com.cn

前　言

为了更好地满足技工院校计算机类专业的教学要求，适应计算机行业的发展现状，全面提升教学质量，我们组织全国有关学校的一线教师和行业、企业专家，在充分调研企业用人需求和学校教学情况、吸收借鉴各地技工院校教学改革成功经验的基础上，根据人力资源社会保障部颁布的《全国技工院校专业目录》及相关教学文件，对技工院校计算机类专业教材进行了修订和新编。

本次修订（新编）的教材涉及计算机类专业通用基础模块及办公软件、多媒体应用软件、辅助设计软件、计算机应用维修、网络应用、程序设计、操作指导等多个专业模块。

本次修订（新编）工作的重点主要有以下几个方面。

突出技工教育特色

坚持以能力为本位，突出技工教育特色。根据计算机类专业毕业生就业岗位的实际需要和行业发展趋势，合理确定学生应具备的能力和知识结构，对教材内容及其深度、难度进行了调整。同时，进一步突出实际应用能力的培养，以满足社会对技能型人才的需求。

针对计算机软、硬件更新迅速的特点，在教学内容选取上，既注重体现新软件、新知识，又兼顾技工院校教学实际条件。在教学内容组织上，不仅局限于某一计算机软件版本或硬件产品的具体功能，而是更注重学生应用能力的拓展，使学生能够触类

旁通，提升综合能力，为后续专业课程的学习和未来工作中解决实际问题打下良好的基础。

创新教材内容形式

在编写模式上，根据技工院校学生认知规律，以完成具体工作任务为主线组织教材内容，将理论知识的讲解与工作任务载体有机结合，激发学生的学习兴趣，提高学生的实践能力。

在表现形式上，通过丰富的操作步骤图片和软件截图详尽地指导学生了解软件功能并完成工作任务，使教材内容更加直观、形象。结合计算机类专业教材的特点，多数教材采用四色印刷，图文并茂，增强了教材内容的表现效果，提高了教材的可读性。

本次修订（新编）工作还针对大部分教材创新开发了配套的实训题集，在教材所学内容基础上提供了丰富的实训练习题目和素材，供学生巩固练习使用，既节省了教材篇幅，又能帮助学生进一步提高所学知识与技能的实际应用能力。

提供丰富教学资源

在教学服务方面，为方便教师教学和学生学习，配套提供了制作素材、电子课件、教案示例等教学资源，可通过技工教育网（https://jg.class.com.cn）下载使用。除此之外，在部分教材中还借助二维码技术，针对教材中的重点、难点内容，开发制作了操作演示微视频，可使用移动设备扫描书中二维码在线观看。

致谢

本次修订（新编）工作得到了河北、山西、黑龙江、江苏、山东、河南、湖北、湖南、广东、重庆等省（直辖市）人力资源社会保障厅（局）及有关学校的大力支持，在此我们表示诚挚的谢意。

编者

2025 年 4 月

目　录

CONTENTS

项目一

制作青年志愿者招募公告——WPS 文字的基础排版

信息工程系团总支和学生会准备开展“学雷锋”系列志愿服务活动，现面向全体在校学生招募青年志愿者，要求宣传部小王同学使用 WPS 文字制作一份“学雷锋”青年志愿者招募公告，最终效果如图 1-0-1 所示。

小王同学首先从官网下载并安装 WPS Office 软件，然后启动软件并创建 WPS 文字空白文档，在文档中输入文本及特殊符号，并对文档进行编辑和排版，最后保存文档并输出打印。完成本项目的思维导图如图 1-0-2 所示。

“学雷锋”青年志愿者招募公告

为传承雷锋精神，践行志愿服务理念，培养青年学生的奉献意识和社会责任感，信息工程系现面向全体在校学生招募“学雷锋”青年志愿者，共同参与到“弘扬雷锋精神，青春志愿有我”的志愿服务活动中。

【招募条件】

- 热爱祖国，遵纪守法，热心公益事业。
- 身心健康，具有良好的沟通能力和团队协作意识。
- 能够保证参与活动，有志愿服务经验者优先。

【服务内容】

☺ **社区服务：**包括为社区居民提供生活帮助、开展环境整治等行动。
☺ **文明劝导：**参与文明岗值勤和劝导，规劝和制止不文明行为，提升公民素质。
☺ **公益宣传：**参与公益活动的组织和宣传，传播正能量，弘扬社会文明风尚。

【报名方式】

- 截止时间：2024 年 3 月 4 日
- 电话☎：123-456-7890
- 邮箱✉：Zhanglaoshi@email.com

【注意事项】

1. 请务必提供真实有效的信息。
2. 报名者需遵守学校相关规定，服从组织安排。
3. 本公告最终解释权归信息工程系团总支和学生会所有。

【结语】

让我们携手共进，用青春和热情书写新时代的雷锋故事，为构建和谐校园、美好社会贡献青春力量！期待您的加入！

信息工程系团总支学生会
2024 年 2 月 20 日

图 1-0-1　“学雷锋”青年志愿者招募公告的最终效果

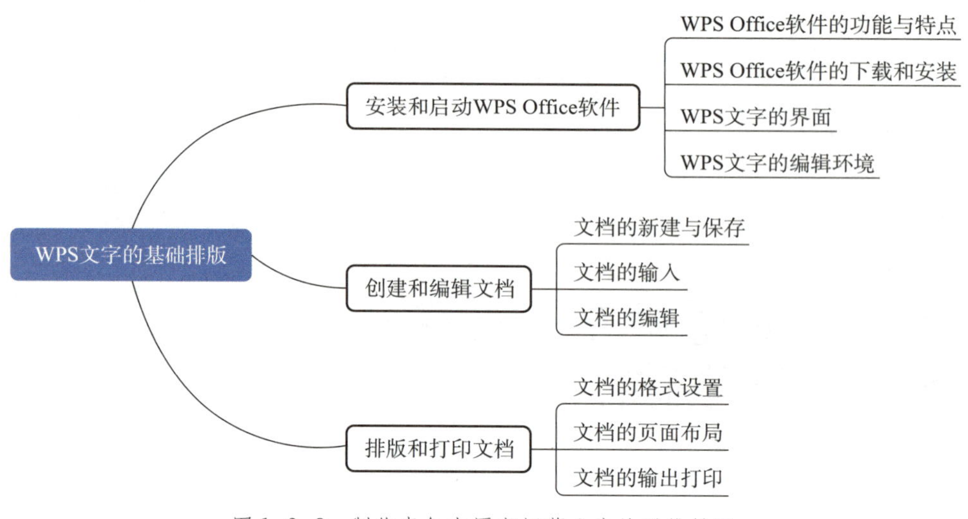

图 1-0-2　制作青年志愿者招募公告的思维导图

任务 1　安装和启动 WPS Office 软件

1. 能够表述 WPS Office 软件的功能与特点。
2. 能够根据需求下载和安装 WPS Office 软件并熟悉 WPS 文字的界面。
3. 能够注册和登录 WPS 账号。
4. 能够简单设置 WPS 文字的编辑环境。

小王同学要使用 WPS 文字制作“学雷锋”青年志愿者招募公告，需先通过 WPS Office 官网下载并安装 WPS Office 软件，然后启动 WPS Office 软件并熟悉该软件界面，再根据个人使用习惯和编辑需求对 WPS 文字的编辑环境进行设置。

WPS Office 是北京金山办公软件股份有限公司自主研发的一款办公软件套件，包括文字、表格、演示等组件，是一款功能全面、操作简便且兼容性强的办公软件，能够满足多种场景下的学习和办公需求。

一、WPS Office 软件的功能与特点

1. WPS Office 软件的主要功能

（1）文字处理

WPS Office 提供强大的文字编辑、排版和打印等功能，并支持多种类型的文档，与 Microsoft Word 软件类似。

（2）表格制作

WPS Office 具备丰富的表格编辑和管理工具，支持复杂数据处理和分析功能，与 Microsoft Excel 软件类似。

（3）演示文稿

WPS Office 提供创建和编辑演示文稿的功能，支持多种幻灯片布局设计、丰富的动画效果和多媒体元素插入等功能，与 Microsoft PowerPoint 软件类似。

（4）PDF 阅读

WPS Office 支持 PDF 文档的阅读、编辑、打印和格式转换等功能。

（5）在线文档

WPS Office 提供智能文档、智能表格、智能表单的在线编辑和自动生成等功能。

（6）应用服务

WPS Office 提供多维表格、思维导图、流程图等实用工具和其他应用插件。

2. WPS Office 软件的特点

（1）全面兼容

WPS Office 支持并全面兼容 Microsoft Office 文档格式，方便用户在不同办公软件间进行文档格式转换和内容编辑等操作。

（2）界面友好

WPS Office 采用简洁直观的用户界面设计，能够灵活地进行整合或多组件窗口管理模式的切换，在软件操作上也更加符合中国人的办公习惯，最新版本已支持公文模式。

（3）安全性高

WPS Office 注重用户数据的安全性，提供文档加密、权限设置和备份等功能，保障用户文档安全。

（4）支持云服务

WPS Office 支持云端存储和文档云同步功能，为用户提供大量的在线存储空间、文档模板及素材，方便用户快速创建和分享文档。

（5）支持跨平台

WPS Office 覆盖 Windows、Mac、Linux、Android、iOS 和鸿蒙等多个操作系统平台，支持桌面和移动协同办公，轻松实现跨平台应用和云办公。

（6）办公智能化

WPS Office 支持具备大语言模型能力的生成式人工智能应用，即“WPS AI”，同时支持多种插件扩展功能。

二、WPS Office 软件的下载和安装

1. WPS Office 软件的下载版本

WPS Office 提供了多个操作系统平台的软件安装包，支持 Windows、Mac、Linux、Android、iOS 和鸿蒙等操作系统平台，其下载版本如图 1-1-1 所示。

Windows版	12.1.0.19302
Windows版（64位） beta	12.1.0.19298
Mac版	6.14.0(8924)
Linux版	12.1.0.17900
Android版	V14.19.1
iOS版	11.32.2
鸿蒙版	

图 1-1-1 WPS Office 软件的下载版本

2. WPS Office 软件的安装要求

安装 WPS Office 软件对计算机的配置要求如下。

（1）操作系统

支持 Windows 7 及以上版本操作系统（包括 Windows 7、Windows 8、Windows 10、

Windows 11 等），支持 32 位和 64 位操作系统，支持 macOS 10.13 及以上版本操作系统。

（2）CPU

建议 CPU（中央处理器）主频为 2 GHz 及以上，双核或多核中央处理器会提供更好的性能。

（3）内存

内存至少为 2 GB，建议内存为 4 GB 及以上以获得更流畅的使用体验。

（4）硬盘空间

至少预留 2 GB 的可用硬盘空间用于安装软件。

三、WPS 文字的界面

1. WPS Office 首页的界面

WPS Office 首页是用户进行各类文档处理的起点和中心，也是一个功能强大且界面友好的工作平台。WPS Office 首页的界面主要包含 7 个区域，如图 1-1-2 所示。

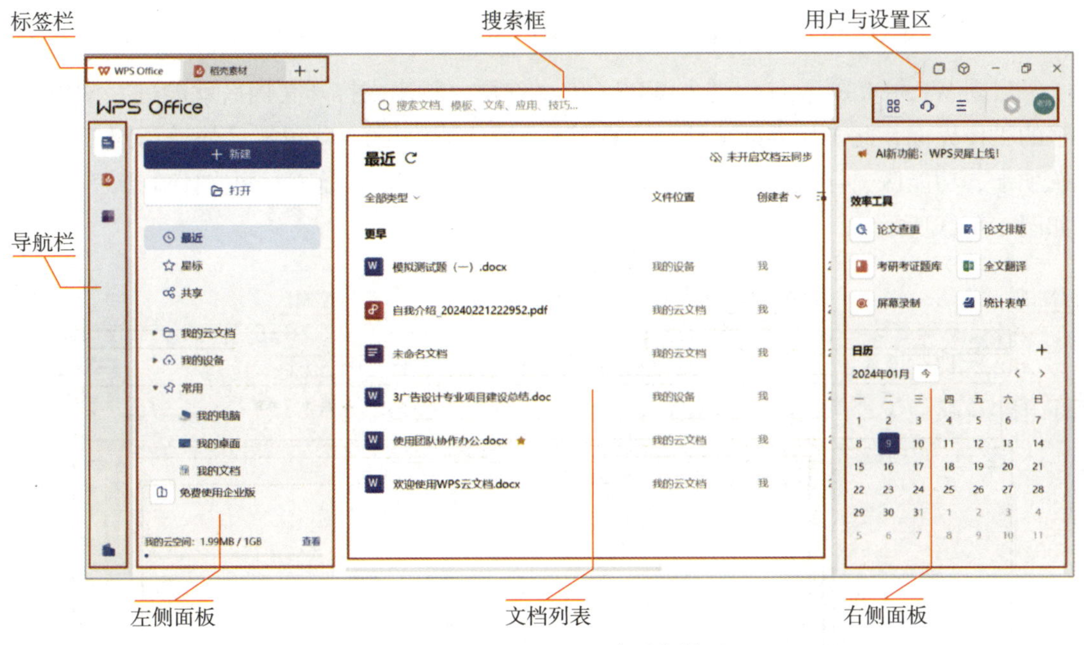

图 1-1-2　WPS Office 首页的界面

（1）标签栏

标签栏能够实现 WPS Office 首页与打开的所有文档的快速切换，并突出显示当前打开的文档名，可以执行新建、关闭等文档管理操作。

（2）搜索框

搜索框提供文档、模板、文库、应用和技巧等搜索服务，也可以通过输入链接网址打开 WPS 云文档。

（3）用户与设置区

用户与设置区包含右侧面板显示和隐藏、意见反馈、全局设置，以及会员等级和用户头像设置等功能按钮。

（4）导航栏

导航栏支持文档操作、稻壳模板、应用市场等标签页面切换，以及快速导航等操作。

（5）左侧、右侧面板

左侧面板帮助用户快速新建和打开文档，以及切换文档列表的显示内容。右侧面板可以显示和隐藏，一般作为消息中心，提供效率工具和日历查询等功能。

（6）文档列表

此区域可以显示指定位置的文档列表，也可以根据文档类型、创建者等条件筛选需要的文档，快速打开和管理文档。

2. WPS 文字的工作界面

启动 WPS Office 软件，进入 WPS Office 首页，新建或打开文档后就能进入 WPS 文字的工作界面，此工作界面主要包含标签栏、窗口控制区、菜单栏、快速访问工具栏、选项卡、功能区、导航窗格、标尺、编辑区、任务窗格、状态栏、视图控制区等区域，如图 1-1-3 所示。

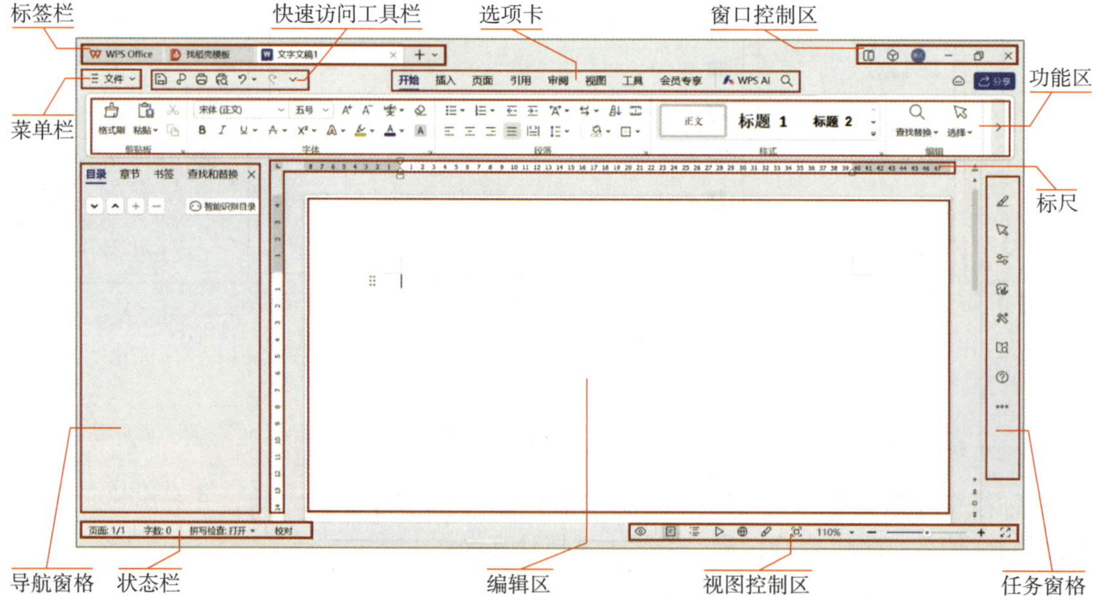

图 1-1-3 WPS 文字的工作界面

（1）标签栏

标签栏用于显示当前新建或打开的文档名，可以任意切换标签页面，单击标签栏右侧的加号按钮＋可以快速新建文档。

（2）窗口控制区

窗口控制区用于显示窗口控制按钮，用户可以最小化、最大化以及关闭窗口，还可以完成用户登录、查看应用、关联设备和当前打开的文档等操作。

（3）菜单栏

菜单栏包含“文件”菜单命令和经典菜单命令。单击菜单栏中的“文件”按钮，通过弹出的“文件”菜单命令可以进行文档的新建、打开、保存、输出、打印等操作，如图 1-1-4 所示。单击菜单栏中的下拉按钮⌄，弹出经典菜单名称及其命令，如“文件”“编辑”“视图”“插入”“格式”“工具”“表格”“窗口”等经典菜单命令，如图 1-1-5 所示。

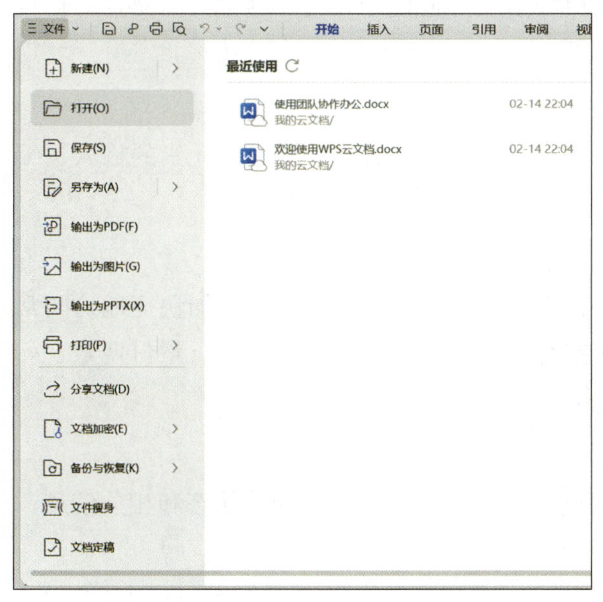

图 1-1-4　“文件”菜单命令

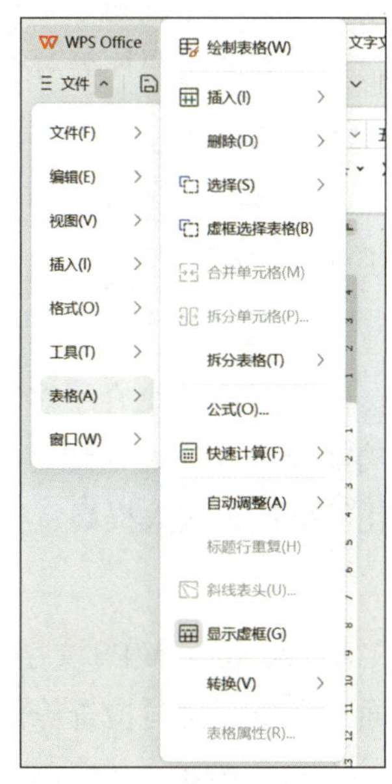

图 1-1-5　经典菜单命令

（4）快速访问工具栏

快速访问工具栏用于放置经常使用的命令按钮，通常包含“保存”“输出为PDF”“打印”“打印预览”“撤销”和“恢复”等按钮，用户可以根据个人需要在此工具栏中添加或删除命令按钮。

（5）选项卡

每一个选项卡代表一个特定的功能区或信息集合，不同的选项卡对应的功能区中存放着不同的工具和命令。在 WPS 文字中，选项卡通常包括“开始”“插入”“页面”“引用”等，除了常用的选项卡，在文档编辑过程中还会根据编辑对象动态显示默认隐藏的选项卡。

（6）功能区

功能区是选项卡存放工具和命令的用户界面区域，每一个选项卡中的工具和命令又被分类放置在不同的组中，各组之间使用分隔线划分区域。功能区还提供一些下拉按钮，可以弹出下拉菜单和对话框。

（7）导航窗格

导航窗格能为用户提供文档结构和内容的快速导航，通过目录、章节、书签、查找和替换等功能，用户能够方便地浏览、定位和管理文档中的内容。

（8）标尺

标尺包括水平标尺和垂直标尺，用于文本或对象的对齐和测量。水平标尺可以帮助用户设置段落缩进、制表位和页边距等信息，垂直标尺用于调整页面元素的垂直位置，如文本框、图片等对象。

（9）编辑区

编辑区是文档的主要工作区域，可以进行文本、表格、图形等元素的输入、编辑和排版等操作。

（10）任务窗格

任务窗格是集合了多种实用功能和工具的区域，使用户可以更加快捷地访问常用的功能和工具，轻松地对文档进行样式和格式调整、对象属性设置、素材搜索、一键美化等操作，大大提高文档编辑的效率。

（11）状态栏

状态栏位于 WPS 文字工作界面底部的左侧，显示当前文档的状态和相关信息，如页面、字数、拼写检查等信息。

（12）视图控制区

视图控制区包含视图模式切换按钮和视图显示比例调整工具。视图模式包括“护眼模式”“页面视图”“大纲”“阅读版式”“Web 版式”“写作模式”等 6 种模式。

四、WPS 文字的编辑环境

1. WPS Office 软件的全局设置

（1）文档云同步功能的开启和关闭

单击 WPS Office 首页中用户与设置区中的“全局设置”按钮 ≡，在弹出的下拉菜单中选择“设置”命令，进入“设置中心”标签页面。单击“工作环境”中的“文档云同步”按钮，开启其滑块开关，如图 1-1-6 所示，即可开启文档云同步功能，可以从其他设备访问此计算机打开过的文档。再次单击“文档云同步”按钮，关闭其滑块开关，从而关闭文档云同步功能。

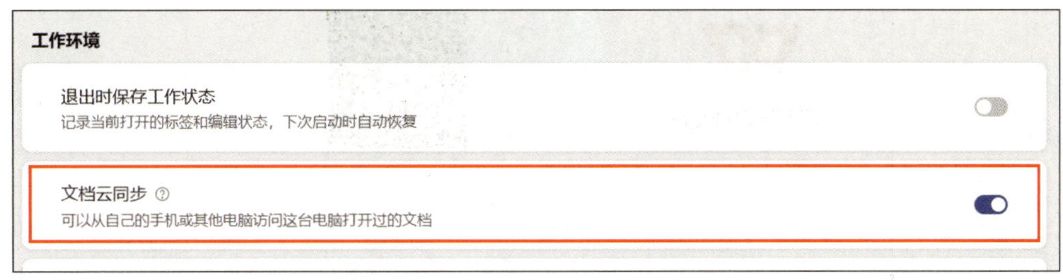

图 1-1-6　开启文档云同步功能

（2）本地备份的设置

在“设置中心”标签页面中单击“工作环境”中的“打开备份中心”按钮，弹出“备份中心”窗口，单击“本地备份设置”按钮，打开“本地备份设置”对话框，用户可以根据实际需要确定备份方式和备份存放位置，如图 1-1-7 所示。

图 1-1-7　本地备份设置

2. WPS 账号的登录和注册

用户如果未登录 WPS 账号，则可以在 WPS Office 首页中单击用户与设置区中的“立即登录”按钮，弹出 WPS 账号登录窗口，注册用户可以通过微信 App 扫码、个人或企业账号和其他第三方账号等方式登录，如图 1-1-8 所示。

图 1-1-8 WPS 账号登录窗口

如果用户尚未注册，则可以选择手机号或邮箱等注册方式创建 WPS 账号。

1. 下载 WPS Office 软件

（1）访问 WPS Office 官网

打开浏览器，直接在地址栏中输入 WPS Office 官方网址，即“https://www.wps.cn/”，或者在搜索引擎中搜索“WPS Office 官网”，选择 WPS Office 官网链接，如图 1-1-9 所示。

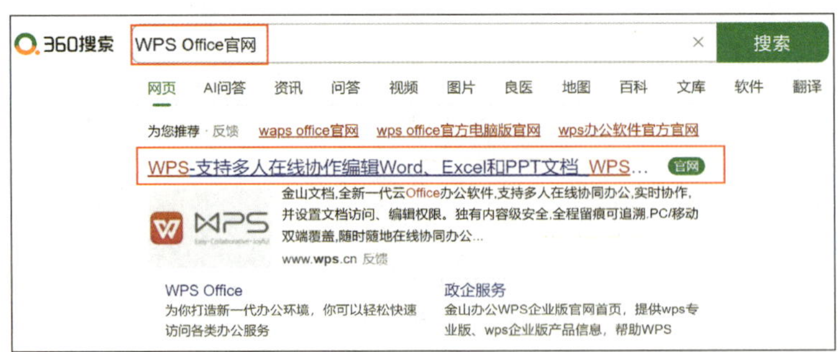

图 1-1-9 在搜索引擎中搜索“WPS Office 官网”

（2）选择合适版本的软件安装包

小王同学的计算机操作系统为 Windows 10，因此需要下载“Windows 版”软件安装包。在 WPS Office 官网首页中单击“立即下载”按钮，或在“更多下载”下拉菜单中选择“Windows 版”命令，即可下载“Windows 版”软件安装包。

（3）修改下载任务的保存位置

在弹出的“新建下载任务”对话框中单击“浏览”按钮，可以对 WPS Office 软件安装包的下载保存位置进行修改，如将软件下载保存位置设置为“F:\downloads”，单击“下载”按钮，如图 1-1-10 所示，即可等待下载任务的完成。

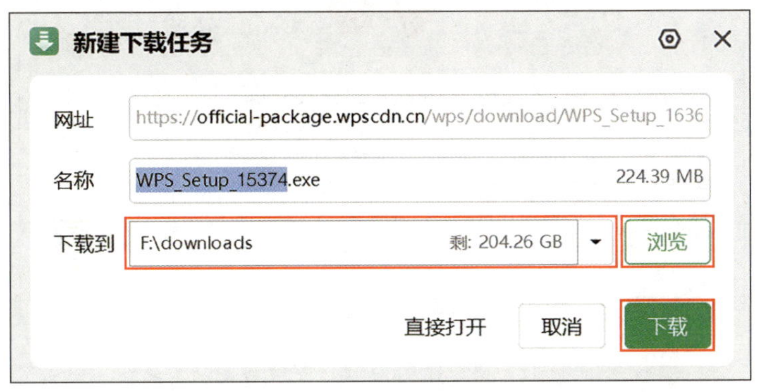

图 1-1-10　“新建下载任务”对话框

2. 安装 WPS Office 软件

（1）运行安装向导程序

在下载保存位置中找到 WPS Office 软件安装包 WPS_Setup_15374.exe，双击此安装包，可以启动 WPS Office 软件安装向导程序，如图 1-1-11 所示。

图 1-1-11　启动 WPS Office 软件安装向导程序

（2）自定义设置

单击右下角的“自定义设置”，可以对关联文档和安装位置等进行自定义设置。将安装位置设置为“E:\Kingsoft\WPS Office\”，勾选“已阅读并同意金山办公软件 许可协议 和 隐私政策”复选框，单击“立即安装”按钮，如图 1-1-12 所示，等待安装完成即可。

图 1-1-12　WPS Office 软件安装自定义设置

3. 启动 WPS Office 软件

单击操作系统任务栏中的“开始”按钮，在弹出的菜单中选择“WPS Office”命令或者双击桌面上的 WPS Office 软件图标，即可启动 WPS Office 软件。

4. 登录和绑定 WPS 账号

（1）登录 WPS 账号

首次启动程序时，会弹出“登录金山办公账号”窗口，在文本框中输入手机号，获取并输入手机验证码，勾选“我已阅读并同意 隐私协议 和 在线服务协议”复选框，单击“立即登录”按钮，如图 1-1-13 所示，即可通过手机号登录 WPS 账号。

（2）绑定账号

为提升 WPS 账号安全性和使用效率，还可以绑定微信、QQ、钉钉等账号。在 WPS Office 首页中单击右上角的用户头像按钮，进入“个人中心”标签页面，在“账号与设备”选项卡中单击“绑定微信”按钮，打开另一个“个人中心”标签页面，在“绑定账号”中可以设置绑定账号，如图 1-1-14 所示。

5. 设置 WPS 文字的编辑环境

（1）设置功能区显示

在 WPS 文字功能区的空白区域单击鼠标右键，在弹出的功能区和快速访问工具栏设置快捷菜单中勾选“显示功能区分组名”命令，如图 1-1-15 所示。功能区分组名的显示效果如图 1-1-16 所示。

图 1-1-13　通过手机号登录 WPS 账号

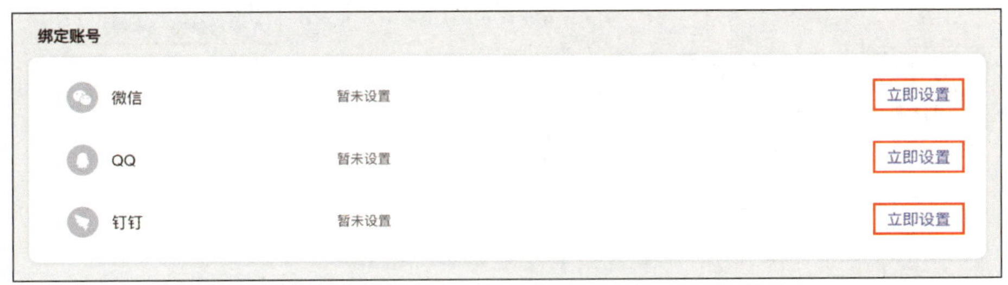

图 1-1-14　设置绑定账号

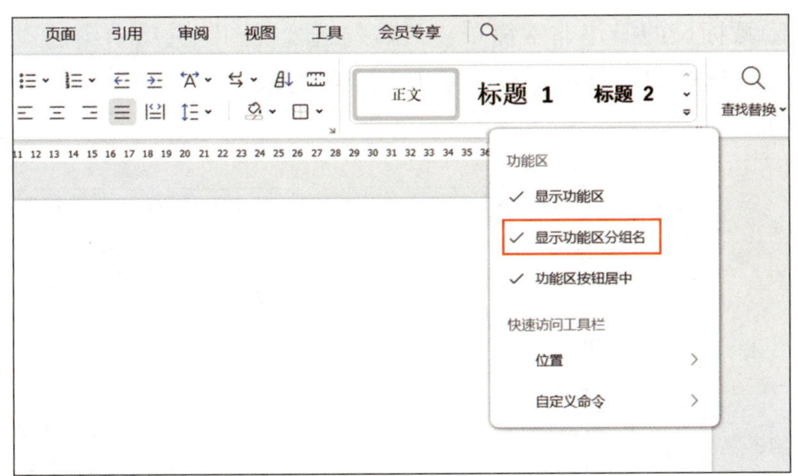

图 1-1-15　设置显示功能区分组名

（2）设置编辑标记显示

单击“开始”选项卡中的“段落”分组中的“显示 / 隐藏编辑标记”下拉按钮，

在弹出的下拉菜单中分别勾选“显示 / 隐藏段落标记”“显示 / 隐藏段落布局按钮”和“显示 / 隐藏段落柄按钮”命令，即可显示编辑标记，如图 1–1–17 所示。

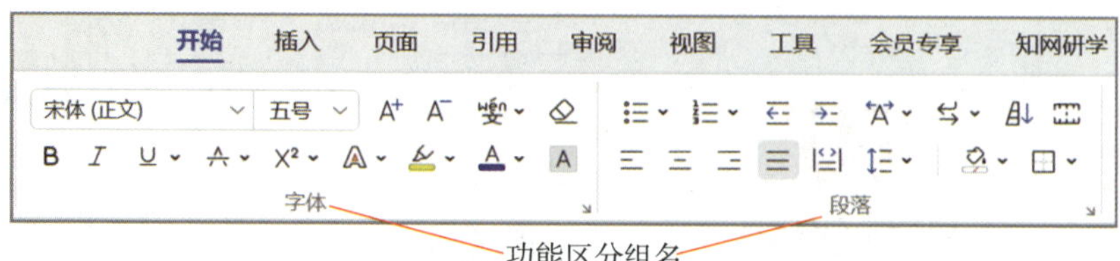

图 1–1–16 功能区分组名的显示效果

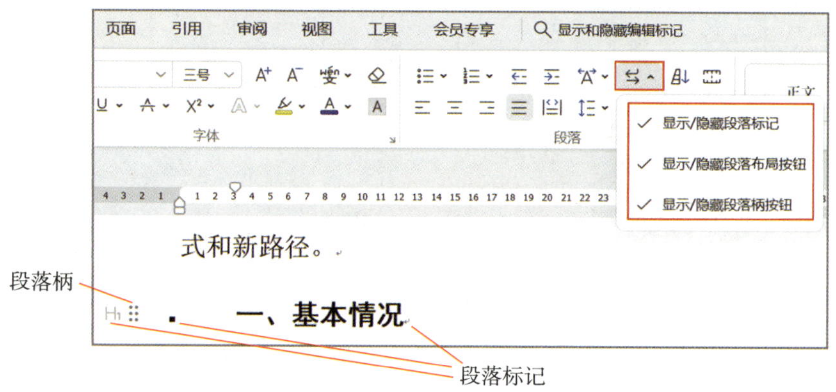

图 1–1–17 显示编辑标记

（3）设置标尺显示

显示或隐藏标尺的操作非常简单，只需勾选“视图”选项卡中的“显示”分组中的“标尺”复选框即可显示标尺，单击制表位切换按钮，可弹出其菜单选项，如图 1–1–18 所示。

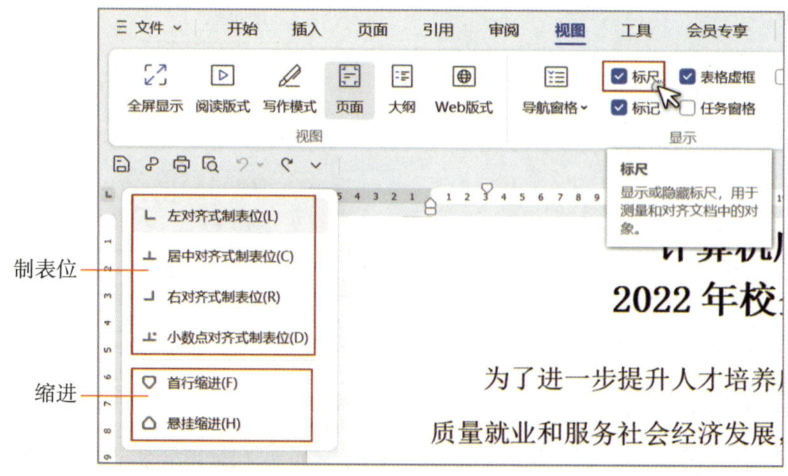

图 1–1–18 显示标尺和制表位选项

提示

如何下载和安装移动端 WPS Office 应用？

以 Android 为例，下载和安装 WPS Office 应用的方法如下。

（1）在手机自带的应用市场下载

在手机自带的“应用市场”App 中搜索“WPS”，点击搜索结果窗口中的“WPS Office”右侧的“安装”按钮，便可以完成 WPS Office 应用的下载和安装。

（2）在 WPS Office 官网下载

在浏览器中打开 WPS Office 官网，在下载选项中选择“Android 版”，将下载的软件安装包传输到手机即可安装。

在下载和安装时还需注意，确保手机已经勾选了“允许安装未知来源应用”复选框，确保手机有足够的存储空间。

任务 2　创建和编辑文档

1. 能够新建、保存和关闭文档。
2. 能够在文档中输入文本、插入特殊符号和日期等内容。
3. 能够对文本进行选择、复制和移动等操作。
4. 能够在文档中查找和替换文本。

小王同学在完成 WPS 文字编辑环境的简单设置后，首先需要新建一个空白文档，并在文档中输入招募公告的文本和插入特殊符号，然后对文本进行选择、复制、移动以及查找和替换等编辑操作，最后在完成文档的简单编辑后保存并关闭文档。

一、文档的新建与保存

1. 文档的新建

WPS 文字提供了多种新建文档的方法，通常可以使用以下几种方法。

（1）使用 WPS Office 首页中的“新建”按钮

在 WPS Office 首页中单击“新建”按钮，在弹出的“新建”菜单中单击“文字”按钮，如图 1-2-1 所示。

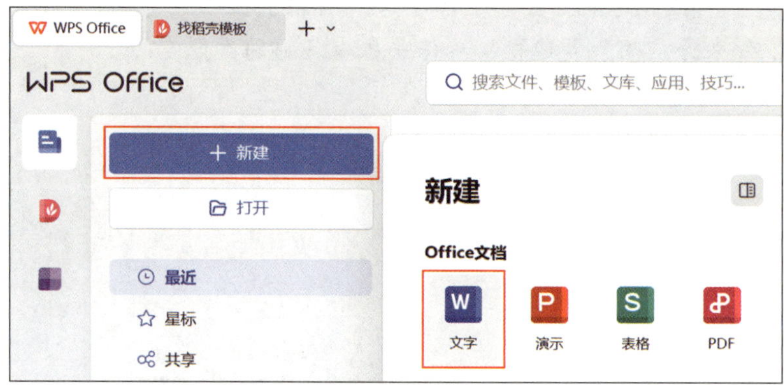

图 1-2-1　在 WPS Office 首页中新建文档

（2）使用标签栏中的按钮

单击标签栏中的加号按钮+，在弹出的“新建”菜单中单击“文字”按钮，如图 1-2-2a 所示。单击标签栏中的下拉按钮⌄，在弹出的“新建”下拉菜单中选择“文字”命令，如图 1-2-2b 所示。

（3）使用“文件”菜单中的“新建”命令

在 WPS 文字中单击菜单栏中的“文件”按钮，在弹出的“文件”菜单中选择“新建”→“新建”命令，如图 1-2-3 所示。

（4）使用组合键

按 Ctrl+N 组合键可快速新建一个空白文档。

2. 文档的保存

WPS 文字也提供了多种保存文档的方法，通常可以使用以下几种方法。

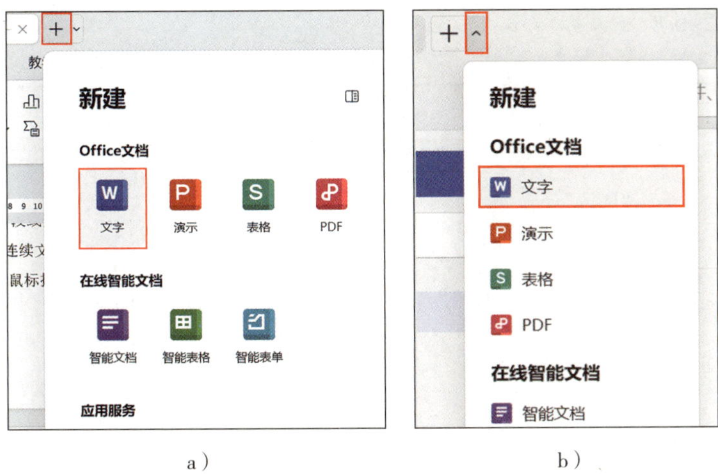

a）　　b）

图 1-2-2　使用标签栏中的按钮新建文档

a）使用加号按钮新建文档　b）使用下拉按钮新建文档

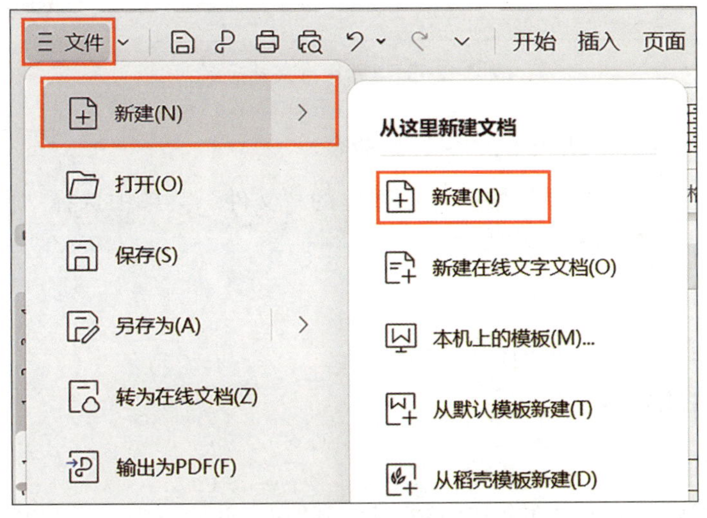

图 1-2-3　使用“文件”菜单命令新建文档

（1）使用快速访问工具栏中的“保存”按钮

首次保存打开的文档时可以单击快速访问工具栏中的“保存”按钮，如图 1-2-4 所示。

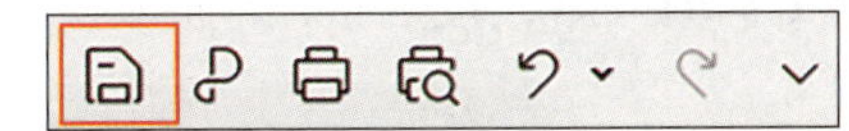

图 1-2-4　快速访问工具栏中的“保存”按钮

在弹出的“另存为”对话框中设置保存路径、文件名称和文件类型，单击“保存”

按钮，如图 1-2-5 所示。

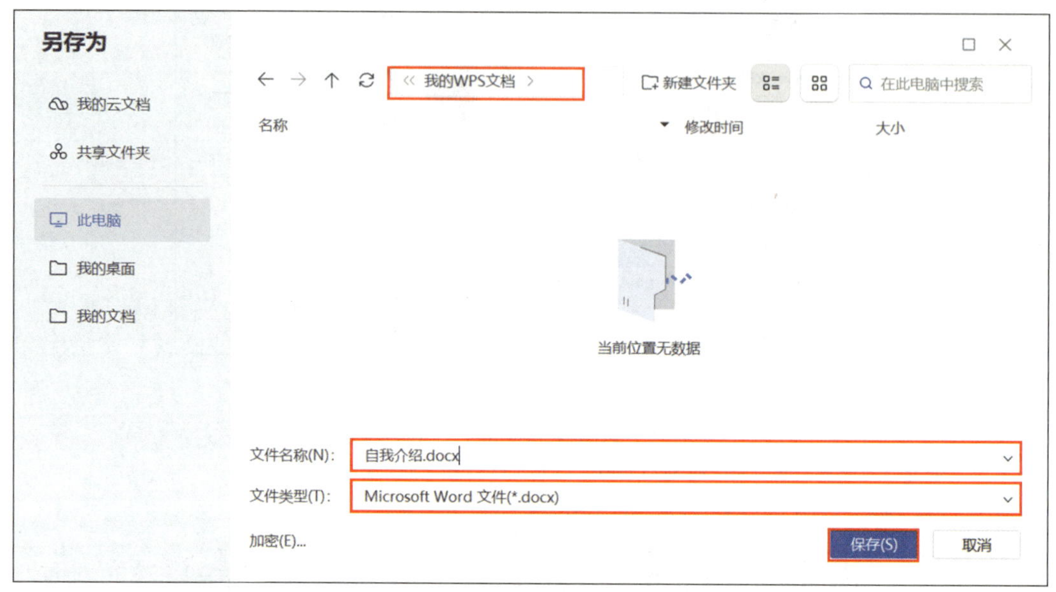

图 1-2-5 “另存为”对话框

（2）使用“文件”菜单中的“保存”命令

单击菜单栏中的“文件”按钮，在弹出的“文件”菜单中选择“保存”或“另存为”命令，即可完成文档的保存。

（3）使用组合键

按 Ctrl+S 组合键可以随时保存文档。

二、文档的输入

1. 文本的输入

在新建文档后，就可以在文档中输入所需的文本并检查内容的准确性。

（1）将光标移到需要输入文本的位置，切换不同的输入法，可以使用键盘直接输入汉字、英文和符号等文本。

（2）在输入文本时，光标会随着文本输入自动向右移动，当一行文本输入完成后，光标会自动跳转到下一行的起始位置。

（3）当完成一个段落的文本输入后，按 Enter 键插入换行符，光标可以跳转到下一个段落的起始位置。

（4）当输入出现错误时，按 Backspace 键可以删除光标前一字符或选中的文本，按 Delete 键可以删除光标后一字符或选中的文本。

2. 特殊符号的插入

WPS 文字提供了丰富的符号和模板。在输入文本时，有些特殊符号无法通过键盘直接输入，如“✶”“🔔”等，这些符号需要通过 WPS 文字提供的插入符号功能进行输入。

单击“插入”选项卡中的“符号”分组中的“符号”下拉按钮，可以在弹出的下拉菜单中选择常用的符号和颜文字，若要插入其他更多符号，则可以选择“其他符号”命令，如图 1-2-6 所示，打开“符号”对话框。

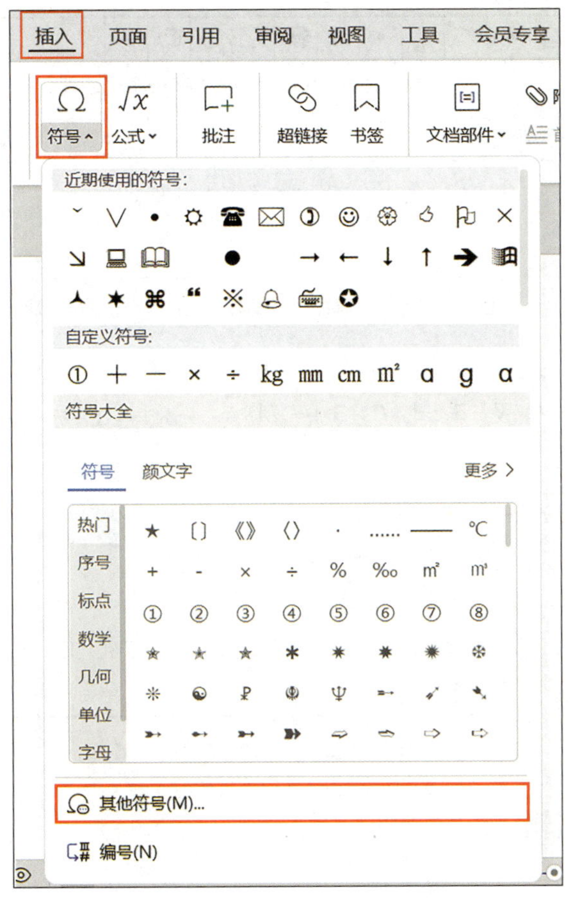

图 1-2-6 “符号”下拉菜单

在“符号”对话框中可以选择更多要插入的特殊符号，如图 1-2-7 所示。

3. 公式的插入

WPS 文字提供了数学公式的插入与编辑功能。单击“插入”选项卡中的“符号”分组中的“公式”按钮，会出现并切换到“公式工具”选项卡，同时在文档的光标处可以使用公式编辑器插入数学公式，如图 1-2-8 所示。

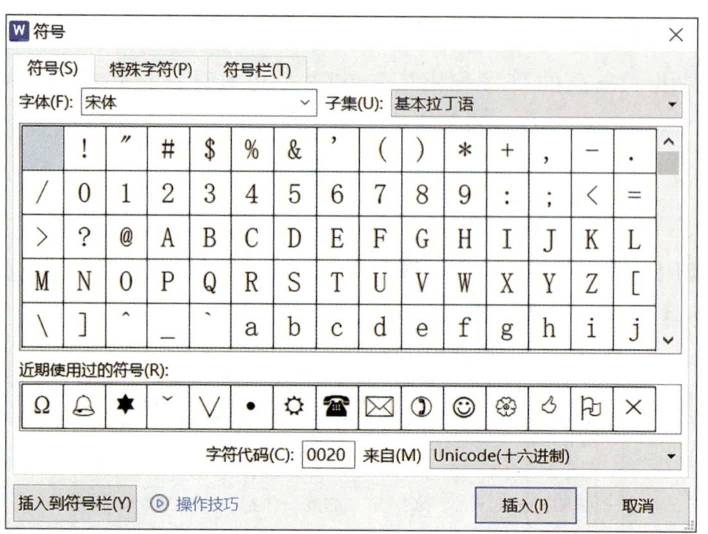

图 1-2-7 “符号”对话框

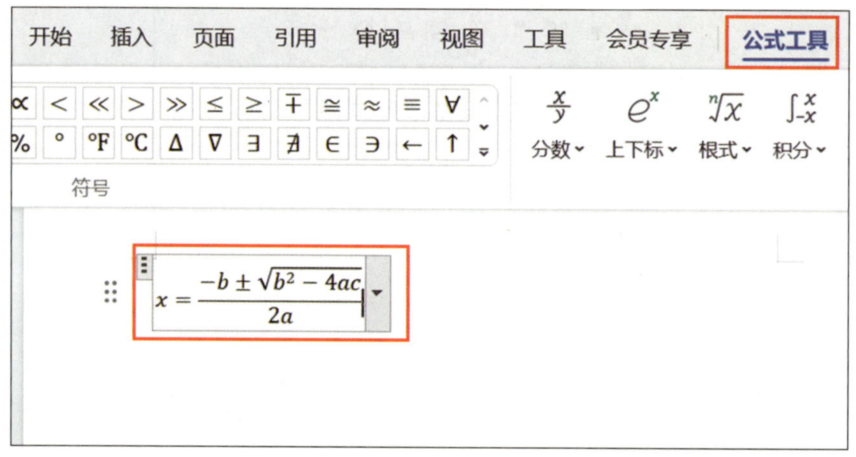

图 1-2-8 插入数学公式

三、文档的编辑

1. 文本的选择

WPS 文字提供了多种文本选择方法，可以选择单个字符或连续文本、单行或多行、单段或多段、某区域或全部文本等。

（1）使用鼠标选择文本

1）将光标置于需要选中文本的起始位置，按住鼠标左键拖动光标至结束位置后松开鼠标就可以将这部分文本选中。双击可以快速选择光标位置的词组，连续快速单击 3 次即可选中该段文本，如图 1-2-9 所示。

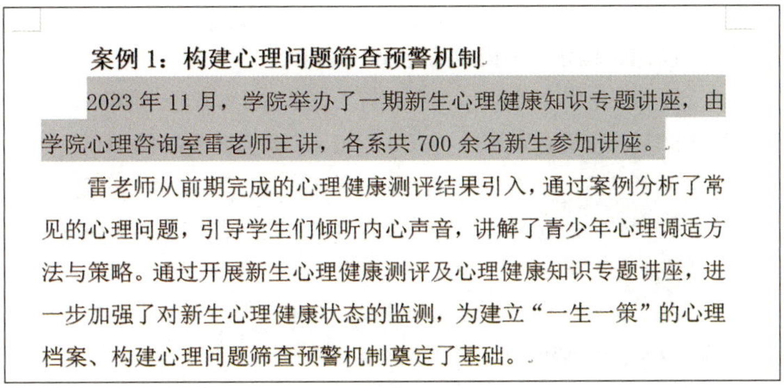

案例 1：构建心理问题筛查预警机制

2023 年 11 月，学院举办了一期新生心理健康知识专题讲座，由学院心理咨询室雷老师主讲，各系共 700 余名新生参加讲座。

雷老师从前期完成的心理健康测评结果引入，通过案例分析了常见的心理问题，引导学生们倾听内心声音，讲解了青少年心理调适方法与策略。通过开展新生心理健康测评及心理健康知识专题讲座，进一步加强了对新生心理健康状态的监测，为建立“一生一策”的心理档案、构建心理问题筛查预警机制奠定了基础。

图 1-2-9　使用鼠标选中某段文本

2）将鼠标指针移至编辑区左侧的空白区域，便会呈现向右倾斜的鼠标指针，单击即可选中所指行文本，双击即可选中该段文本。按住鼠标左键向上或向下拖动鼠标即可选中多行，连续快速单击 3 次即可选中整篇文档。

（2）使用鼠标和键盘组合选择文本

1）将光标移至需要选中文本的起始位置，按住 Shift 键，单击结束位置也可选中文本。

2）按住 Ctrl 键，单击可以选中该段文本，在编辑区左侧的空白区域多次单击可以选中不连续的多行文本，如图 1-2-10 所示。

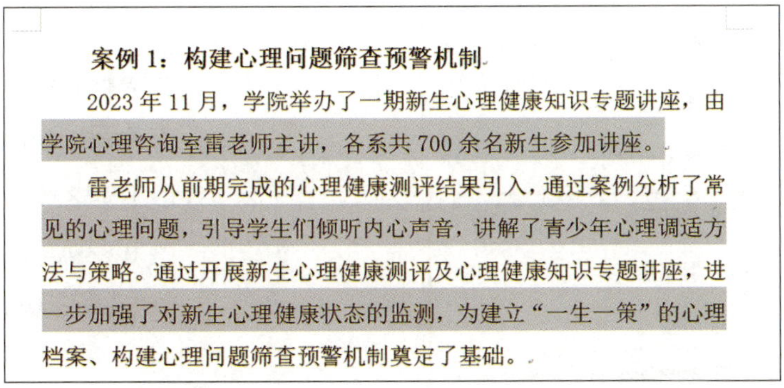

案例 1：构建心理问题筛查预警机制

2023 年 11 月，学院举办了一期新生心理健康知识专题讲座，由学院心理咨询室雷老师主讲，各系共 700 余名新生参加讲座。

雷老师从前期完成的心理健康测评结果引入，通过案例分析了常见的心理问题，引导学生们倾听内心声音，讲解了青少年心理调适方法与策略。通过开展新生心理健康测评及心理健康知识专题讲座，进一步加强了对新生心理健康状态的监测，为建立“一生一策”的心理档案、构建心理问题筛查预警机制奠定了基础。

图 1-2-10　选中不连续的多行文本

3）先按住 Alt 键，再按住鼠标左键并拖动鼠标可以对文本进行竖向框选，如图 1-2-11 所示。

（3）使用键盘选择文本

1）先按住 Shift 键，再按方向键可以从当前光标位置开始向前（上）或向后（下）连续选中文本。

2）按 Ctrl+A 组合键可选中整篇文档。

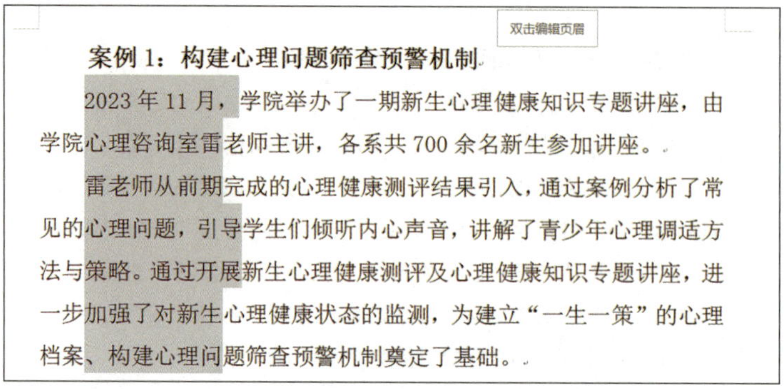

双击编辑页眉

案例 1：构建心理问题筛查预警机制

2023 年 11 月，学院举办了一期新生心理健康知识专题讲座，由学院心理咨询室雷老师主讲，各系共 700 余名新生参加讲座。

雷老师从前期完成的心理健康测评结果引入，通过案例分析了常见的心理问题，引导学生们倾听内心声音，讲解了青少年心理调适方法与策略。通过开展新生心理健康测评及心理健康知识专题讲座，进一步加强了对新生心理健康状态的监测，为建立“一生一策”的心理档案、构建心理问题筛查预警机制奠定了基础。

图 1-2-11　竖向框选文本

2. 文本的复制与移动

（1）使用菜单命令

选中要复制或移动的文本，单击菜单栏中的下拉按钮，在弹出的下拉菜单中可以分别选择“编辑”子菜单中的“复制”“剪切”“粘贴”等命令，如图 1-2-12 所示，对文本进行复制等操作。将光标移至需要粘贴文本的位置，单击“粘贴”下拉按钮，在下拉菜单中可以选择“保留源格式”“匹配当前格式”和“只粘贴文本”等命令，如图 1-2-13 所示，可以完成文本的粘贴操作。

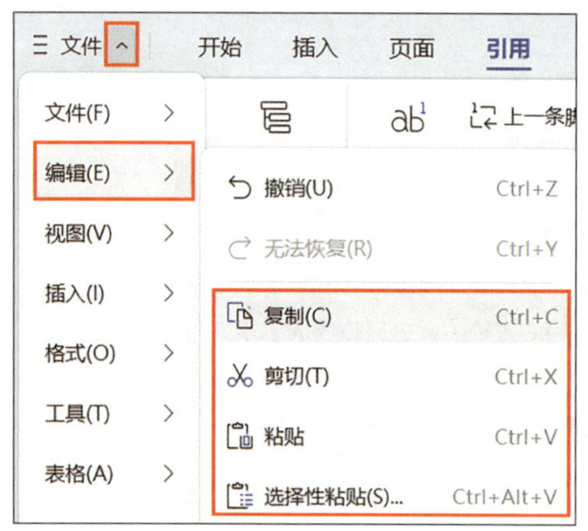

图 1-2-12　“编辑”子菜单

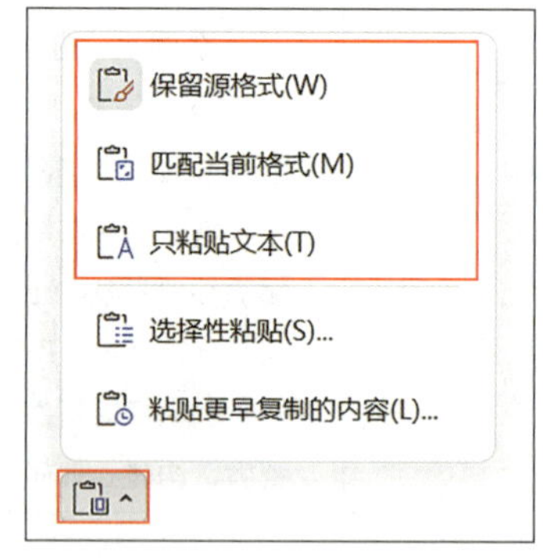

图 1-2-13　“粘贴”下拉菜单

（2）使用组合键

为提高操作效率，常使用组合键对文本进行复制或移动操作。

1）选中要复制的文本，先按 Ctrl+C 组合键复制选中的文本，将光标移到需要插入文本的位置，再按 Ctrl+V 组合键粘贴选中的文本，即可实现文本的复制。

2）选中要移动的文本，先按 Ctrl+X 组合键剪切选中的文本，将光标移到需要插入文本的位置，再按 Ctrl+V 组合键粘贴选中的文本，即可实现文本的移动。

（3）使用鼠标

在同一文档中，如果复制或移动文本的距离较短，则可以直接拖动鼠标操作。

1）选中要移动的文本，将鼠标指针移至被选中的文本上，按住鼠标左键直接拖动文本到指定位置处，松开鼠标左键即可完成文本的移动。

2）选中要复制的文本，将鼠标指针移至被选中的文本上，先按住 Ctrl 键，再按住鼠标左键直接拖动文本到指定位置处，松开鼠标左键即可完成文本的复制。

（4）使用剪贴板

单击“开始”选项卡中的“剪贴板”分组右下角的按钮↘，打开“剪贴板”窗口，可以灵活地将剪贴板中的文本在文档中进行粘贴，如图 1-2-14 所示。

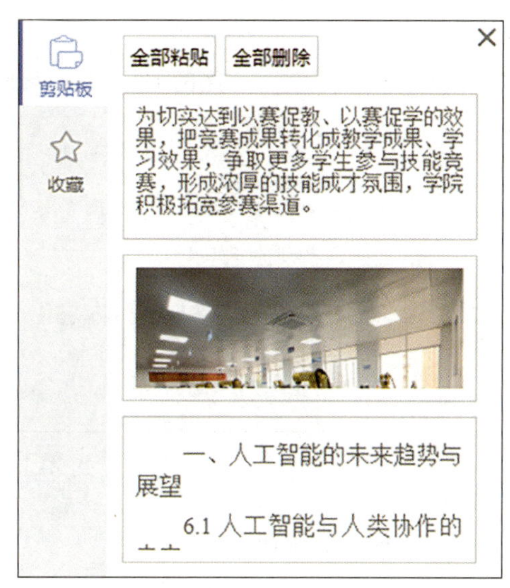

图 1-2-14　“剪贴板”窗口

3. 文本的查找和替换

（1）文本的查找

单击“开始”选项卡中的“查找”分组中的“查找替换”下拉按钮，在弹出的下拉菜单中选择“查找”命令，或按 Ctrl+F 组合键，打开“查找和替换”对话框。可以在“查找”选项卡中的“查找内容”文本框中输入要查找的文本，单击“查找下一处”按钮，如图 1-2-15 所示，即可在文档中查找并选中相应的文本。

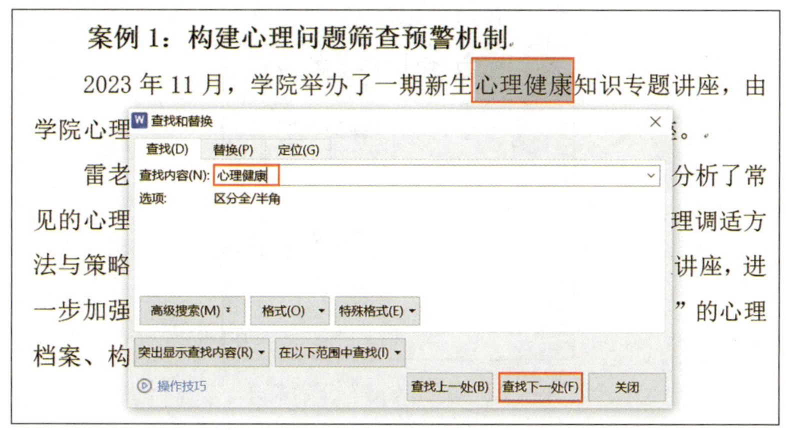

图 1-2-15　查找文本

（2）文本的替换

单击“开始”选项卡中的“查找”分组中的“查找替换”下拉按钮，在弹出的下拉菜单中选择“替换”命令，或按 Ctrl+H 组合键，打开“查找和替换”对话框。在“替换”选项卡中的“查找内容”文本框中输入要查找的文本，在“替换为”文本框中输入替换后的文本，单击“替换”或“全部替换”按钮，如图 1-2-16 所示，可以逐一替换或全部替换文本。

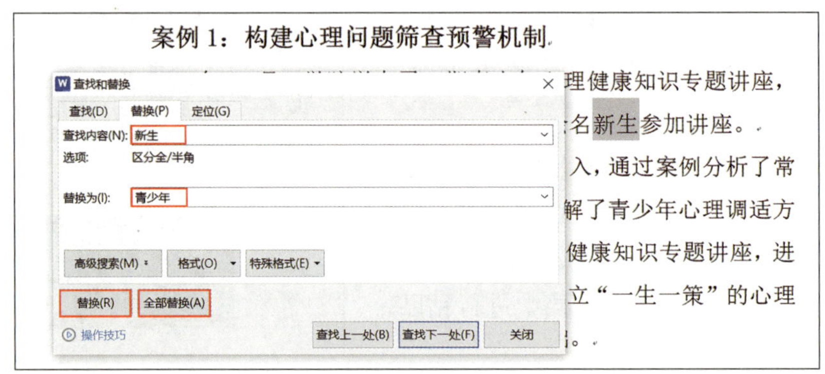

图 1-2-16　替换文本

4. 操作的撤销和恢复

WPS 文字可以自动记录用户的操作，当出现了误操作后，可以通过撤销功能撤销操作，恢复之前的内容和状态。

（1）撤销操作

单击快速访问工具栏中的“撤销”按钮或按 Ctrl+Z 组合键可以撤销上一步操作，继续单击该按钮或按该组合键可以撤销多步操作。单击“撤销”下拉按钮，可以在弹出的下拉菜单中选择撤销到需要重做的步骤之前，如图 1-2-17 所示。

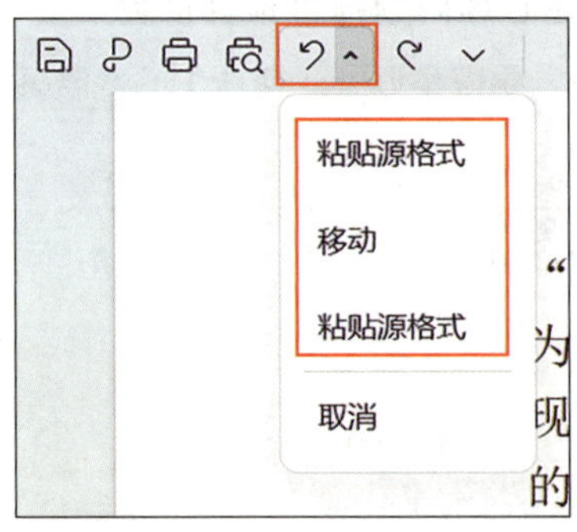

图 1-2-17　“撤销”下拉菜单

（2）恢复操作

单击快速访问工具栏中的“恢复”按钮或按 Ctrl+Y 组合键可以恢复被撤销的上一步操作，继续单击该按钮或按该组合键可以恢复被撤销的多步操作。

1. 新建空白文档

在 WPS Office 首页中单击“新建”按钮，先在弹出的“新建”菜单中单击“文字”按钮，进入“新建文档”标签页面，然后单击“空白文档”按钮，即可创建一个默认文件名称为“文字文稿 1”的空白文档。

2. 保存文档

将输入法切换为中文输入法，在文档的第一行起始位置输入“‘学雷锋’青年志愿者招募公告”标题文本。当文档修改后而未保存时，标签栏中标题的右侧会出现一个灰色的圆点 •，如图 1-2-18 所示。

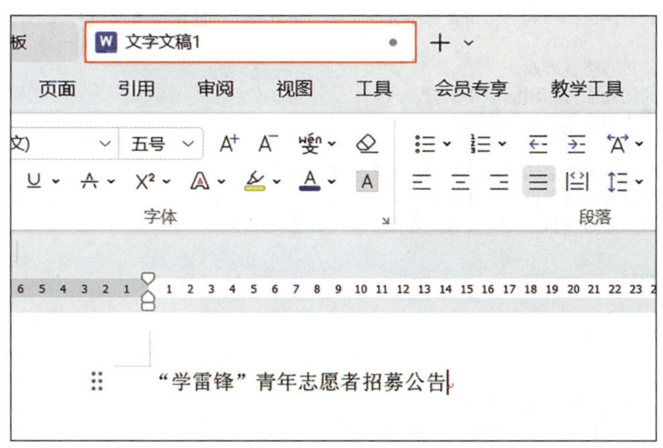

图 1-2-18　未保存文档时的标签栏

单击快速访问工具栏中的“保存”按钮，首次保存时会弹出“另存为”对话框，设置保存路径，并设置“文件名称”为“‘学雷锋’青年志愿者招募公告”、“文件类型”为“Microsoft Word 文件 (*.docx)”，单击“保存”按钮，如图 1-2-19 所示。

3. 输入文档内容

（1）输入文本

在编辑区中继续输入招募公告文本，如图 1-2-20 所示。

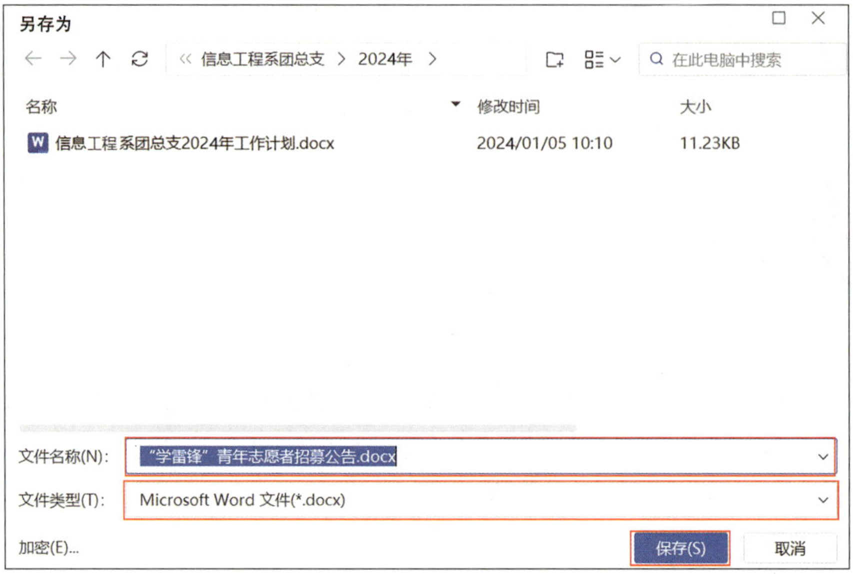

另存为

信息工程系团总支 > 2024年 >

在此电脑中搜索

名称	修改时间	大小
信息工程系团总支2024年工作计划.docx	2024/01/05 10:10	11.23KB

文件名称(N): “学雷锋”青年志愿者招募公告.docx

文件类型(T): Microsoft Word 文件(*.docx)

加密(E)... 保存(S) 取消

图 1-2-19　保存文档

“学雷锋”青年志愿者招募公告
为传承雷锋精神，践行志愿服务理念，培养青年学生的奉献意识和社会责任感，信息工程系现面向全体在校学生招募“学雷锋”青年志愿者，共同参与到“弘扬雷锋精神，青春志愿有我”的志愿服务活动中。
（招募条件）
热爱祖国，遵纪守法，热心公益事业。
身心健康，具有良好的沟通能力和团队协作意识。
能够保证参与活动，有志愿服务经验者优先。
（服务内容）
社区服务：包括为社区居民提供生活帮助、开展环境整治等行动。
文明劝导：参与文明岗值勤和劝导，规劝和制止不文明行为，提升公民素质。
公益宣传：参与公益活动的组织和宣传，传播正能量，弘扬社会文明风尚。
（报名方式）
截止时间：2024年3月4日
电话：123-456-7890
邮箱：Zhanglaoshi@email.com
（注意事项）
请务必提供真实有效的信息。
报名者需遵守学校相关规定，服从组织安排。
本公告最终解释权归信息工程系团总支和学生会所有。
（结语）
让我们携手共进，用青春和热情书写新时代的雷锋故事，为构建和谐校园、美好社会贡献青春力量！期待您的加入！

信息工程系团总支学生会
2024年2月20日

图 1-2-20　输入招募公告文本

（2）插入特殊符号

将光标定位在“电话”之后，单击“插入”选项卡中的“符号”分组中的“符号”下拉按钮，在弹出的下拉菜单中选择“其他符号”命令。在打开的“符号”对话框中的“字体”下拉列表中选择“Wingdings”，选中第一行第九列的符号“☎”，字符代码为“40”，单击“插入”按钮，如图 1-2-21 所示，或双击选中的符号，该符号便插入到光标所在位置。

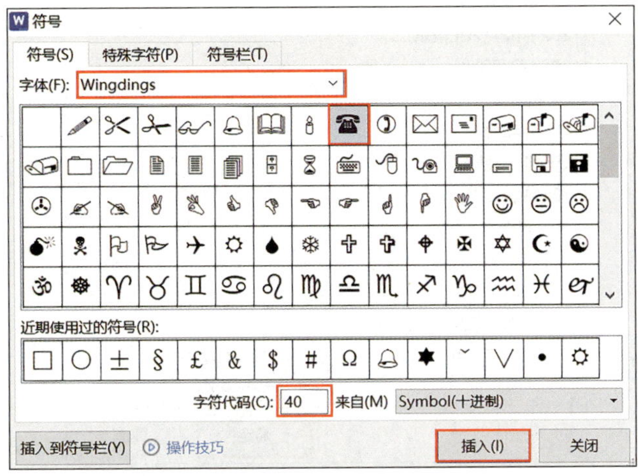

图 1-2-21　通过“符号”对话框插入符号

然后，用相同的方法在文档指定位置插入“✉”符号，如图 1-2-22 所示。

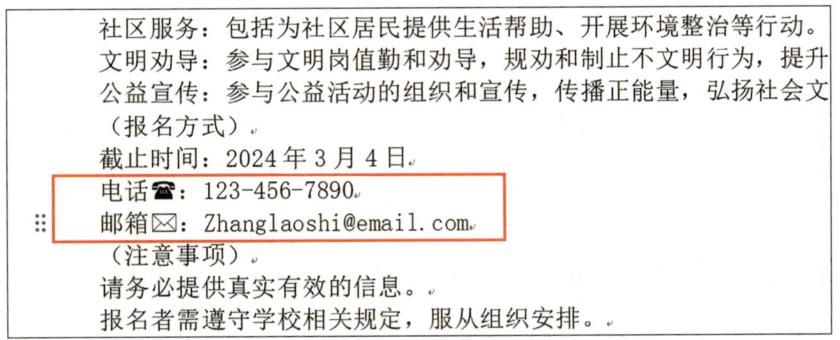
社区服务：包括为社区居民提供生活帮助、开展环境整治等行动。
文明劝导：参与文明岗值勤和劝导，规劝和制止不文明行为，提升
公益宣传：参与公益活动的组织和宣传，传播正能量，弘扬社会文
（报名方式）
截止时间：2024 年 3 月 4 日
电话☎：123-456-7890
邮箱✉：Zhanglaoshi@email.com
（注意事项）
请务必提供真实有效的信息。
报名者需遵守学校相关规定，服从组织安排。

图 1-2-22　在文档中插入特殊符号

（3）插入日期

单击“插入”选项卡中的“部件”分组中的“文档部件”下拉按钮，在弹出的下拉菜单中选择“日期”命令，打开“日期和时间”对话框，在“可用格式”列表框中选择“2024 年 2 月 20 日”，取消勾选“自动更新”等复选框，单击“确定”按钮，如图 1-2-23 所示。

4. 查找和替换文本

为了使文档结构更清晰，要将文档中所有的“（”“）”分别替换为“【”“】”，在此，通过查找和替换功能实现。

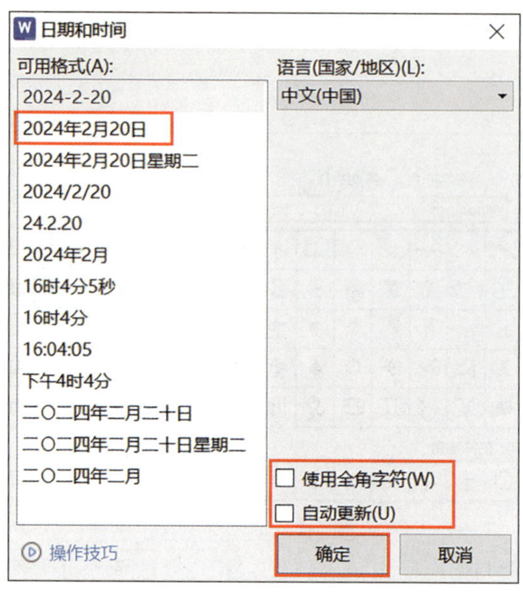

图 1-2-23 “日期和时间”对话框

在文档中选中“（”，按 Ctrl+H 组合键，打开“查找和替换”对话框，在“替换”选项卡中的“查找内容”文本框中已自动输入“（”，在“替换为”文本框中输入“【”，单击“全部替换”按钮，如图 1-2-24 所示。

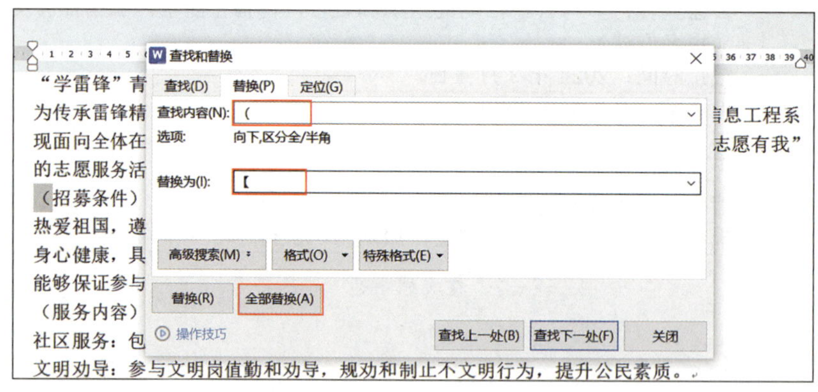

图 1-2-24 查找和替换文本

使用相同的方法将“）”替换为“】”，确认完成全部替换。

5. 关闭文档

按 Ctrl+S 组合键快速保存文档。单击 WPS 文字的窗口控制区中的“关闭”按钮 ✕ 即可关闭文档并退出 WPS 文字。

如果用户在关闭文档时忘记保存文档，将弹出“是否保存文档?”警告对话框，单击“保存”按钮即可，如图 1-2-25 所示。

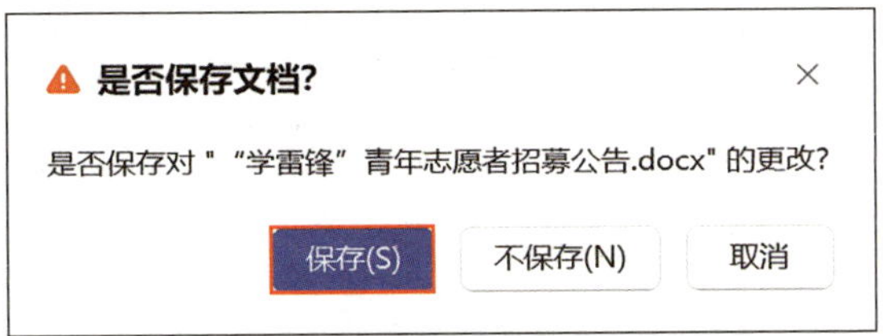

图 1-2-25　“是否保存文档?”对话框

提示

如何利用模板快速创建新文档？

在 WPS 文字中，除了可以新建空白文档，用户还能利用预设模板来创建新文档，这将大大提高办公效率。用户可以直接在模板文件上编辑和修改，从而可以腾出更多精力专注于文档的内容创作。对于初学者而言，这种便捷操作可快速生成高质量、专业化排版的文档，优化用户体验。

例如，可以在“新建文档”标签页面的搜索框中输入“自我介绍”，单击“搜索”按钮，即可显示搜索结果，如图 1-2-26 所示。单击需要使用的模板进行下载，即可使用该模板进行文本编辑。需要注意的是，注册用户只能下载免费模板，会员专属模板需要升级会员才能下载。

图 1-2-26　搜索文档预设模板

任务 3　排版和打印文档

1. 能够根据文档需求设置字体和段落格式等。
2. 能够在文档中添加项目符号和编号。
3. 能够根据文档需求设置页面布局。
4. 能够进行打印设置和输出文档。

小王同学在文档中完成文本的输入后，首先对页面布局进行设置，然后进行字体格式和段落格式的设置以及其他特殊版式的排版和美化，最后根据需要将文档输出为PDF文档并完成打印。

在文档排版时，选择合适的字体、字号和适当的行距、对齐方式可以显著提升文档的结构性和层次性，让文档条理更清晰，阅读起来更舒适。

一、文档的格式设置

1. 字体格式的设置

（1）字体、字号、字形的设置

在“开始”选项卡中的“字体”分组中可以设置字体、字号和字形等，如图1–3–1所示。

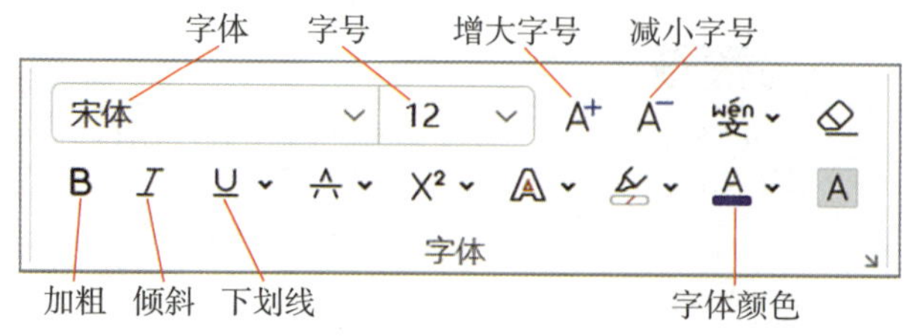

图1–3–1 “字体”分组中的按钮

1）WPS 文字提供了多种字体供用户选择，以满足不同的文档编辑需求。常用的中文字体有宋体、黑体、仿宋、楷体、微软雅黑等，西文字体有 Times New Roman、Arial、Calibri 等。

2）字号的大小有两种表示方式：一是号数制，即用中文大写数字表示，数字越大，显示的文本越小，如二号、四号等；二是点数制，即用阿拉伯数字表示磅值，数字越大，显示的文本越大，如 9、12、72 等磅值。

3）字形包括常规、加粗、倾斜等几种样式。

（2）字体颜色的设置

单击“开始”选项卡中的“字体”分组中的“字体颜色”下拉按钮，在弹出的下拉菜单中用户可以选择预设的字体颜色。如果需要选择其他颜色，则可以在下拉菜单中选择“其他字体颜色”命令，如图 1–3–2 所示。

（3）下划线、删除线的设置

WPS 文字提供了 16 种类型的下划线，“下划线”下拉菜单如图 1–3–3 所示，常用的下划线有 8 类，也可以设置下划线的颜色。

图 1–3–2　“字体颜色”下拉菜单

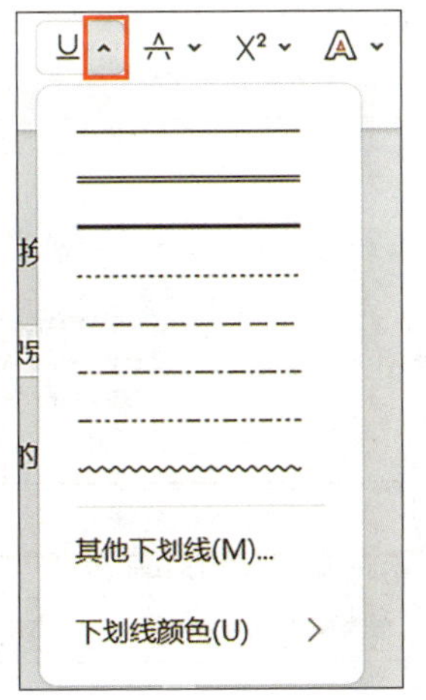

图 1–3–3　“下划线”下拉菜单

（4）上标和下标的设置

在 WPS 文字中设置上标和下标是一个常用的操作，如要输入等式“$X^2+Y^2=1$”，先输入文本“X2+Y2=1”，然后分别选中“2”，单击“开始”选项卡中的“字体”分组中的“上标”下拉按钮，在弹出的下拉菜单中选择“上标”命令，如图 1–3–4 所示。

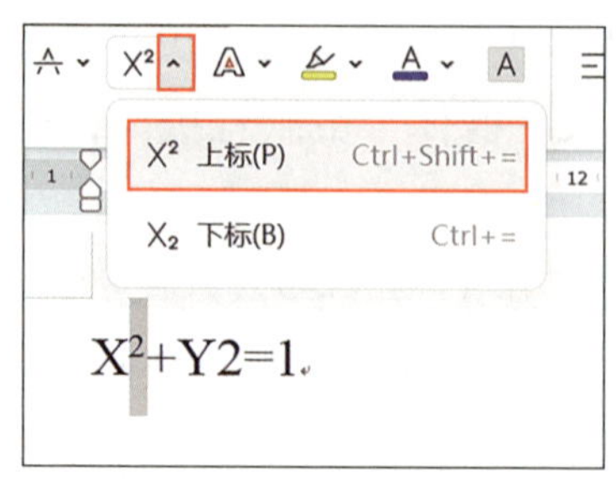

图 1-3-4　设置上标

按 Ctrl+Shift+= 组合键可以快速将选中的文本设置为上标，按 Ctrl+= 组合键可以快速将选中的文本设置为下标。

（5）字符间距的设置

单击“开始”选项卡中的“字体”分组右下角的按钮↘，打开“字体”对话框，在“字体”选项卡中可以对字体进行更多设置，切换至“字符间距”选项卡，可以设置字符间距和位置等，在“预览”区中可以预览设置效果，如图 1–3–5 所示。

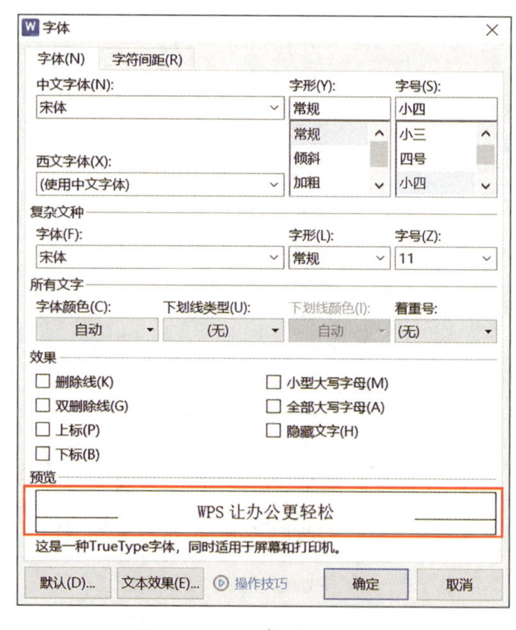

a）

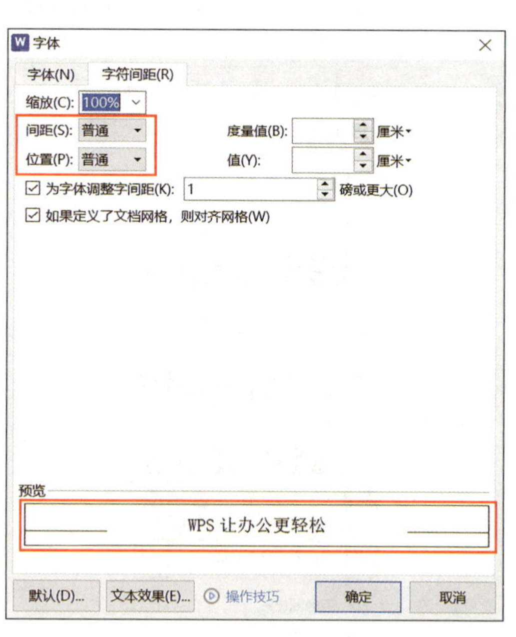

b）

图 1-3-5　“字体”对话框

a）“字体”选项卡　b）“字符间距”选项卡

2. 段落格式的设置

在“开始”选项卡中的“段落”分组中可以设置段落对齐方式、行距、缩进量、项目符号和编号等，如图 1–3–6 所示。段落格式设置的主要内容如下。

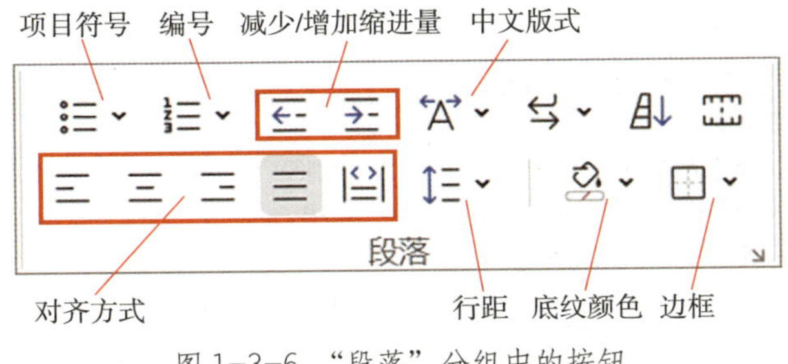

图 1-3-6 “段落”分组中的按钮

（1）段落对齐方式的设置

在 WPS 文字中，段落对齐方式主要有 5 种（见表 1-3-1），分别是左对齐、居中对齐、右对齐、两端对齐、分散对齐。

表 1-3-1　WPS 文字中的 5 种段落对齐方式

序号	对齐方式	组合键	图标	对齐效果
1	左对齐	Ctrl+L		这是段落对齐方式中的左对齐效果
2	居中对齐	Ctrl+E		这是段落对齐方式中的居中对齐效果
3	右对齐	Ctrl+R		这是段落对齐方式中的右对齐效果
4	两端对齐	Ctrl+J		这是段落对齐方式中的两端对齐效果
5	分散对齐	Ctrl+Shift+J		这 是 段 落 对 齐 方 式 中 的 分 散 对 齐 效 果

（2）段落缩进的设置

单击“开始”选项卡中的“段落”分组右下角的按钮↘，打开“段落”对话框，在“缩进和间距”选项卡中可以对段落缩进进行设置，如图 1-3-7 所示。

在 WPS 文字中，段落缩进包括首行缩进、悬挂缩进、左缩进和右缩进等格式，几种常用段落缩进的效果对比如图 1-3-8 所示。

（3）段间距和行距的设置

在 WPS 文字中，通过设置段间距和行距可使文档美观且易于阅读，在“段落”对话框中的“缩进和间距”选项卡中可以对段前、段后间距以及行距进行设置，如图 1-3-9 所示。

段落
缩进和间距(I)　换行和分页(P)
常规
对齐方式(G): 左对齐　大纲级别(O): 正文文本
方向: 从右向左(F)　从左向右(L)
缩进
文本之前(R): 0 字符　特殊格式(S):　度量值(Y):
文本之后(X): 0 字符　(无)　字符
如果定义了文档网格，则自动调整右缩进(D)
间距
段前(B): 0 行　行距(N):　设置值(A):
段后(E): 0 行　单倍行距　1 倍
如果定义了文档网格，则与网格对齐(W)
预览
制表位(T)...　操作技巧　确定　取消

图 1-3-7 “段落”对话框

首行缩进 2 字符：

　　随着人工智能与信息技术的高速发展，我们正步入一个前所未有的数字化时代，这不仅极大地改变了我们的学习、工作和生活方式，还深刻地影响着各行各业的发展轨迹，引领着社会进步的潮流。

悬挂缩进 2 字符：

随着人工智能与信息技术的高速发展，我们正步入一个前所未有的数字化时代，这不仅极大地改变了我们的学习、工作和生活方式，还深刻地影响着各行各业的发展轨迹，引领着社会进步的潮流。

左缩进 2 字符、右缩进 2 字符：

随着人工智能与信息技术的高速发展，我们正步入一个前所未有的数字化时代，这不仅极大地改变了我们的学习、工作和生活方式，还深刻地影响着各行各业的发展轨迹，引领着社会进步的潮流。

图 1-3-8 几种常用段落缩进的效果对比

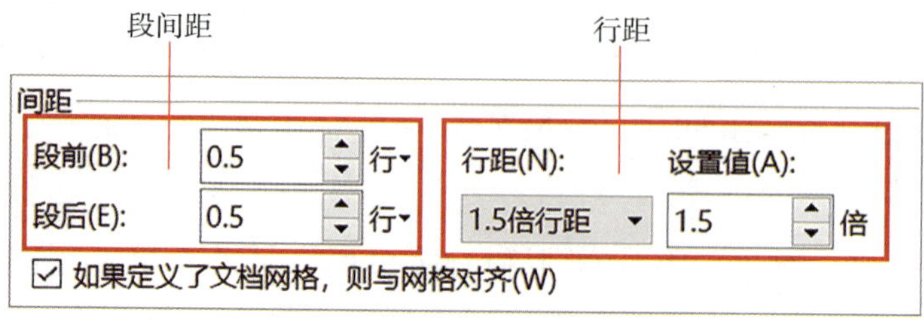

图 1-3-9 段间距和行距的设置

3. 特殊版式的设置

（1）项目符号和编号的设置

单击“开始”选项卡中的“段落”分组中的“项目符号”下拉按钮，在弹出的下拉菜单中选择“自定义项目符号”命令，打开“项目符号和编号”对话框。

在“项目符号”选项卡中，WPS 文字预设了 7 种样式，如果要对字体、字符和文字位置等进行调整，则可以单击“自定义”按钮进行设置，如图 1-3-10 所示。切换至“编号”选项卡，可以添加和设置编号，如果要对编号格式、编号样式和编号位置等进行调整，则可以单击“自定义”按钮进行设置，如图 1-3-11 所示。

图 1-3-10　项目符号的设置

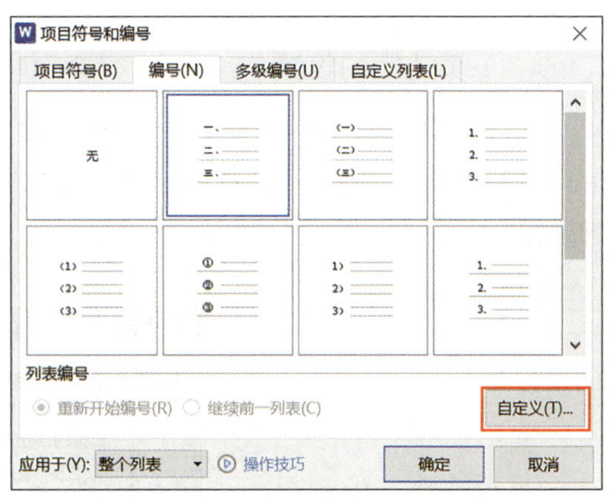

图 1-3-11　编号的设置

（2）首字下沉的设置

将光标移至需设置的段落中，单击“插入”选项卡中的“部件”分组中的“首字下沉”按钮，打开“首字下沉”对话框，设置“位置”为“下沉”、“字体”为“隶书”、“下沉行数”为“2”，单击“确定”按钮，如图 1-3-12 所示。

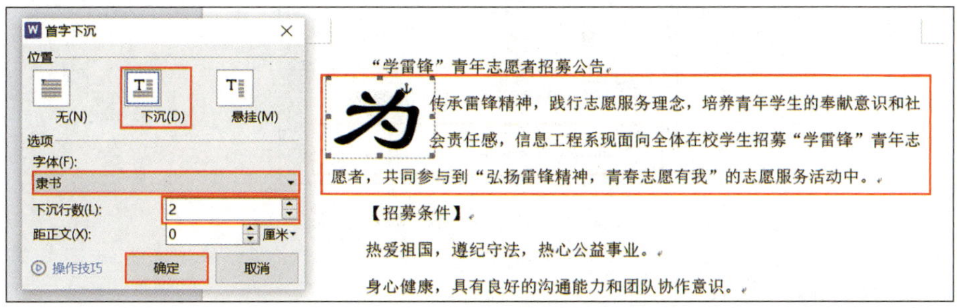

图 1-3-12　首字下沉的设置

二、文档的页面布局

1. 页面的设置

在“页面”选项卡中的“页面设置”分组中可以设置页边距、纸张方向、纸张大小、分栏、文字方向等，如图 1–3–13 所示。

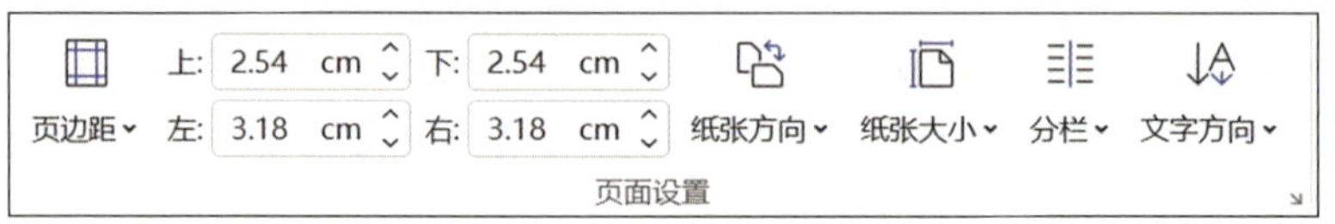

图 1–3–13 “页面设置”分组中的按钮

（1）页边距的设置

单击“页面”选项卡中的“页面设置”分组中的“页边距”下拉按钮，在弹出的下拉菜单中选择预设样式或选择“自定义页边距”命令进行设置，如图 1–3–14 所示。

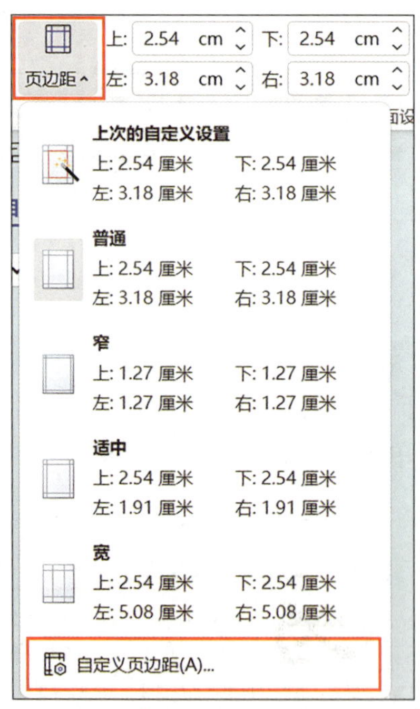

图 1–3–14 页边距的设置

（2）纸张方向、大小的设置

单击“页面”选项卡中的“页面设置”分组中的“纸张方向”下拉按钮，在下拉菜单中可以选择“纵向”和“横向”命令，如图 1–3–15 所示。

单击“页面”选项卡中的“页面设置”分组中的“纸张大小”下拉按钮，在下拉菜单中选择所需规格，也可以选择“其他页面大小”命令，如图 1-3-16 所示，设置自定义的纸张大小。

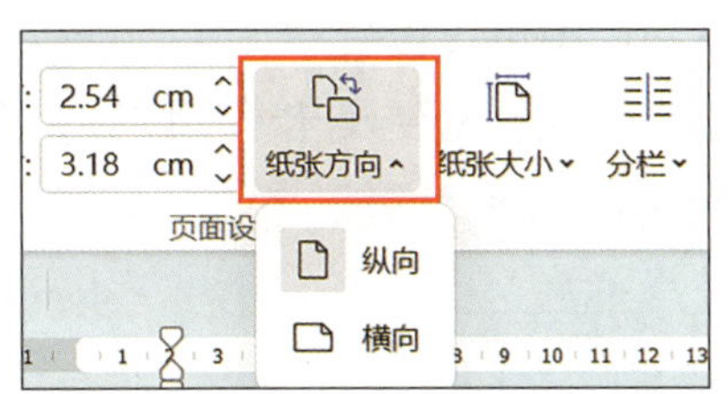

图 1-3-15　纸张方向的设置

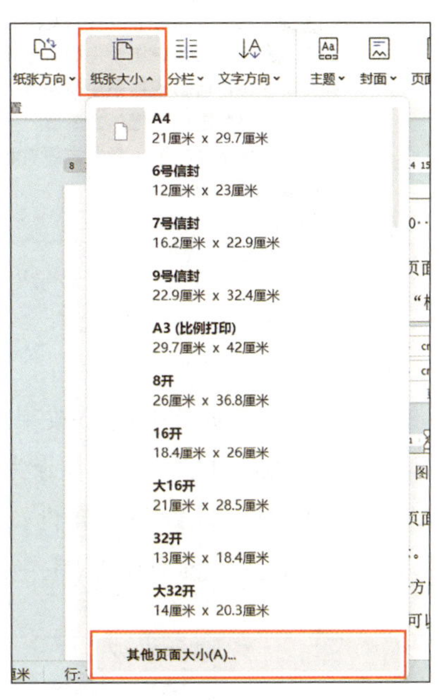

图 1-3-16　纸张大小的设置

（3）分栏的设置

选中要设置分栏排版的文本，单击“页面”选项卡中的“页面设置”分组中的“分栏”下拉按钮，在弹出的下拉菜单中选择“更多分栏”命令，打开“分栏”对话框，设置“栏数”为“2”，勾选“分隔线”和“栏宽相等”复选框，单击“确定”按钮，如图 1-3-17 所示。

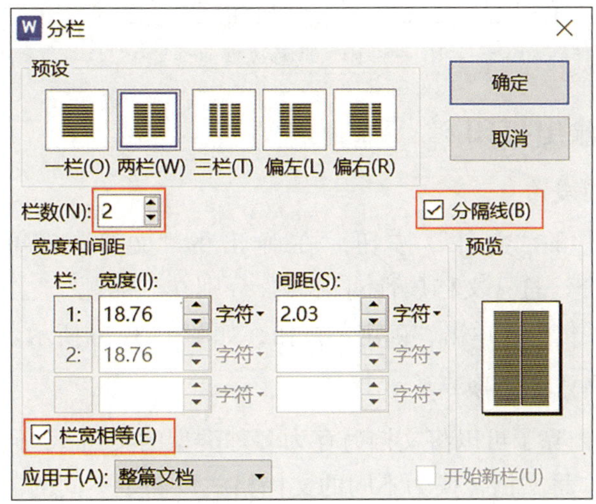

图 1-3-17　“分栏”对话框

设置分栏后的文本效果如图 1–3–18 所示。

为传承雷锋精神，践行志愿服务理念，培养青年学生的奉献意识和社会责任感，信息工程系现面向全体在校学生招募“学雷锋”青年志愿者，共同参与到“弘扬雷锋精神，青春志愿有我”的志愿服务活动中。

【招募条件】

热爱祖国，遵纪守法，热心公益事业。

身心健康，具有良好的沟通能力和团队协作意识。

能够保证参与活动，有志愿服务经验者优先。

图 1–3–18　设置分栏后的文本效果

2. 页面边框的设置

单击“页面”选项卡中的“效果”分组中的“页面边框”按钮，打开“边框和底纹”对话框。“页面边框”选项卡分为 3 栏，在第一栏中可以设置“无”“方框”“自定义”；在第二栏中可以设置边框属性，如选择线型、颜色、宽度及艺术型图案；在第三栏中可以预览效果并设置应用范围，如图 1–3–19 所示。

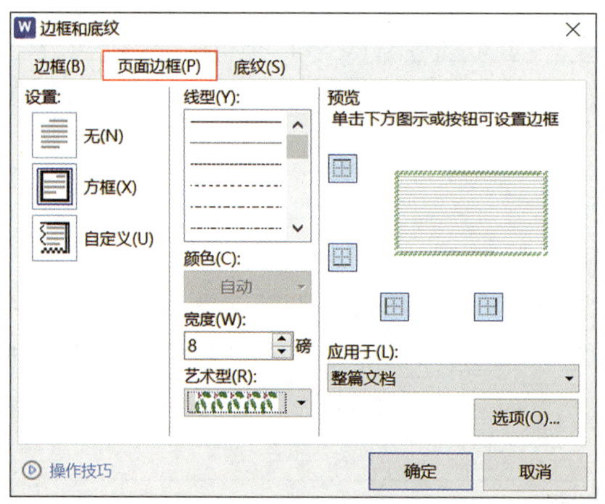

图 1–3–19　页面边框的设置

三、文档的输出打印

1. 文档属性的设置

单击菜单栏中的“文件”按钮，在弹出的“文件”菜单中选择“文档加密”→“属性”命令，打开文档属性对话框，分别在“标题”“主题”“作者”“单位”等文本框中输入相关信息，单击“确定”按钮，如图 1–3–20 所示。

2. 文档输出格式的转换

在 WPS 文字中，除了可以将文档另存为多种类型的文档，还可以进行文档输出格式的转换，允许用户将文档转换为不同的文档格式以满足不同的需求。WPS 文档可以转换为在线文档，输出为 PDF、图片、脑图、PPT 等文档，如图 1-3-21 所示。

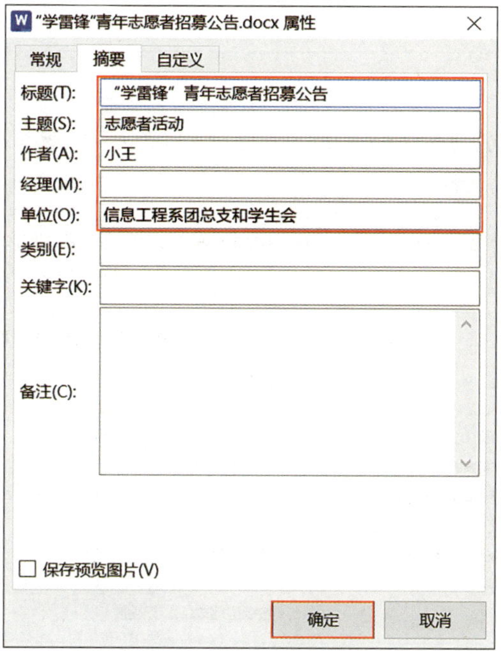

"学雷锋"青年志愿者招募公告.docx 属性
常规
摘要
自定义
标题(T):
"学雷锋"青年志愿者招募公告
主题(S):
志愿者活动
作者(A):
小王
经理(M):
单位(O):
信息工程系团总支和学生会
类别(E):
关键字(K):
备注(C):
保存预览图片(V)
确定
取消

图 1-3-20　文档属性的设置

文件
开始
插入
页面
新建(N)
打开(O)
保存(S)
另存为(A)
转为在线文档(Z)
输出为PDF(F)
输出为图片(G)
输出为脑图(M)
输出为PPT(X)
打印(P)
小四
字体

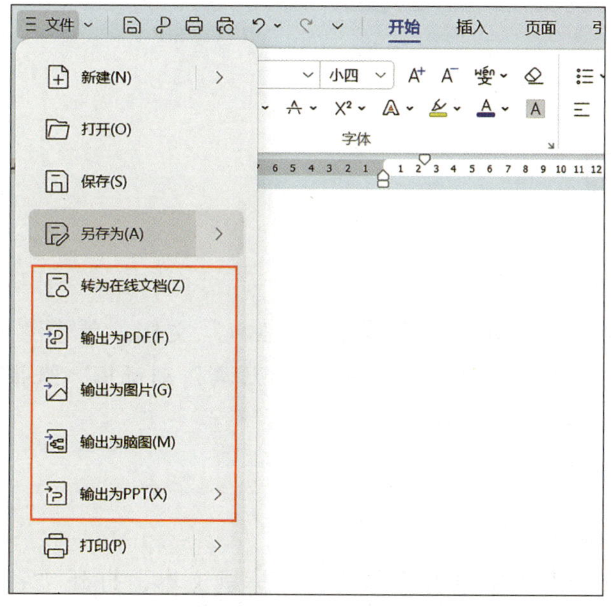

图 1-3-21　输出不同格式的文档

3. 文档的打印设置

按 Ctrl+P 组合键打开“打印”对话框可以进行文档的打印设置，勾选“双面打印”

复选框，设置翻页为“长边翻页”、“页码范围”为“全部”、“打印”为“范围中所有页面”、“份数”为“1”，如图 1–3–22 所示，单击“确定”按钮便可开始打印文档。

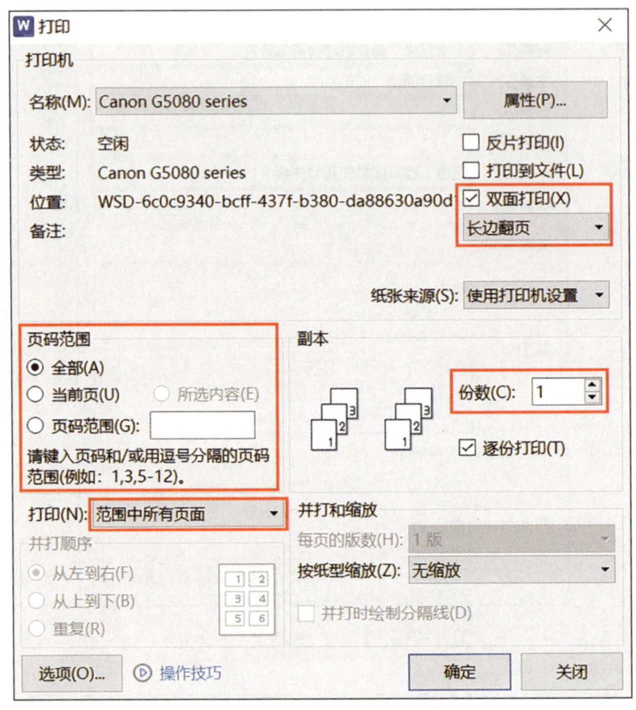

图 1–3–22 “打印”对话框

1. 设置页面布局

打开“‘学雷锋’青年志愿者招募公告.docx”文档。单击“页面”选项卡中的“页面设置”分组右下角的按钮↘，打开“页面设置”对话框，纸张大小保持默认，设置页边距和方向，如图 1–3–23 所示。

2. 设置标题格式

（1）设置字体格式

选中“‘学雷锋’青年志愿者招募公告”标题文本，打开“字体”对话框，设置“中文字体”为“黑体”、“字形”为“加粗”、“字号”为“二号”、“字体颜色”为“标准颜色”中的“深蓝”、“下划线类型”为“双实线”、“下划线颜色”为“标准颜色”中的“深红”，如图 1–3–24 所示。

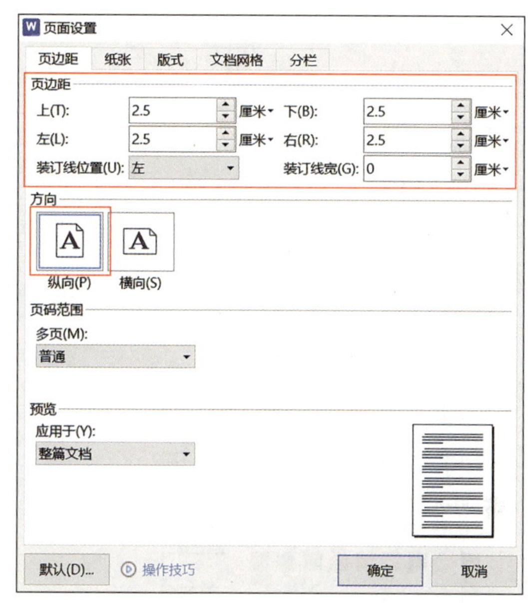

图 1-3-23　设置页面布局

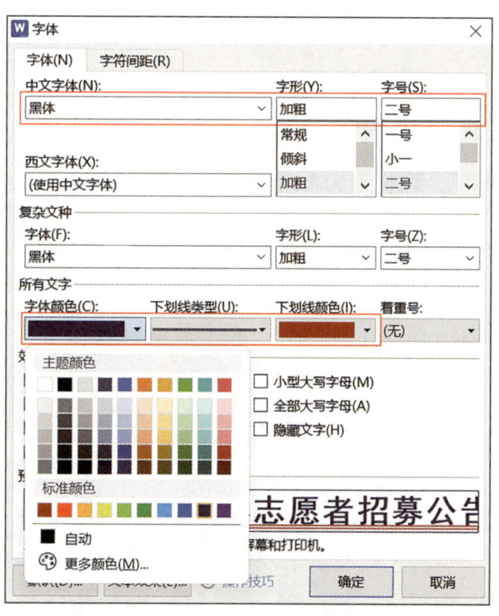

图 1-3-24　设置标题字体格式

切换至“字符间距”选项卡，设置“间距”为“加宽”、“度量值”为“0.03 厘米”，如图 1–3–25 所示，单击“确定”按钮，完成标题字体格式的设置。

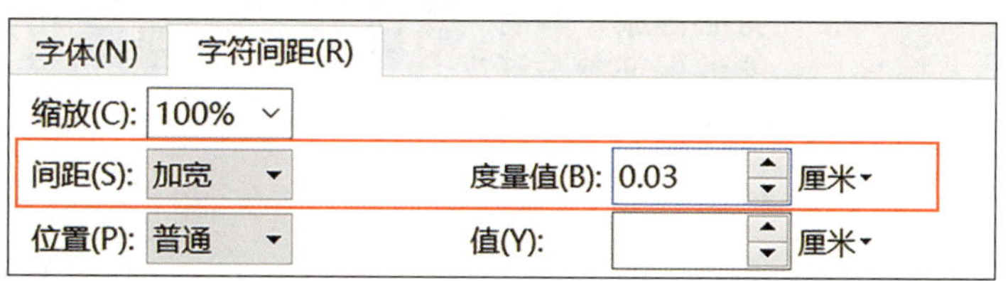

图 1-3-25　设置标题字符间距

（2）设置段落格式

打开“段落”对话框，设置“对齐方式”为“居中对齐”、“段前”和“段后”间距均为“0.5 行”、“行距”为“单倍行距”、“设置值”为“1”倍。标题格式设置完成后的效果如图 1–3–26 所示。

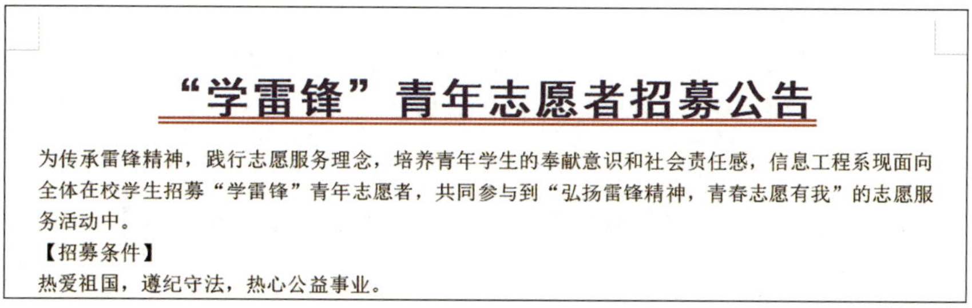

“学雷锋”青年志愿者招募公告

为传承雷锋精神，践行志愿服务理念，培养青年学生的奉献意识和社会责任感，信息工程系现面向全体在校学生招募“学雷锋”青年志愿者，共同参与到“弘扬雷锋精神，青春志愿有我”的志愿服务活动中。

【招募条件】

热爱祖国，遵纪守法，热心公益事业。

图 1–3–26　标题格式设置完成后的效果

3. 设置正文格式

（1）设置字体格式

选中文本“为传承雷锋精神……期待您的加入!”，打开“字体”对话框，设置“中文字体”为“宋体”、“西文字体”为“Times New Roman”、“字号”为“小四”。

选中文本“【招募条件】”，在“开始”选项卡中的“字体”分组中设置“字体”为“黑体”、“字号”为“四号”、“字体颜色”为“标准色”中的“深红”，如图 1-3-27 所示。

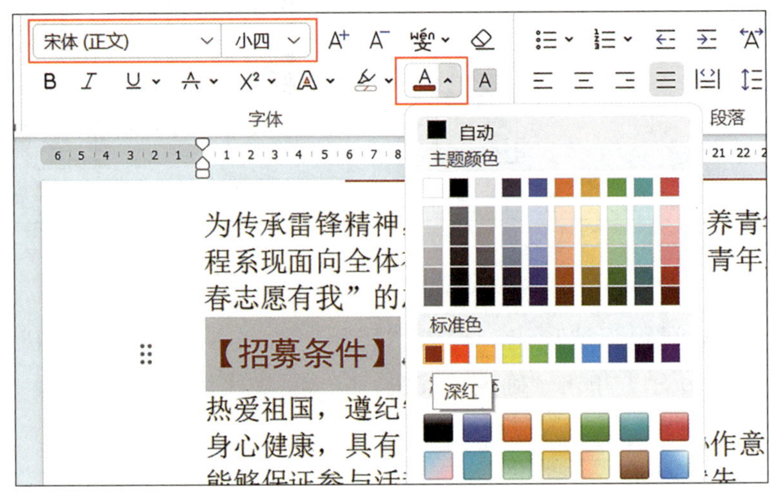

图 1-3-27 设置正文字体格式

（2）设置段落格式

选中文本“为传承雷锋精神……期待您的加入!”，打开“段落”对话框，设置“特殊格式”为“首行缩进”、“度量值”为“2 字符”、“行距”为“多倍行距”、“设置值”为“1.2”倍，单击“确定”按钮。

选中文本“【招募条件】”，在“段落”对话框中设置“特殊格式”为“(无)”，单击“确定”按钮。

（3）使用格式刷

选中需要复制格式的文本“【招募条件】”，单击“开始”选项卡中的“剪贴板”分组中的“格式刷”按钮，将鼠标指针置于文本上，待其变成刷子形状 ，按住鼠标左键拖动鼠标选中文本“【服务内容】”，如图 1-3-28 所示，松开鼠标左键即可快速粘贴文本格式。

使用相同的方法，为文本“【报名方式】”“【注意事项】”“【结语】”设置文本格式。

（4）设置边框和底纹

选中文本“【报名方式】……email.com”，单击“开始”选项卡中的“段落”分组中的“边框”下拉按钮，在下拉菜单中选择“边框和底纹”命令，在弹出的“边框和底纹”对话框中的“边框”选项卡中选择“方框”，设置“线型”为“虚线”（第四种线型）、“颜色”为“标准颜色”中的“红色”、宽度为“1.5 磅”、“应用于”为“段落”，单击“确定”按钮，如图 1-3-29 所示。

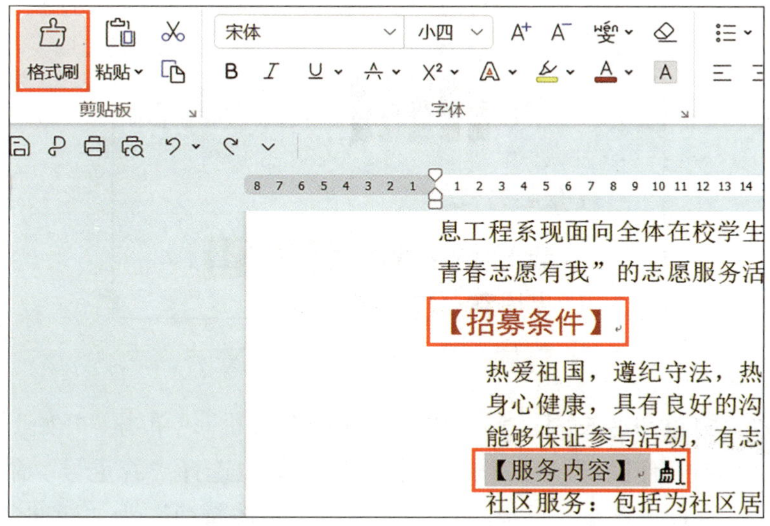

图 1-3-28　使用格式刷

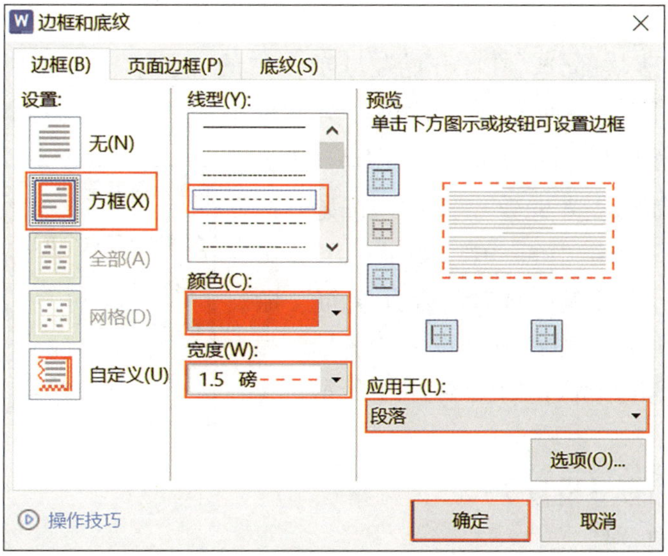

图 1-3-29　设置边框

分别选中文本“【招募条件】”“【服务内容】”“【报名方式】”“【注意事项】”“【结语】”，单击“开始”选项卡中的“字体”分组中的“字符底纹”按钮，即可对以上文本设置底纹。

（5）其他设置

选中文本“2024 年 3 月 4 日”，单击“开始”选项卡中的“字体”分组中的“突出显示”下拉按钮，选择“黄色”，如图 1-3-30 所示。

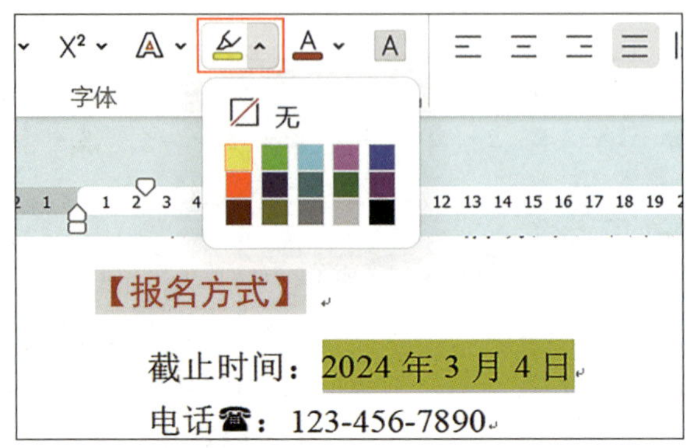

图 1-3-30 设置文本突出显示

选中文本“构建和谐校园、美好社会贡献青春力量”，单击“开始”选项卡中的“字体”分组中的“删除线”下拉按钮，在下拉菜单中选择“着重号”命令即可为文本添加着重号，同时，设置“字形”为“加粗”、“字体颜色”为“标准色”中的“深红”，完成文本着重号的添加。

4. 设置落款格式

选中文档的落款部分，在“开始”选项卡中的“字体”分组中设置“字体”为“宋体”、“字号”为“小四”。在“段落”对话框中设置“对齐方式”为“右对齐”、“行距”为“多倍行距”、“设置值”为“1.3”倍。

选中文本“团总支学生会”，单击“开始”选项卡中的“段落”分组中的“中文版式”下拉按钮，在弹出的下拉菜单中选择“合并字符”命令，打开“合并字符”对话框，设置“字号”为“11”，其他参数保持默认，如图 1-3-31 所示，单击“确定”按钮。

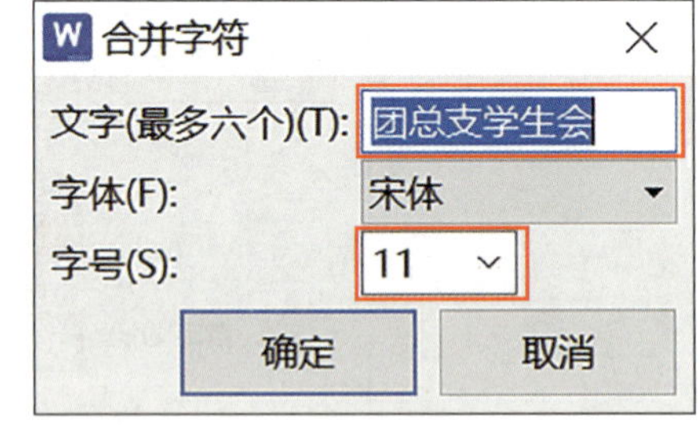

图 1-3-31 “合并字符”对话框

5. 添加项目符号和编号

（1）添加项目符号

选中文本“热爱祖国……优先。”，单击“开始”选项卡中的“段落”分组中的“项目符号”下拉按钮，在弹出的下拉菜单中选择“自定义项目符号”命令，打开“项目符号和编号”对话框。在“项目符号”选项卡中选择第二个预设样式，单击“自定义”按钮，弹出“自定义项目符号列表”对话框，可以选择项目符号字符或单击“字符”按钮后从“符号”对话框中选取所需符号。在展开的隐藏面板中设置“项目符号位置”中的“缩进位置”为“2 字符”，“文字位置”中的“制表位位置”为“2 字符”、“缩进位置”为“0 字符”，如图 1-3-32 所示，单击“确定”按钮。

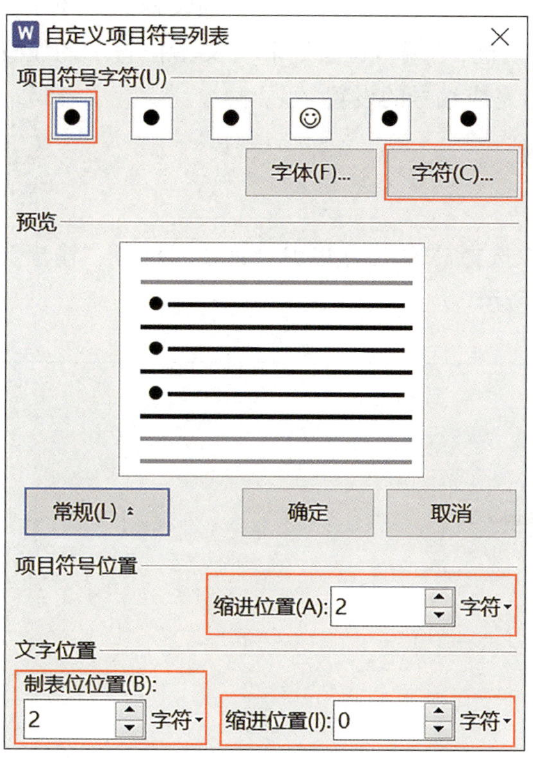

图 1-3-32　“自定义项目符号列表”对话框

“【招募条件】”“【服务内容】”中的项目符号设置后的效果如图 1-3-33 所示，继续设置“【报名方式】”中的项目符号。

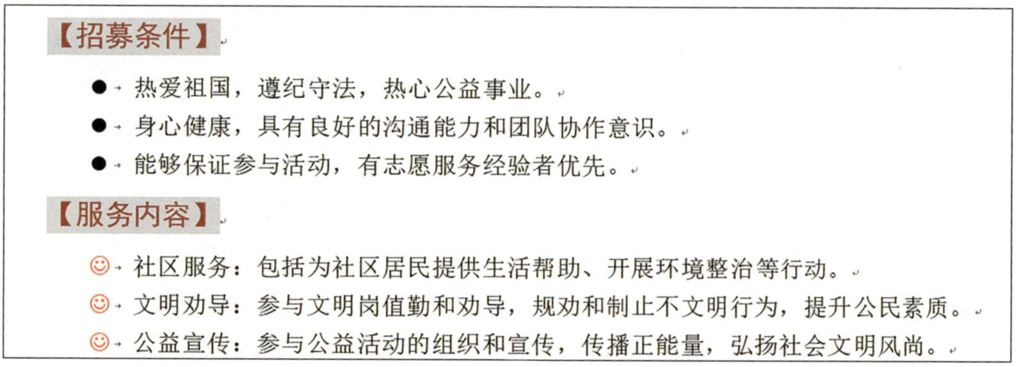

【招募条件】

- 热爱祖国，遵纪守法，热心公益事业。
- 身心健康，具有良好的沟通能力和团队协作意识。
- 能够保证参与活动，有志愿服务经验者优先。

【服务内容】

☺ 社区服务：包括为社区居民提供生活帮助、开展环境整治等行动。
☺ 文明劝导：参与文明岗值勤和劝导，规劝和制止不文明行为，提升公民素质。
☺ 公益宣传：参与公益活动的组织和宣传，传播正能量，弘扬社会文明风尚。

图 1-3-33　部分项目符号设置后的效果

（2）添加编号

选中文本“请务必……所有。”，单击“开始”选项卡中的“段落”分组中的“编号”下拉按钮，在弹出的下拉菜单中选择“自定义编号”命令，打开“项目符号和编号”对话框，在“编号”选项卡中选择第四个预设样式，单击“自定义”按钮，弹出“自定义编号列表”对话框，“编号位置”和“文本位置”的设置与项目符号的设置相似，单击“确定”按钮完成编号的设置。

6. 设置输出打印

（1）输出 PDF 文档

在“文件”菜单中选择“输出为 PDF”命令，打开“输出为 PDF”对话框，单击“设置”，如图 1-3-34 所示。

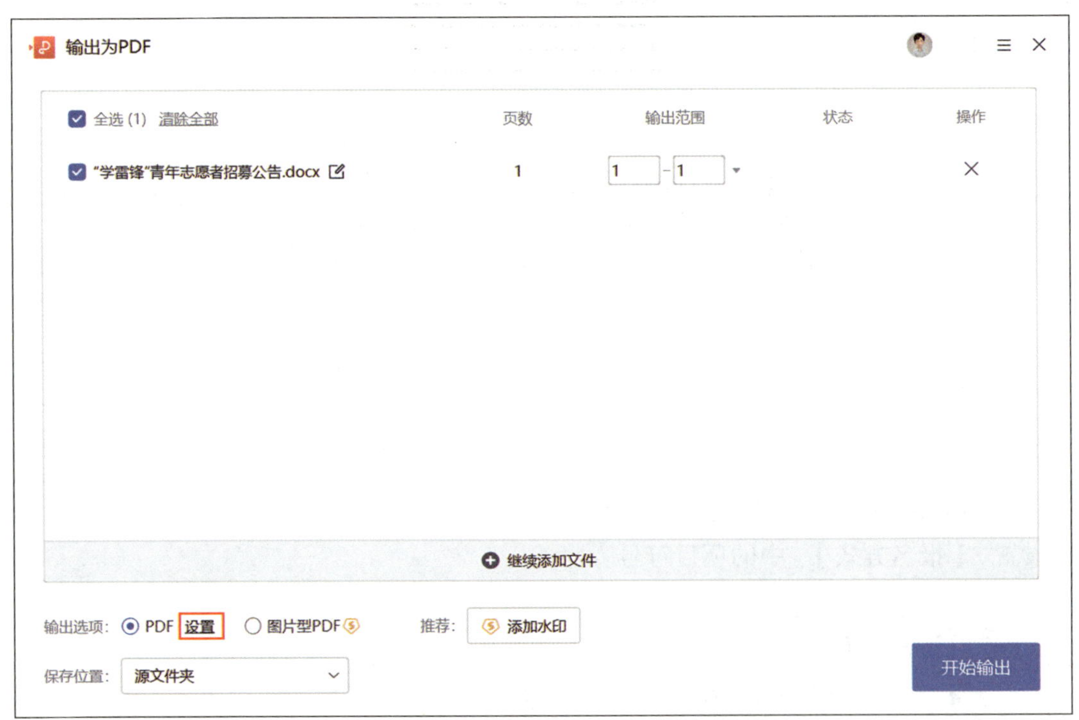

图 1-3-34 “输出为 PDF”对话框

打开“设置”对话框，勾选“权限设置”中的复选框，输入密码为“123”，确认密码为“123”，取消勾选“允许修改”和“允许复制”复选框，如图 1-3-35 所示，单击“确定”按钮。

在“输出为 PDF”对话框中单击“开始输出”按钮进行文档格式转换，在提示“输出成功”后可以立即查看 PDF 文档或打开文档所在的文件夹。

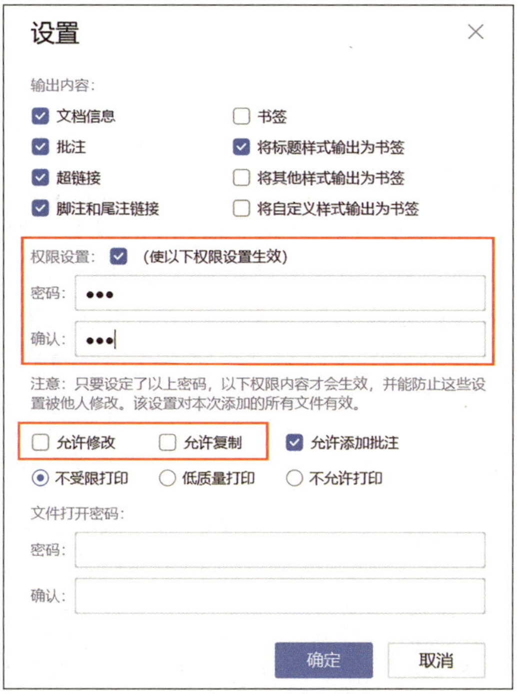

设置

输出内容：

☑ 文档信息　☐ 书签
☑ 批注　☑ 将标题样式输出为书签
☑ 超链接　☐ 将其他样式输出为书签
☑ 脚注和尾注链接　☐ 将自定义样式输出为书签

权限设置：☑（使以下权限设置生效）
密码：●●●
确认：●●●

注意：只要设定了以上密码，以下权限内容才会生效，并能防止这些设置被他人修改。该设置对本次添加的所有文件有效。

☐ 允许修改　☐ 允许复制　☑ 允许添加批注
◉ 不受限打印　○ 低质量打印　○ 不允许打印

文件打开密码：
密码：
确认：

确定　取消

图 1-3-35　PDF 文档权限的设置

（2）打印文档

单击快速访问工具栏中的“打印预览”按钮，打开“打印预览”窗口，可以预览打印效果并进行打印设置。在“打印设置”窗格中可以设置打印机、打印份数、打印方式及打印范围等参数，如图 1-3-36 所示，单击“打印”按钮即可进行文档打印。

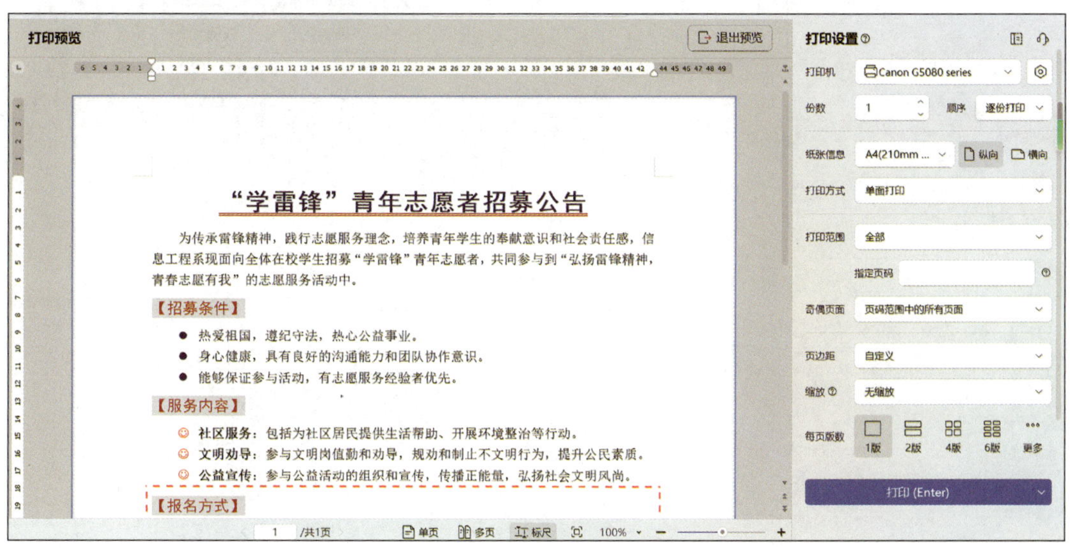

图 1-3-36　“打印预览”窗口

提示

如何在文档中插入自定义水印？

在 WPS 文字中，单击“页面”选项卡中的“效果”分组中的“水印”下拉按钮，在弹出的下拉菜单中选择“插入水印”命令，打开“水印”对话框，可以勾选“图片水印”或“文字水印”复选框。

以插入文字水印为例，勾选“文字水印”复选框，设置“内容”为“招募公告”、“字体”为“微软雅黑”、“版式”为“倾斜”，其他设置为默认选项，单击“确定”按钮插入水印，如图 1-3-37 所示。

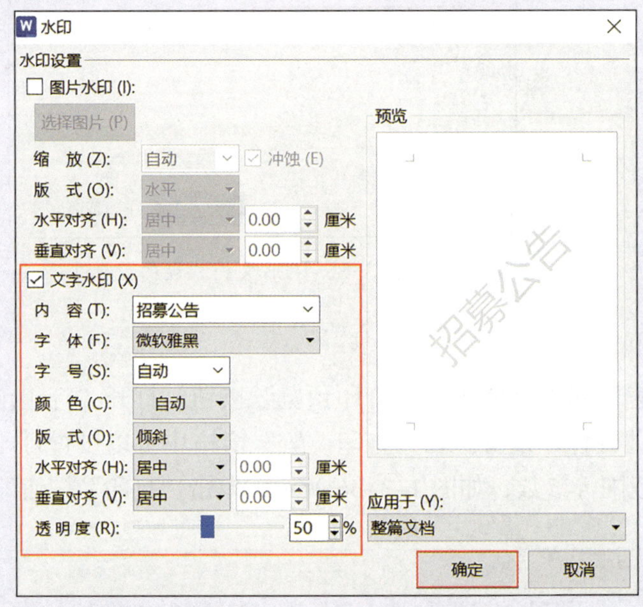

图 1-3-37 插入文字水印

项目二
制作公益宣传海报——WPS 文字的图文混排

计算机应用与维修 2402 班正在举办关于节能环保的公益宣传海报设计评选活动，该班的李明同学使用 WPS 文字制作了一幅以“节约水资源”为主题的公益宣传海报，最终效果如图 2-0-1 所示。

图 2-0-1　公益宣传海报的最终效果

使用 WPS 文字制作公益宣传海报，首先需要创建一个空白文档并设置合适的页面布局，以确保海报的尺寸和纸张方向符合需求，然后将所需的图片、形状、艺术字和文本框等元素逐一添加到文档中，通过调整这些元素的大小、位置、颜色和效果等可以增强视觉上的层次感和吸引力，最终，将制作完成的文档进行输出。实现图文混排的关键在于如何将元素有机地结合在一起，既要保证信息的清晰传达，又要注重整体的美观和协调性。完成本项目的思维导图如图 2-0-2 所示。

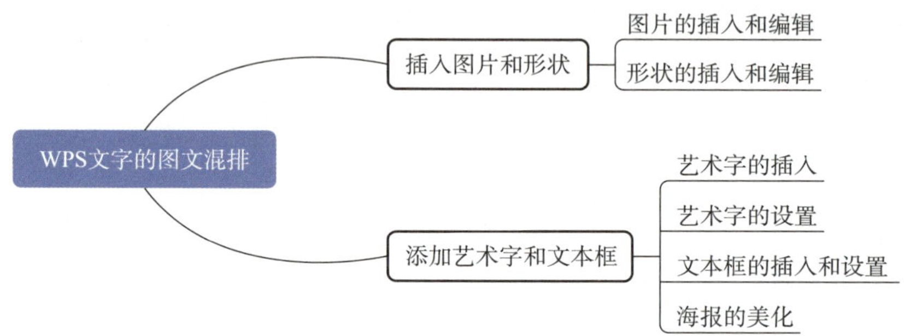

图 2-0-2　制作公益宣传海报的思维导图

任务 1　插入图片和形状

1. 能够在文档中插入和编辑图片。
2. 能够在文档中插入和编辑形状。

根据班级公益宣传海报设计评选活动方案要求，李明同学将海报的主色调确定为蓝色，首先在文档中插入一幅“水花”图片，将其设置为海报的背景图片，接着插入“地球”图片进行修饰，然后插入形状元素，将其编辑成水滴形状，最后通过插入智能

图形来展现“惜水”“节水”“控水”“护水”等公益行动的递进关系，倡导大家践行绿色生活方式，共同守护宝贵的蓝色星球。

一、图片的插入和编辑

1. 图片的插入

将光标移至需要插入图片的位置，单击“插入”选项卡中的“常用对象”分组中的“图片”下拉按钮，在下拉菜单中可以选择“本地图片”“来自扫描仪”“手机图片 / 拍照”命令插入图片，单击“更多图片”按钮，如图 2–1–1 所示，弹出“图库”窗口。

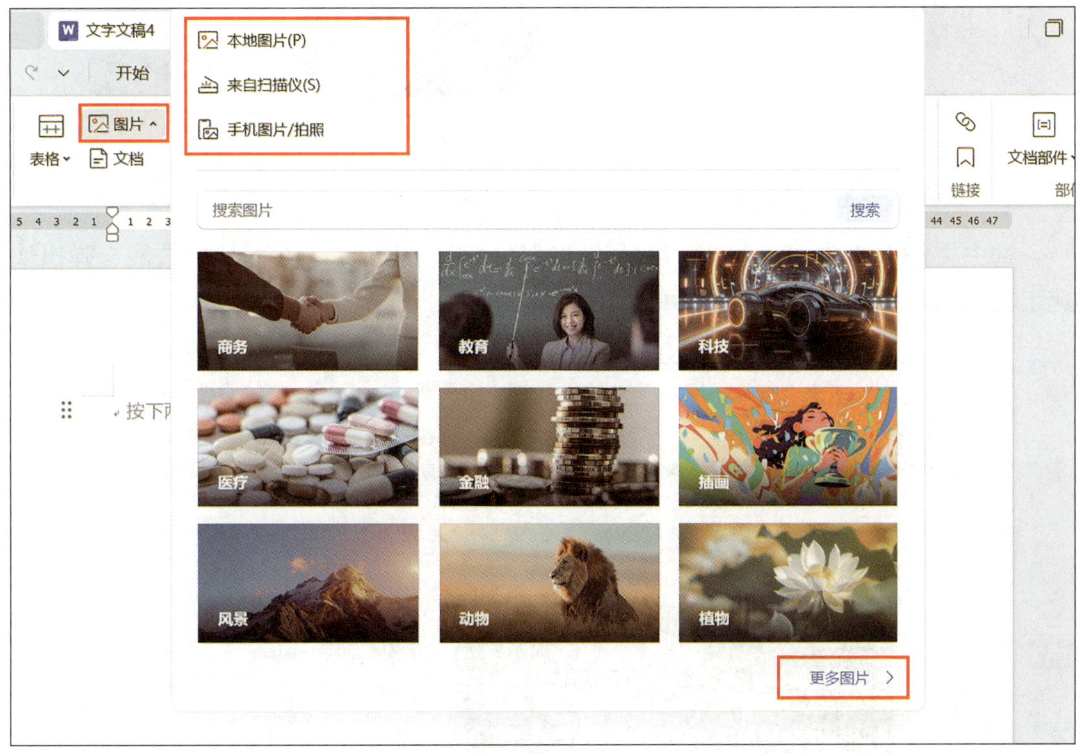

图 2–1–1　“图片”下拉菜单

可以在弹出的“图库”窗口中的搜索框中输入“蓝色水花”，单击“搜索”按钮，如图 2–1–2 所示，选择需要的图片即可下载使用。

图 2-1-2　搜索图片

2. 图片的布局与定位

选中文档中的图片，会自动切换到“图片工具”选项卡，在图片的右侧会弹出快速工具栏，如图 2-1-3 所示，即可对图片进行编辑。

图 2-1-3　“图片工具”选项卡和快速工具栏

（1）图片环绕方式的设置

单击“图片工具”选项卡中的“排列”分组中的“环绕”下拉按钮，弹出的下拉菜单中包含 7 种图片的环绕方式，如图 2-1-4 所示。

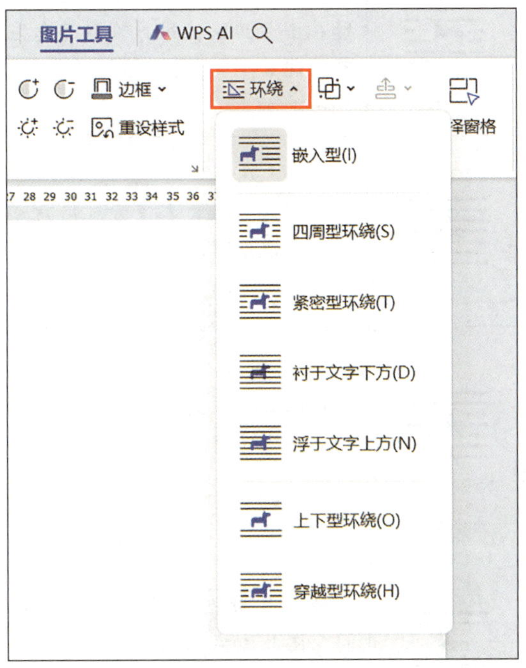

图 2-1-4　图片的环绕方式

图片的环绕方式包括嵌入型、四周型环绕、紧密型环绕、衬于文字下方、浮于文字上方、上下型环绕和穿越型环绕，用户可以根据需要为插入的图片设置环绕方式。在 WPS 文字中，图片的 7 种环绕方式见表 2-1-1。

表 2-1-1　图片的 7 种环绕方式

序号	环绕方式	图标	特点	环绕效果
1	嵌入型		将图片以文本的方式嵌入文档中的某一行，用户不能随意拖动或调整图片的位置	箭头在 logo 中的寓意：蓝色箭头 通标志多用于传递指示信息，也用来表 息。所以为了行车 标志是指示车辆、行人应遵循的标志，
2	四周型环绕		文本以矩形形式围绕在图片的四周，用户可以随意拖动图片	箭头在 logo 中的寓意：蓝色箭头 通标志多 用于传 路线、方 向等行 请遵守指 示指令 应遵循的 标志。 人行进的 指示标 标志、向左（或向右）转弯标志等。

续表

序号	环绕方式	图标	特点	环绕效果
3	紧密型环绕		文本按照图片的不规则轮廓紧贴在图片边缘，用户可以随意拖动图片	
4	衬于文字下方		将图片放在文本下方，用户可以随意拖动图片	
5	浮于文字上方		将图片放在文本上方，用户可以随意拖动图片	
6	上下型环绕		将图片放在上下两行文本之间，图片左右两端没有文本，用户可以上下或左右拖动图片	
7	穿越型环绕		除紧密型环绕能实现的效果外，文本还能进入图片的凹陷区域，相当于“穿越”了图片	

（2）图片叠放顺序的调整

当多个图片（非嵌入型图片）叠放时，可根据需要设置其叠放顺序。选中需要设置的图片并单击鼠标右键，在弹出的快捷菜单中选择“置于顶层”或“置于底层”命令，也可以单击“上移一层”或“下移一层”按钮，如图 2–1–5 所示。

（3）图片位置的设置

选中需要设置位置的图片（非嵌入型图片），单击“图片工具”选项卡中的“大小”分组右下角的按钮↘，打开“布局”对话框，在“位置”选项卡中可以设置图片的绝对位置或相对位置等，如图 2–1–6 所示。

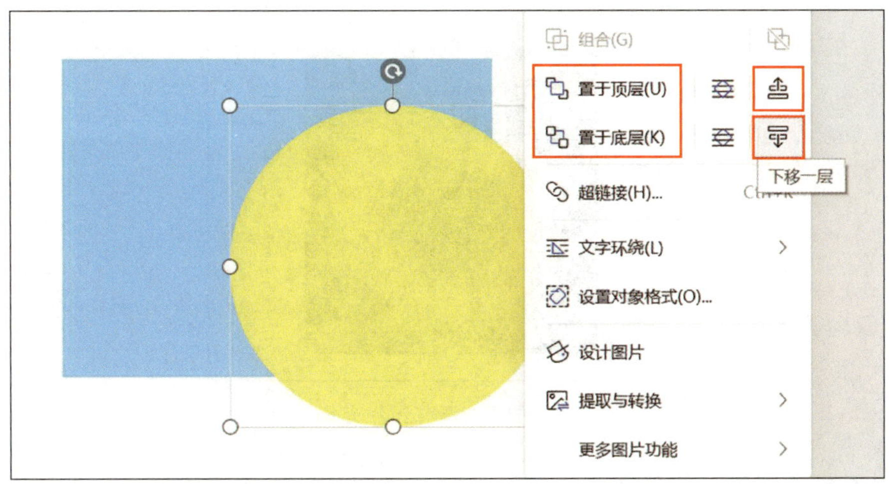

图 2-1-5　调整图片叠放顺序

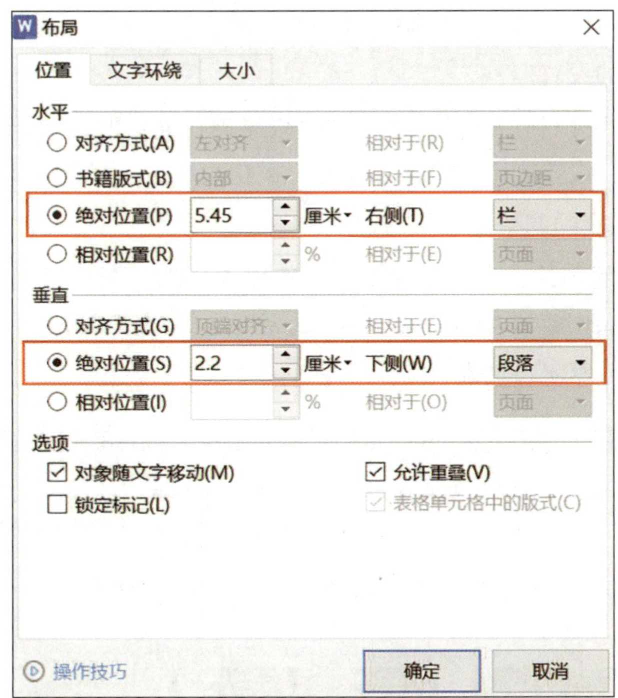

图 2-1-6　在“布局”对话框中设置图片的位置

3. 图片格式的设置

（1）图片大小的设置

在 WPS 文字中，一般通过设置图片的高度和宽度调整图片的大小。在选中图片后，图片的四周会显示 8 个控制点，将鼠标指针移至任意控制点上，鼠标指针会变为双向箭头，此时按住鼠标左键并拖动鼠标即可调整图片的大小，如图 2-1-7 所示。

图 2-1-7 调整图片大小

虽然通过使用鼠标拖动图片的控制点来调整图片的大小较为便捷，但若要精确设置图片大小，则需在选中图片后，在“图片工具”选项卡中的“大小”分组中的“形状高度”和“形状宽度”文本框中输入具体的数值。

（2）图片效果的设置

在 WPS 文字中可以利用图片工具对图片效果进行简单的设置，如调整对比度和亮度，设置色彩类型，设置阴影、倒影、发光、柔化边缘、三维旋转等预设效果。

1）对比度和亮度的调整

选中需要调整的图片，在“图片工具”选项卡中的“图片样式”分组中单击“增加对比度”“降低对比度”“增加亮度”“降低亮度”等按钮调整图片的对比度和亮度，增加对比度和亮度的效果对比如图 2-1-8 所示。

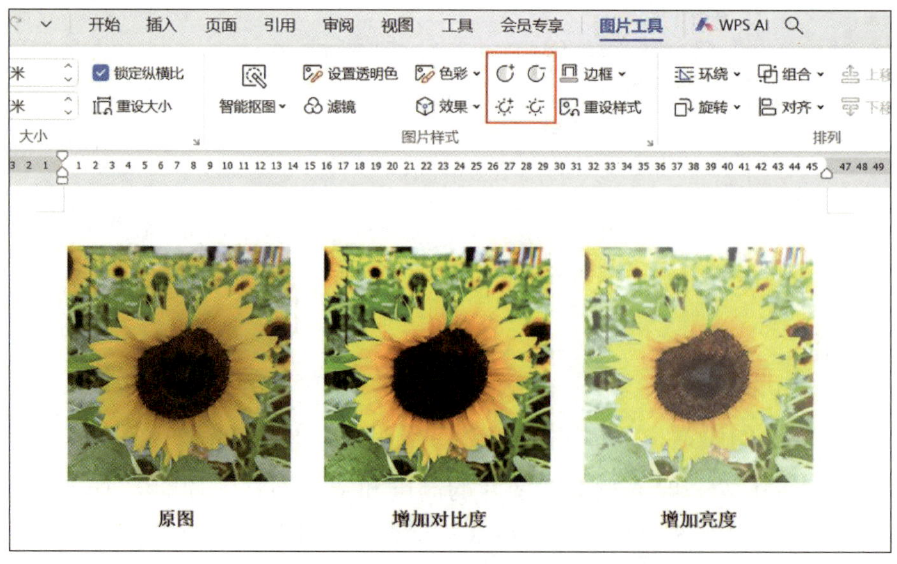

图 2-1-8 增加对比度和亮度的效果对比

2）色彩类型的设置

选中需要设置的图片，单击“图片工具”选项卡中的“图片样式”分组中的“色彩”下拉按钮，在弹出的下拉菜单中可以分别选择“灰度”“冲蚀”等命令，设置效果对比如图 2–1–9 所示。

图 2-1-9　设置色彩类型的效果对比

3）图片预设效果的设置

选中需要设置的图片，单击“图片工具”选项卡中的“图片样式”分组中的“效果”下拉按钮，在弹出的下拉菜单中选择“阴影”→“右下斜偏移”命令，效果如图 2–1–10 所示。当然，还可以为图片设置倒影、发光、柔化边缘、三维旋转等预设效果。

在图片上单击鼠标右键，在弹出的快捷菜单中选择“设置对象格式”命令，弹出“属性”窗格，单击“效果”选项卡，就可以设置“阴影”中的颜色、透明度、距离、角度等相关属性，如图 2–1–11 所示。

4. 图片的裁剪

单击“图片工具”选项卡中的“大小”分组中的“裁剪”下拉按钮，弹出的下拉菜单如图 2–1–12 所示，可以裁剪所选图片，删除不需要的部分。图片的裁剪主要有自由裁剪、按形状裁剪、按比例裁剪 3 种方法。

（1）自由裁剪

选中需要裁剪的图片，单击快速工具栏中的“图片裁剪”按钮，进入裁剪模式。使用鼠标拖动图片的 8 个裁剪控制点，裁剪出所需图片，如图 2–1–13 所示。

图 2-1-10　设置图片的阴影预设效果

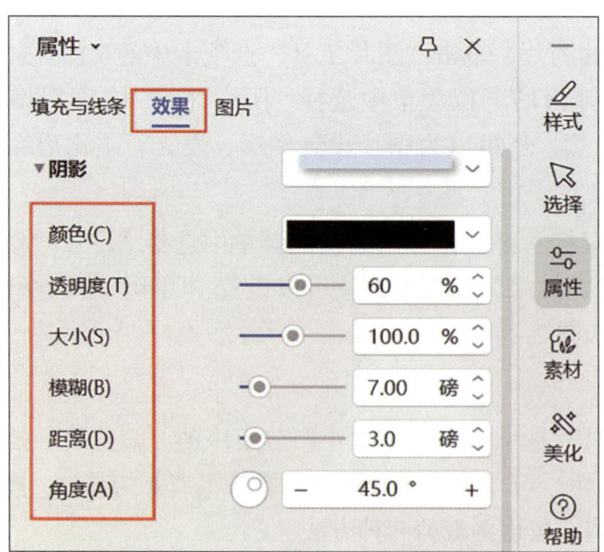

图 2-1-11　设置“阴影”中的相关属性

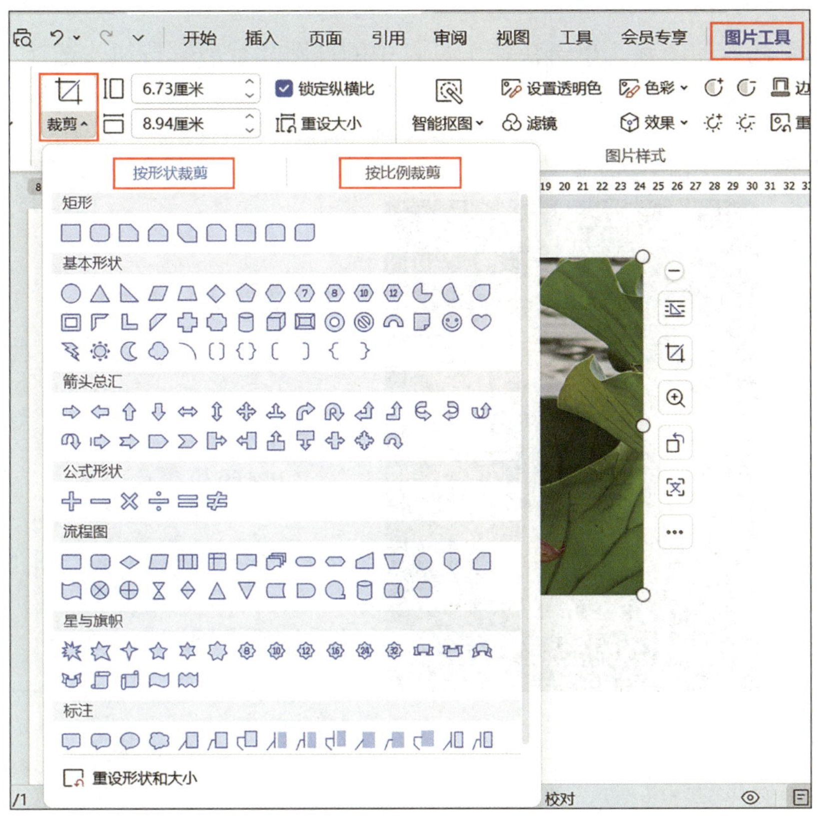

图 2-1-12　“裁剪”下拉菜单

图 2-1-13　自由裁剪图片

（2）按形状裁剪

选中需要裁剪的图片，单击快速工具栏中的“图片裁剪”按钮，选择“按形状裁剪”→“椭圆”命令，按形状裁剪图片，如图 2-1-14 所示。

图 2-1-14 按形状裁剪图片

（3）按比例裁剪

选中需要裁剪的图片，单击快速工具栏中的“图片裁剪”按钮，选择“按比例裁剪”→“16∶9”命令，裁剪区域会以“16∶9”固定比例对图片进行裁剪，按住鼠标左键直接拖动图片，调整图片至最佳显示区域，如图 2-1-15 所示。

图 2-1-15 按比例裁剪图片

二、形状的插入和编辑

WPS 文字提供了多种形状，如线条、矩形、基本形状、箭头总汇、公式形状、流程图、星与旗帜及标注 8 种类型的预设形状，另外，还提供了插入智能图形和新建绘图画布等功能。

1. 预设形状的插入和编辑

（1）预设形状的插入

单击“插入”选项卡中的“常用对象”分组中的“形状”下拉按钮，在弹出的下拉菜单中可以选择并插入不同的预设形状，如图 2-1-16 所示。

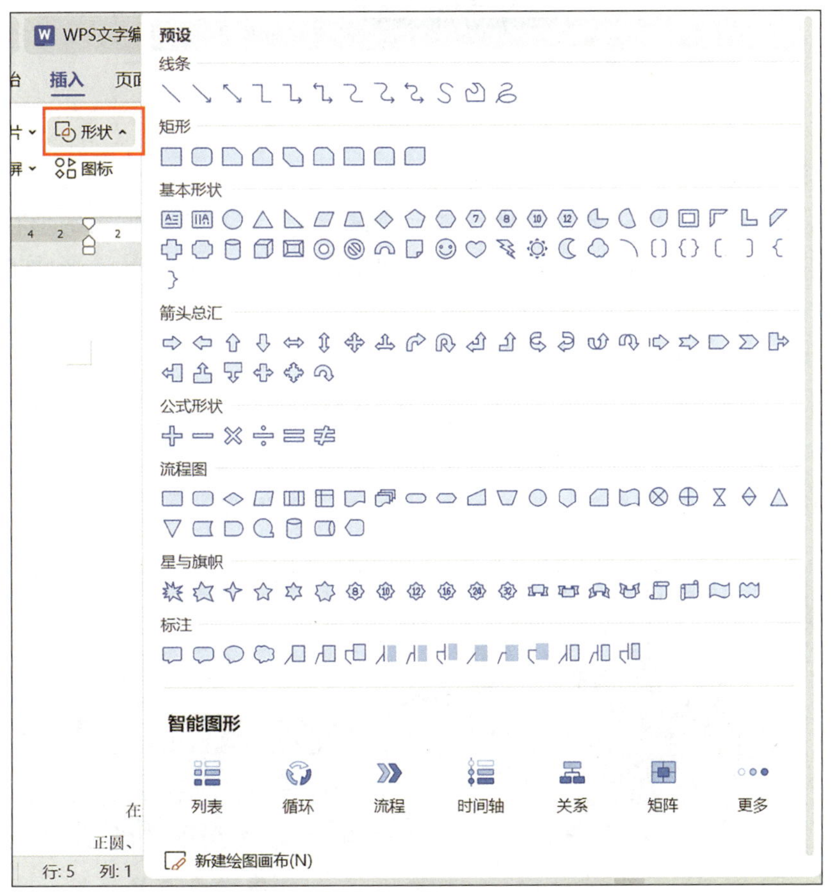

图 2-1-16 “形状”下拉菜单

在绘制形状时，按住 Shift 键可绘制出高度和宽度相等的规则形状，如正方形、正圆形、正圆角矩形等，并切换到“绘图工具”选项卡，如图 2-1-17 所示。

按住 Ctrl 键，可通过用鼠标拖动形状的方式在任意位置快速复制该形状。按住 Ctrl+Shift 组合键，可通过用鼠标拖动形状的方式在水平或垂直方向快速复制该形状。

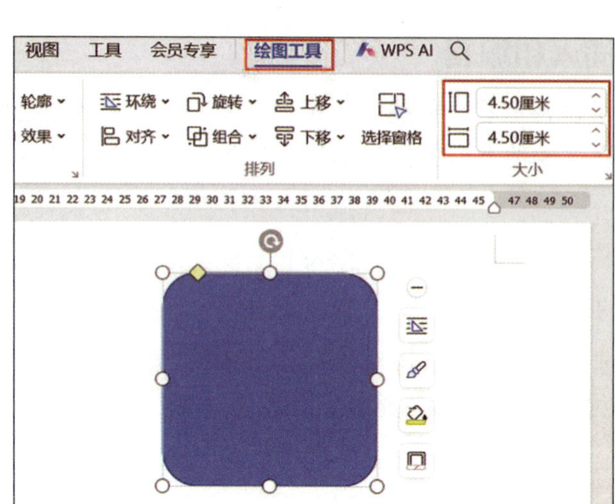

图 2-1-17　插入正圆角矩形

（2）预设形状的编辑

插入预设形状后，可对形状的样式进行编辑美化。选中需要编辑的形状，在弹出的快速工具栏中可对形状的属性进行设置，如布局选项、形状样式、形状填充、形状轮廓等。预设形状主要的编辑方法如下。

1）形状样式的设置

选中形状，单击快速工具栏中的“形状样式”按钮，在弹出的“预设样式”菜单中选择“填充 – 实线 – 阴影”预设样式，如图 2-1-18 所示。此外，也可以单击“绘图工具”选项卡中的“形状样式”分组中的相关按钮进行设置。

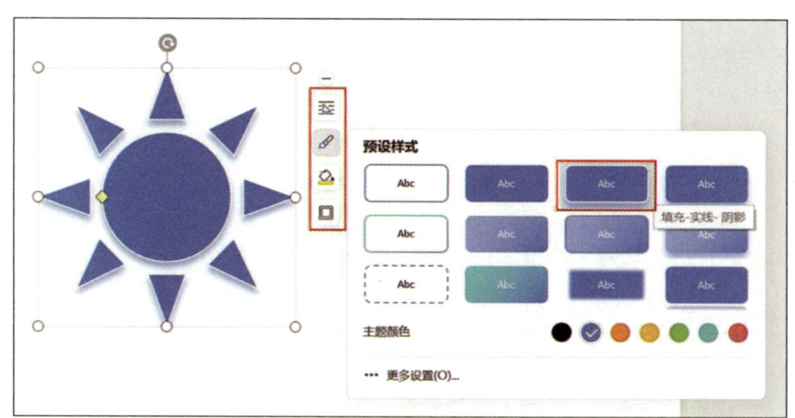

图 2-1-18　形状样式的设置

2）形状填充的设置

选中形状，单击“绘图工具”选项卡中的“形状样式”分组中的“填充”下拉按钮或单击快速工具栏中的“形状填充”按钮，可以设置形状填充的颜色和图案等属性。

3）形状轮廓的设置

选中形状，单击“绘图工具”选项卡中的“形状样式”分组中的“轮廓”下拉按钮或单击快速工具栏中的“形状轮廓”按钮，可以设置形状轮廓的颜色和线型等属性。

4）形状效果的设置

选中形状，单击“绘图工具”选项卡中的“形状样式”分组中的“效果”下拉按钮，根据需要在下拉菜单中选择“阴影”“倒影”“发光”“柔化边缘”“三维旋转”等命令，例如，在下拉菜单中选择“三维旋转”→“等轴右上”命令，可以完成形状三维旋转效果的设置，如图 2-1-19 所示。

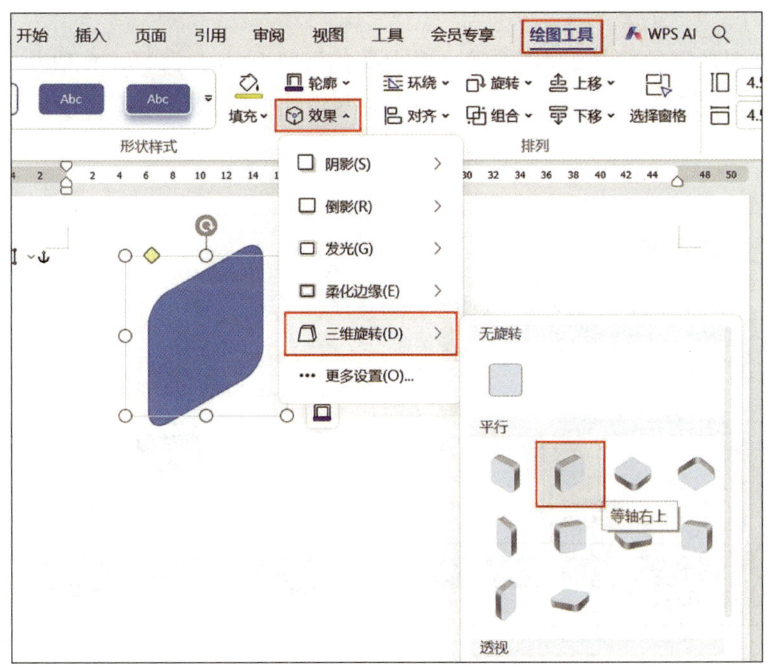

图 2-1-19　形状三维旋转效果的设置

2. 智能图形的插入和编辑

（1）智能图形的插入

单击“插入”选项卡中的“常用对象”分组中的“智能图形”按钮，打开“智能图形”窗口，如图 2-1-20 所示，用户可以根据“列表”“循环”“流程”“组织架构”等类别快速插入更加复杂的图形，同时还可以使用插入“SmartArt”图形的功能。

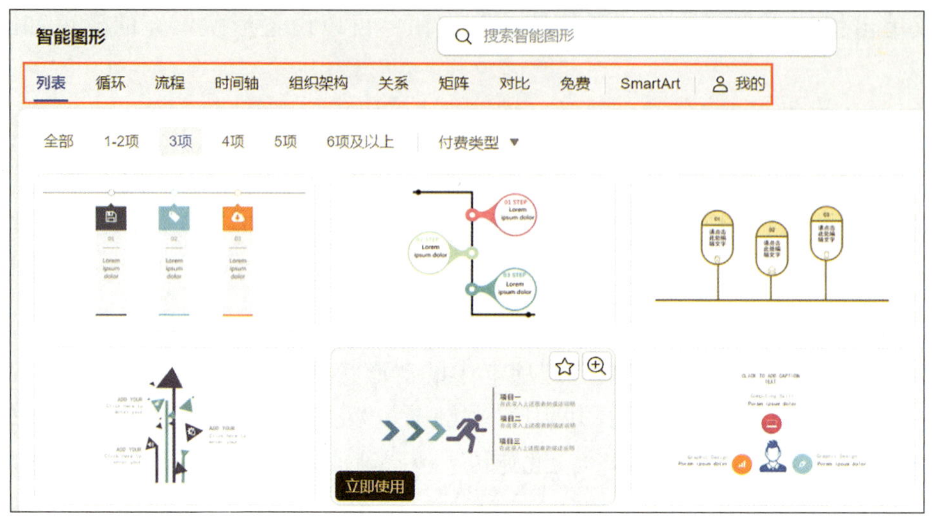

图 2-1-20 “智能图形”窗口

在“智能图形”窗口中，切换至“组织架构”选项卡，选择“6 项及以上”范围条件，单击第一行第一列的组织架构图形，如图 2-1-21 所示，即可将所选样式的智能图形插入文档中。

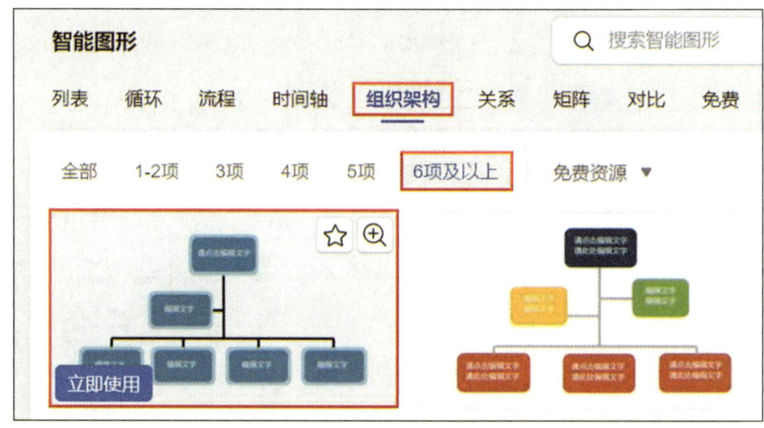

图 2-1-21 选择智能图形

（2）智能图形的编辑

在 WPS 文字中，可以对插入的智能图形进行编辑修改，可以通过“绘图工具”选项卡中的按钮设置智能图形的形状样式、形状填充、形状轮廓和形状效果等属性。选中需要编辑的智能图形，单击其文本部分，即可修改文本和设置字体格式等，如图 2-1-22 所示。

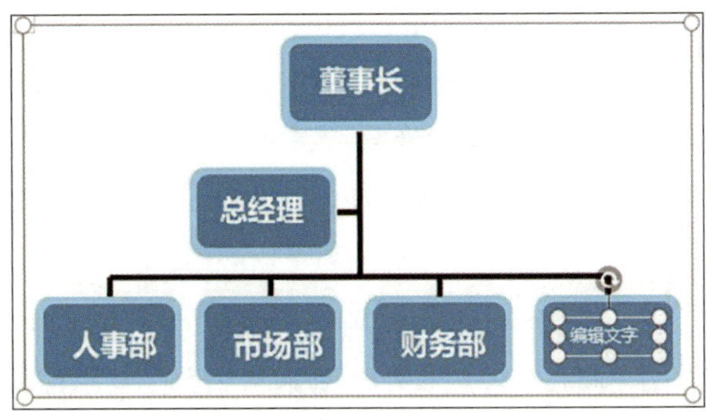

图 2-1-22　编辑智能图形

1. 设置页面布局

新建并保存“公益宣传海报.docx”文档。设置“纸张大小”为“A4”、“纸张方向”为“纵向”，其他页面设置保持默认。

2. 插入和编辑背景图片

（1）插入背景图片

将光标置于文档起始位置，单击“插入”选项卡中的“常用对象”分组中的“图片”下拉按钮，在下拉菜单中选择“本地图片”命令，在弹出的“插入图片”对话框中选择素材图片“水花.jpg”，单击“打开”按钮，插入未处理的背景图片的效果如图 2-1-23 所示。

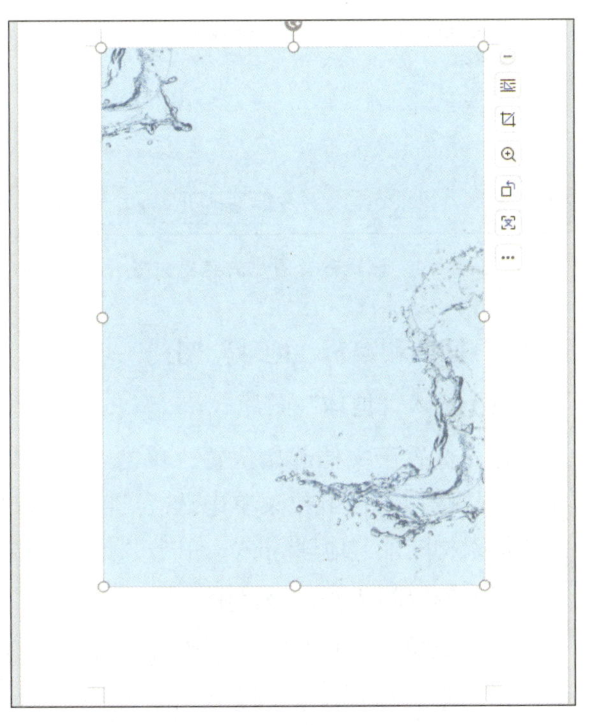

图 2-1-23　未处理的背景图片的效果

（2）设置图片的环绕方式

选中背景图片，单击“图片工具”选项卡中的“排列”分组中的“环绕”下拉按钮，在下拉菜单中选择“衬于文字下方”命令，即可随意移动图片位置。

（3）设置背景图片位置

选中背景图片，单击“图片工具”

选项卡中的“大小”分组右下角的按钮↘，打开“布局”对话框，在“位置”选项卡中设置背景图片的绝对位置，即设置水平“绝对位置”为“0 厘米”、“右侧”为“左边距”，设置垂直“绝对位置”为“0 厘米”、“下侧”为“上边距”，如图 2-1-24 所示，单击“确定”按钮，即可将图片左上角移动到与页面左上角重合的位置。

（4）设置背景图片大小

选中背景图片，在“图片工具”选项卡中的“大小”分组中勾选“锁定纵横比”复选框，设置图片“高度”为“29.70 厘米”，背景图片铺满整个页面，效果如图 2-1-25 所示。

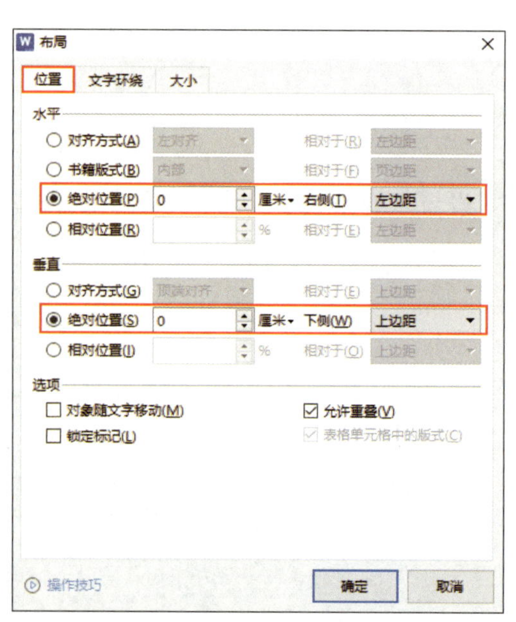

图 2-1-24　设置背景图片的绝对位置

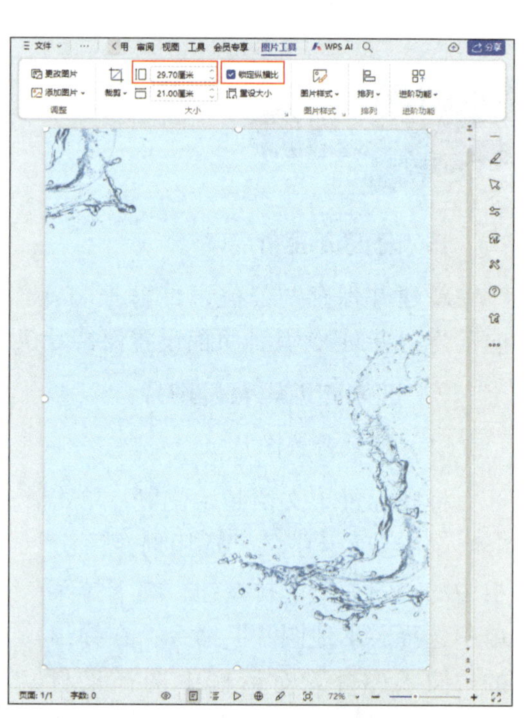

图 2-1-25　设置后的背景图片的效果

3. 插入和编辑“地球”图片

（1）插入“地球”图片

将光标置于文档起始位置，单击“插入”选项卡中的“常用对象”分组中的“图片”下拉按钮，在下拉菜单中选择“本地图片”命令，在弹出的“插入图片”对话框中选择素材图片“地球 .jpg”，单击“打开”按钮。

（2）设置图片的环绕方式

单击“图片工具”选项卡中的“排列”分组中的“环绕”下拉按钮，在下拉菜单中选择“浮于文字上方”命令，以便后期移动此图片。

（3）设置图片大小和位置

选中“地球”图片，打开“布局”对话框，在“大小”选项卡中勾选“锁定纵横比”复选框和“相对原始图片大小”复选框，设置高度“绝对值”为“16.26 厘米”，缩放“高度”为“20%”、“宽度”为“20%”，在“位置”选项卡中设置水平“绝对位置”为“4.2 厘米”、“右侧”为“页面”，垂直“绝对位置”为“10.33 厘米”、“下侧”为“页面”，如图 2-1-26 所示，单击“确定”按钮，完成“地球”图片大小和位置的设置。

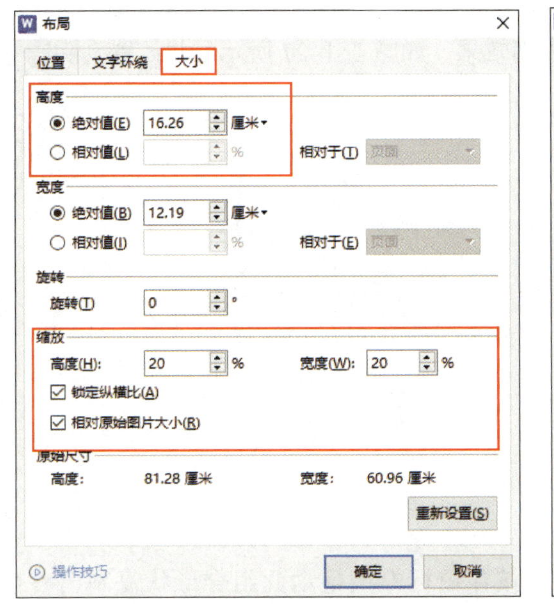

a）

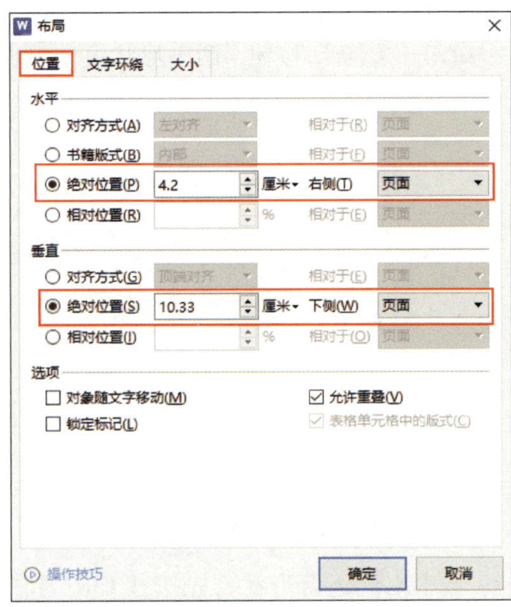

b）

图 2-1-26　设置“地球”图片大小和位置

a）“大小”选项卡　b）“位置”选项卡

（4）设置透明色

选中“地球”图片，单击“图片工具”选项卡中的“图片样式”分组中的“设置透明色”按钮，鼠标指针变成吸管形状，单击当前图片的粉红色区域，“地球”图片的背景变得透明。

4．插入和编辑形状

（1）插入泪滴形状

单击“插入”选项卡中的“常用对象”分组中的“形状”下拉按钮，在弹出的下拉菜单中选择“基本形状”中的“泪滴形”命令，按住鼠标左键拖动鼠标画出一个泪滴形状。

（2）编辑形状

选中泪滴形状，按住鼠标左键拉伸调整泪滴形状的顶点，并将其旋转成一颗水滴形状，填充其颜色为“钢蓝，着色 1，浅色 40%”。

（3）组合形状

单击“插入”选项卡中的“常用对象”分组中的“形状”下拉按钮，在弹出的下拉菜单中选择“基本形状”中的“弧形”命令，按住鼠标左键并拖动鼠标画出一个弧形，设置弧形的“线条”为“实线”、“颜色”为“白色，背景 1”、“宽度”为“3 磅”，将其旋转后放在水滴形状的右下部。按住 Ctrl 键，同时选中这两个形状，在弹出的浮动工具栏中单击“组合”按钮，两个形状组合成水滴效果，如图 2-1-27 所示，并设置其阴影等效果。

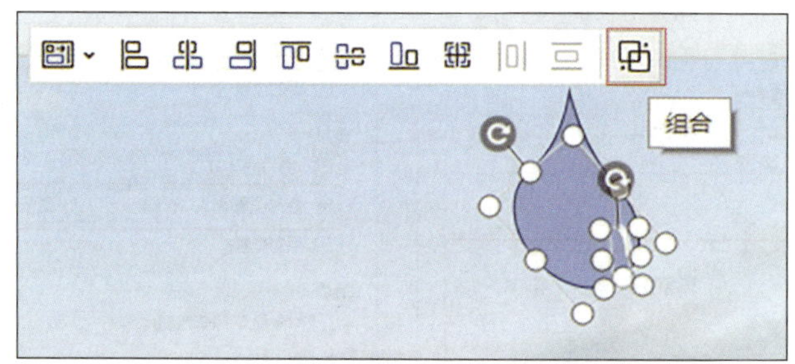

图 2-1-27　组合成水滴效果

（4）复制并旋转形状

选中水滴组合形状，先按住 Ctrl 键，再按住鼠标左键拖动此组合形状复制出一个新的水滴组合形状。单击“图片工具”选项卡中的“排列”分组中的“旋转”下拉按钮，在弹出的下拉菜单中选择“水平翻转”命令，如图 2-1-28 所示，适当调整两个水滴组合形状的位置。

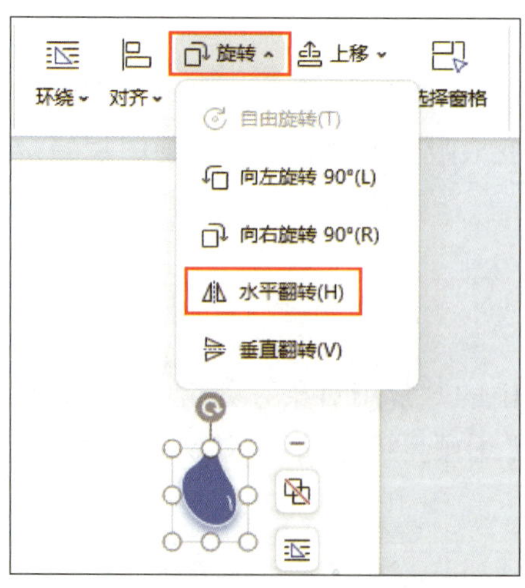

图 2-1-28　选择“水平翻转”命令

5. 插入和编辑智能图形

（1）插入“SmartArt”智能图形

单击“插入”选项卡中的“常用对象”分组中的“智能图形”按钮，在打开的“智能图形”窗口中选择“SmartArt”选项卡中的流程图，如图 2-1-29 所示。

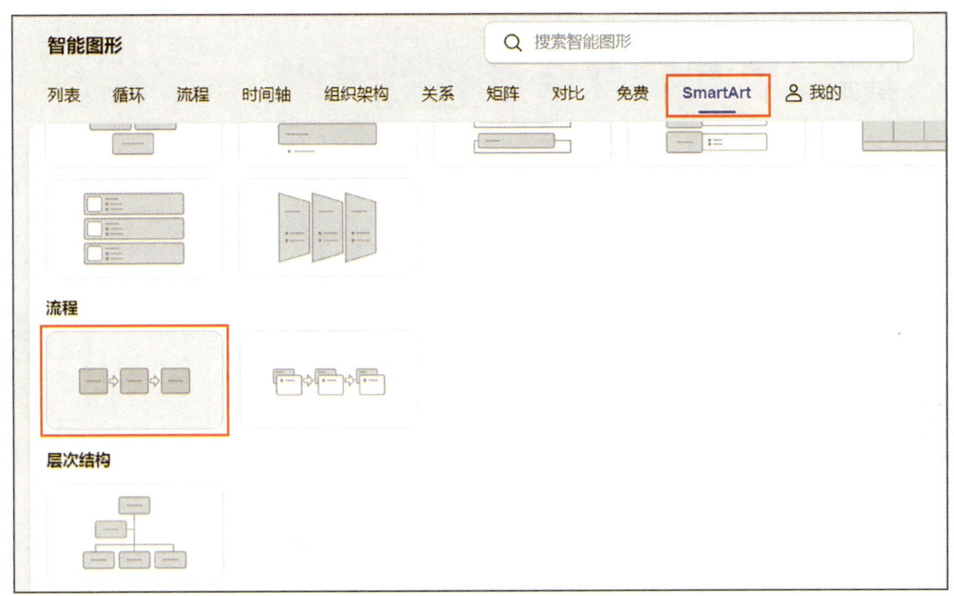

图 2-1-29　选择流程图

（2）设置图片的环绕方式

选中插入的流程图，单击“设计”选项卡中的“排列”分组中的“环绕”下拉按钮，在下拉菜单中选择“浮于文字上方”命令，调整好流程图的位置和大小。

（3）添加项目并输入文本

在流程图的 3 个文本框中分别输入“惜水”“节水”“控水”，选中最后一个文本框，在弹出的快速工具栏中单击“添加项目”按钮，选择“在后面添加项目”命令，如图 2-1-30 所示，再添加一个文本框，并输入“护水”。

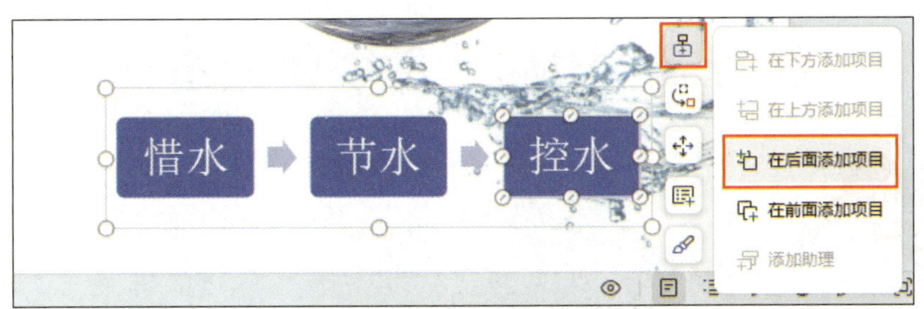

图 2-1-30　为流程图添加项目

（4）设置智能图形的样式

选中流程图，单击“设计”选项卡中的“智能图形样式”分组中的第四种样式，如图 2-1-31 所示，适当调整流程图的大小和位置。

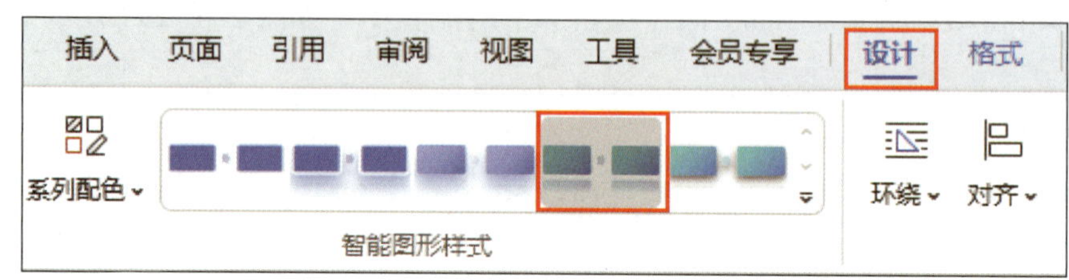

图 2-1-31　设置智能图形的样式

6. 保存文档

单击“文件”菜单中的“保存”命令保存文档。

提示

如何插入图标?

WPS 文字为用户提供了含有多种样式的图标库，图标有美化页面、强调内容的作用。单击“插入”选项卡中的“常用对象”分组中的“图标”按钮，弹出“图库”窗口，在“图标”选项卡中有大量精美图标，用户开通会员可专享使用。

非会员用户可以通过选择“付费类型”→“免费”命令来选择免费的图标，或者通过搜索“免费”关键词来查找免费的图标并将其插入到文档中。

任务 2　添加艺术字和文本框

1. 能够在文档中插入和设置艺术字。
2. 能够在文档中插入和设置文本框。
3. 能够通过更换页面主题等方式对海报进行美化。

李明同学在海报中插入图片和形状后，又在海报中添加艺术字“节约水资源”作为海报的标题并对艺术字的样式进行设置，使其与海报整体风格相协调，通过插入文本框突出“保护环境”“节约用水”“低碳生活”等核心理念。

一、艺术字的插入

单击“插入”选项卡中的“常用对象”分组中的“艺术字”下拉按钮，在弹出的下拉菜单中可以选择插入艺术字的预设样式和其他样式，如图 2-2-1 所示。

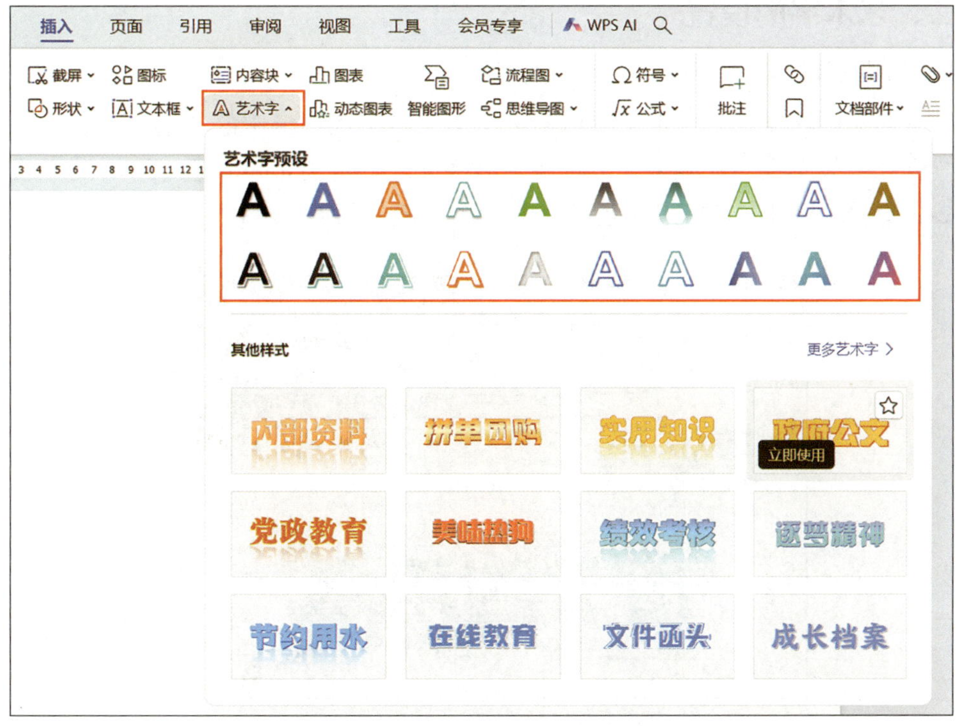

图 2-2-1　“艺术字”下拉菜单

单击“更多艺术字”按钮，在“艺术字”窗口中还有更多漂亮的艺术字样式，如图 2-2-2 所示。

图 2-2-2 “艺术字”窗口

二、艺术字的设置

1. 艺术字样式的设置

选中需要更改样式的艺术字，单击“文本工具”选项卡中的“艺术字样式”分组中的“填充 – 矢车菊蓝，着色 5，轮廓 – 背景 1，清晰阴影 – 着色 5”预设样式，如图 2–2–3 所示。另外，还可以对艺术字进行文本填充和文本轮廓的设置。

图 2-2-3 设置艺术字的样式

2. 形状样式的设置

选中需要设置形状样式的艺术字，可以在“绘图工具”选项卡中的“形状样式”

分组中选择预设样式，或在弹出的快速工具栏中单击“形状样式”按钮，在弹出的“预设样式”菜单中可以设置主题颜色和选择样式，如图 2-2-4 所示。当然，也可以分别设置形状填充和形状轮廓等。

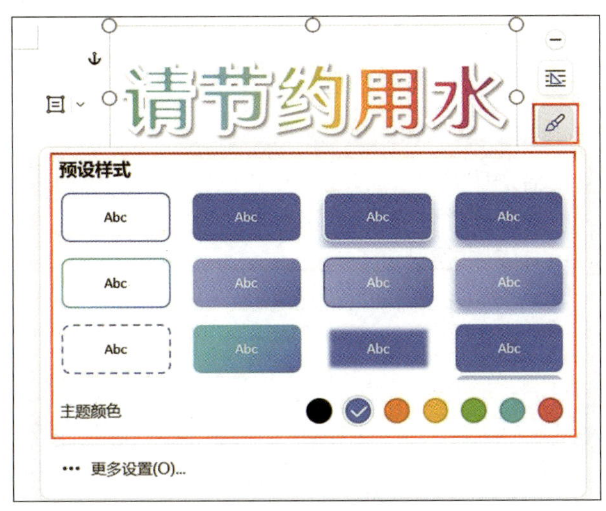

图 2-2-4　设置艺术字的形状样式

3. 艺术字效果的设置

选中需要设置效果的艺术字，单击“文本工具”选项卡中的“艺术字样式”分组中的“效果”下拉按钮，在弹出的下拉菜单中选择“转换”→“上弯弧”命令，可以设置变形的艺术字效果，如图 2-2-5 所示。

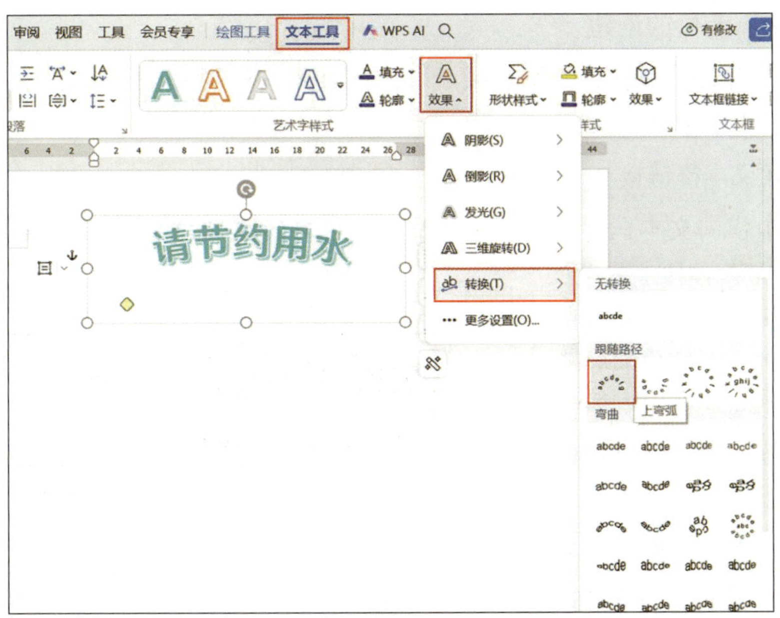

图 2-2-5　设置变形的艺术字效果

三、文本框的插入和设置

1. 文本框的插入

单击“插入”选项卡中的“常用对象”分组中的“文本框”下拉按钮，在下拉菜单中可以选择“横向”“竖向”“多行文字”等命令，如图 2-2-6 所示。在鼠标指针变成加号形状 + 后，按住鼠标左键并拖动鼠标创建文本框，就可以输入文本框中的文本了。

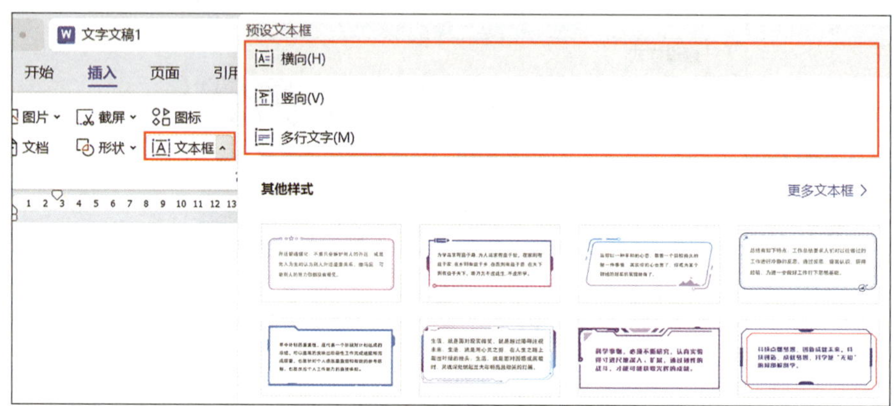

图 2-2-6 “文本框”下拉菜单

2. 文本框形状的设置

选中文本框，单击“绘图工具”选项卡中的“形状样式”分组中的“填充”下拉按钮，或在弹出的快速工具栏中单击“布局选项”“形状样式”“形状填充”“形状轮廓”等按钮对文本框的形状进行设置。

3. 文本框链接的创建

在 WPS 文字中，创建文本框链接可以让一个文本框中无法完全显示的文本自动填充到另一个文本框中显示。

（1）创建文本框链接

插入两个横向文本框。选中第一个文本框并在该文本框的框线上单击鼠标右键，在弹出的快捷菜单中选择“创建文本框链接”命令，此时鼠标指针会变成一个倾斜的杯子形状，如图 2-2-7 所示，单击第二个文本框，文本框链接创建成功。

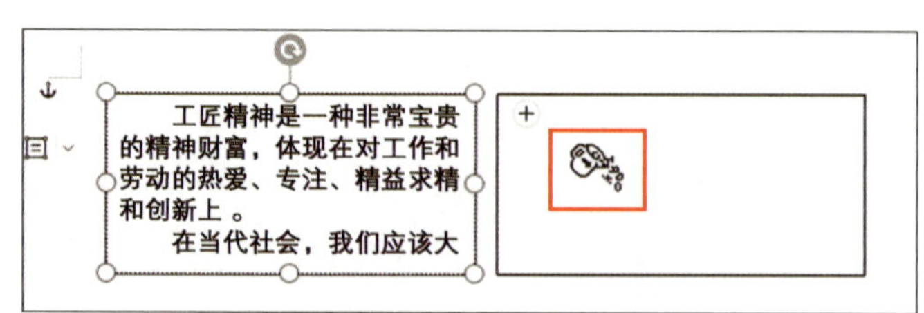

图 2-2-7 倾斜的杯子形状

此时，当文本超出了第一个文本框的显示范围，溢出的文本会自动填充到第二个文本框中。以此类推，可以同时链接多个文本框。

（2）断开文本框链接

选中第一个文本框并在该文本框的框线上单击鼠标右键，在弹出的快捷菜单中选择“断开向前链接”命令，即可断开两个文本框之间的链接。

四、海报的美化

1. 艺术字的美化

选中需要美化的艺术字，单击快速工具栏中的“艺术字美化”按钮，在弹出的“对象美化”窗格中单击“字体风格”筛选按钮，在其下拉列表中可以根据分类、风格、付费类型等类别指定筛选条件，如图 2-2-8 所示，即可选择美观、清晰、突出主题的艺术字样式。

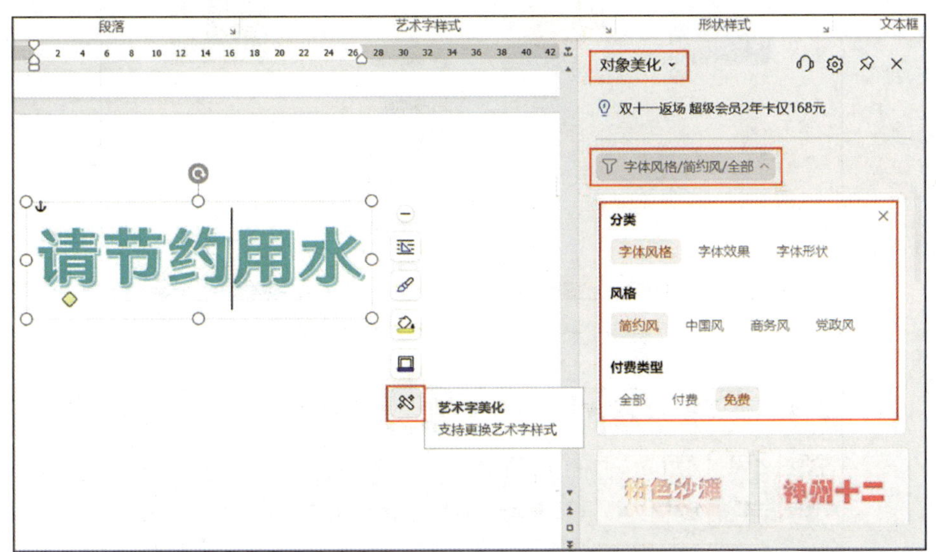

图 2-2-8　艺术字的美化

2. 元素布局的调整

借助 WPS 文字中的对齐工具可以快速调整元素的位置，确保海报中的文本、图片和其他元素布局整洁、整齐，以提升整体美观度，例如，按住 Ctrl 键选中多个形状，单击“绘图工具”选项卡中的“排列”分组中的“对齐”下拉按钮，在弹出的下拉菜单中选择“垂直居中”命令，所有形状的中心都对齐在同一水平线上了，如图 2-2-9 所示。

3. 页面主题的更换

如果文档内容比较多，修改时需要更换页面主题，逐项更换内容比较麻烦，则用户可以直接应用主题，快速更换页面主题，例如，单击“页面”选项卡中的“效果”

分组中的“主题”下拉按钮，在弹出的下拉菜单中选择“主题”→“透明”命令，如图 2-2-10 所示，即可选择预设的“透明”主题。

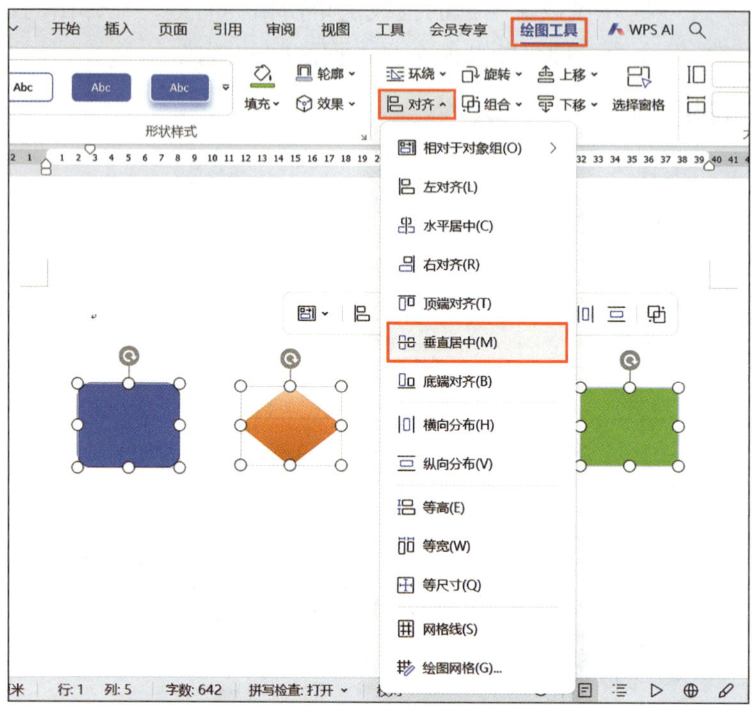

图 2-2-9　调整形状垂直居中对齐

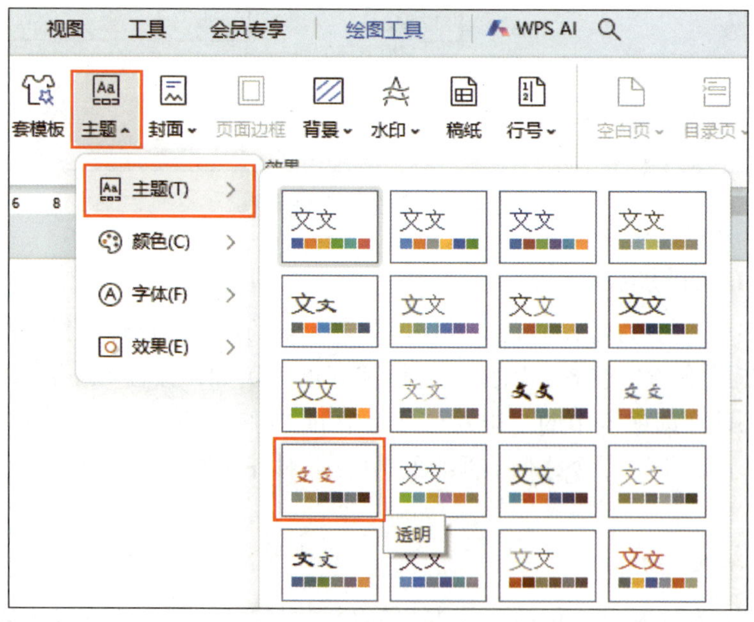

图 2-2-10　更换页面主题

1. 插入和设置艺术字

（1）插入“航天英雄”样式的艺术字

打开“公益宣传海报.docx”文档，单击“插入”选项卡中的“常用对象”分组中的“艺术字”下拉按钮，在下拉菜单中单击“其他样式”右边的“更多艺术字”按钮，弹出“艺术字”窗口，依次在“字体形状”选项卡中选择“波浪”→“全部”→“免费”，选择“航天英雄”样式，如图 2-2-11 所示。

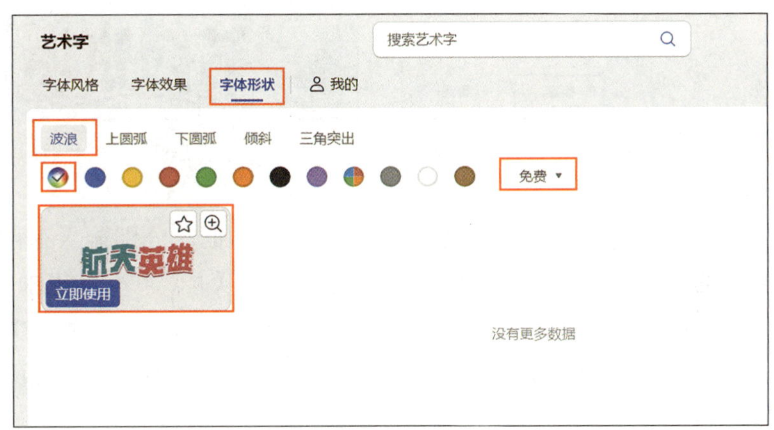

图 2-2-11　选择“航天英雄”样式的艺术字

（2）设置艺术字

选中艺术字文本，修改文本为“节约水资源”，设置“字号”为“60”，单击“绘图工具”选项卡中的“大小”分组右下角的按钮↘，在弹出的“布局”对话框中设置艺术字的水平“绝对位置”为“5.22 厘米”、“右侧”为“页面”，垂直“绝对位置”为“5.77 厘米”、“下侧”为“页面”，如图 2-2-12 所示，单击“确定”按钮。

2. 插入和设置文本框

（1）插入和编辑文本框

1）在艺术字“节约水资源”上方绘制一个横向文本框，输入文本“保护环境……”。选中文本，设置“字体”为“微软雅黑”、“字号”为“一号”，设置“文本填充”为“白色，背景 1”、“形状填充”为“蓝色”、“形状轮廓”为“无边框颜色”，设置“形状高度”为“2.6 厘米”、“形状宽度”为“12.5 厘米”。单击鼠标右键，在弹出的快捷菜单中选择“更改形状”→“圆角矩形”命令，效果如图 2-2-13 所示。

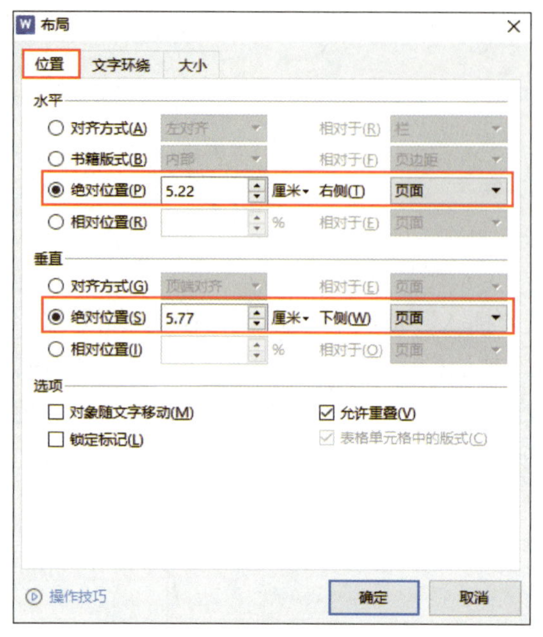

图 2-2-12　设置艺术字的绝对位置

图 2-2-13　文本框的效果

2）在艺术字“节约水资源”下方绘制一个多行文本框，分别输入三行文本“每一滴水，都是生命的希望”“珍惜水资源，让蓝色星球更美丽”“一滴清水，一份责任，保护水资源，人人有责”。选中文本，设置“字体”为“宋体”、“字号”为“14”、“字形”为“加粗”，设置“文本填充”为“蓝色”、“形状填充”为“无填充颜色”、“形状轮廓”为“无边框颜色”。

（2）设置文本框的位置

1）选中“保护环境……”文本框，单击“绘图工具”选项卡中的“大小”分组右下角的按钮↘，弹出“布局”对话框，在“位置”选项卡中设置水平“绝对位置”为“4.52 厘米”、“右侧”为“页面”，垂直“绝对位置”为“2.55 厘米”、“下侧”为“页面”，如图 2-2-14 所示。

2）选中“每一滴水……”文本框，单击“绘图工具”选项卡中的“大小”分组右下角的按钮↘，弹出“布局”对话框，在“位置”选项卡中设置水平“绝对位置”为“4.87 厘米”、“右侧”为“页面”，垂直“绝对位置”为“10.09 厘米”、“下侧”为“页面”，如图 2-2-15 所示。

3. 更换页面主题

单击“页面”选项卡中的“效果”分组中的“主题”下拉按钮，在弹出的下拉菜单中选择“效果”→“时装设计”命令，如图 2-2-16 所示，即可更换页面主题，海报的整体风格发生了变化。

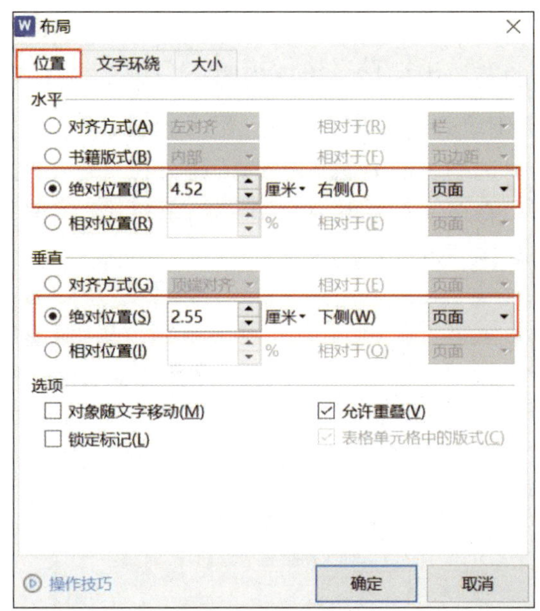

图 2-2-14　设置“保护环境……”文本框的位置

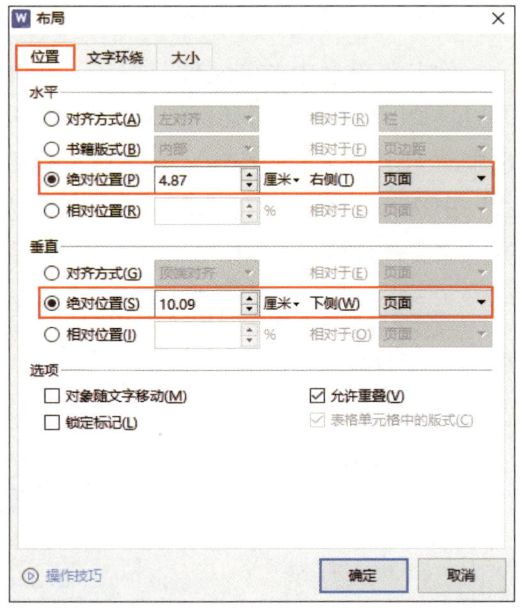

图 2-2-15　设置“每一滴水……”文本框的位置

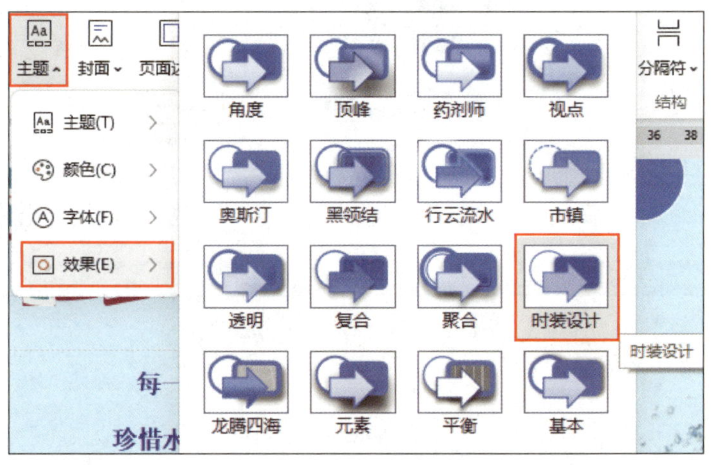

图 2-2-16　更换页面主题

4. 保存和输出

（1）保存文档

单击菜单栏中的“文件”按钮，在弹出的菜单中选择“保存”命令，将文档以名称“公益宣传海报 .docx”覆盖原文档保存。

（2）另存为其他文档

单击菜单栏中的“文件”按钮，在弹出的菜单中选择“另存为”→“WPS 文字文件”命令，将文档以新名称、新格式“公益宣传海报（节约水资源）.wps”保存。

（3）输出其他格式文档

单击菜单栏中的“文件”按钮，在弹出的菜单中选择“输出为图片”命令，打开“批量输出为图片”对话框，在“输出方式”中选择“合成长图”，在“水印设置”中选中“无水印”单选按钮，在“输出范围”中选中“所有页”单选按钮，在“输出格式”中选择“JPG”，在“输出颜色”中选中“彩色”单选按钮，在“输出目录”中选择“原文件位置”，单击“开始输出”按钮，如图 2-2-17 所示。

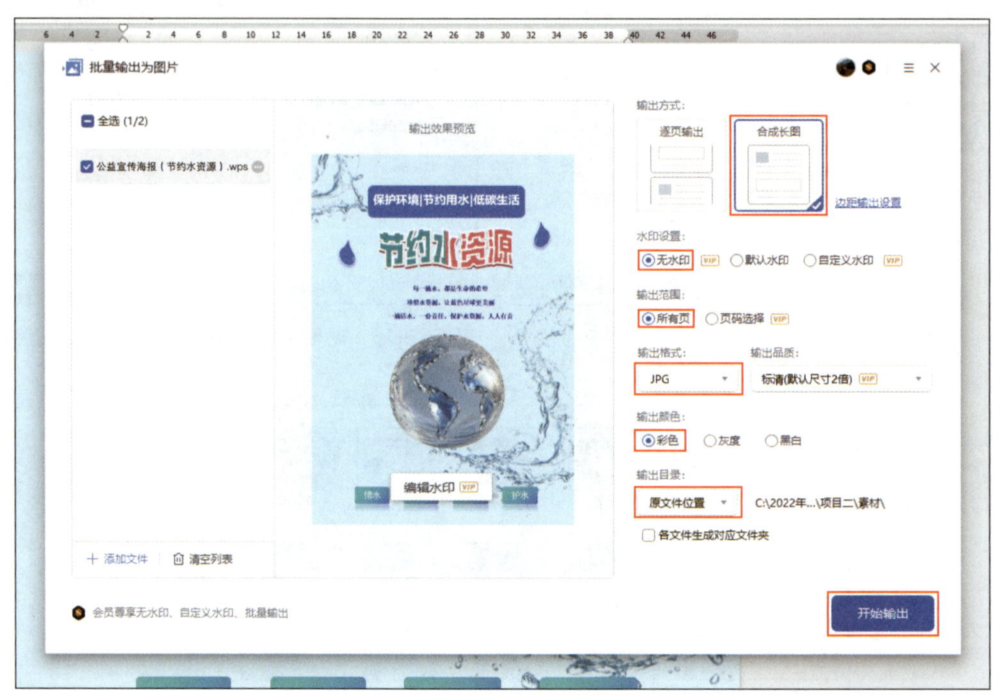

图 2-2-17　批量输出为图片

提示

如何区分艺术字的形状样式和文本样式的区别？

（1）艺术字的形状样式实际上是给艺术字外面的矩形文本框设置不同的样式，包括以下内容。

1）形状填充是对文本框形状的填充，可以填充纯色、图片、渐变、纹理等，每种样式下又有很多不同的选项。

2）形状轮廓是对文本框形状的轮廓进行样式的选择，可以调整其宽度、颜色、虚实等。

3）形状效果是对文本框形状设置阴影、倒影、发光或者三维旋转等。

（2）艺术字的文本样式实际上是给艺术字文本设置不同的样式，包括以下内容。

1）文本填充是对艺术字文本的填充，可以是无填充、纯色填充和渐变填充 3 种。

2）文本轮廓是对艺术字文本的轮廓进行样式的选择，可以是无线条、实线和渐变线 3 种。

3）文字效果是对艺术字文本设置阴影、倒影、发光或者三维旋转等。

项目三

制作学生技能竞赛成绩统计图表——WPS 文字的表格制作

在学院举办的第六届技能节中，信息工程系开展了“农产品包装设计”项目的技能竞赛。在该项目的技能竞赛结束后，信息工程系教学办的王老师需要使用 WPS 文字制作“农产品包装设计”赛项成绩汇总表和参赛选手成绩分析图，最终效果如图 3–0–1 所示。

第六届技能节“农产品包装设计”赛项成绩汇总表

编号	参赛选手	作品名	各项分数/分				总分/分	排名
			创意性（40 分）	吸引力（30 分）	功能性（20 分）	可行性（10 分）		
S-5	陈嘉伟	清泉之畔·野生菌菇	35	27	18	10	90	1
S-3	王梓轩	悠然南山·茶叶礼盒	34	24	19	9	86	2
S-1	李晓明	田园牧歌·鲜果礼盒	32	26	18	9	85	3
S-2	张欣怡	绿野仙踪·有机蔬菜	32	23	18	10	83	4
S-4	赵雨萱	金色麦田·杂粮精选	33	23	17	8	81	5
S-6	刘梦琪	醇香牧场·牛巴珍馐	32	22	15	10	79	6

a）

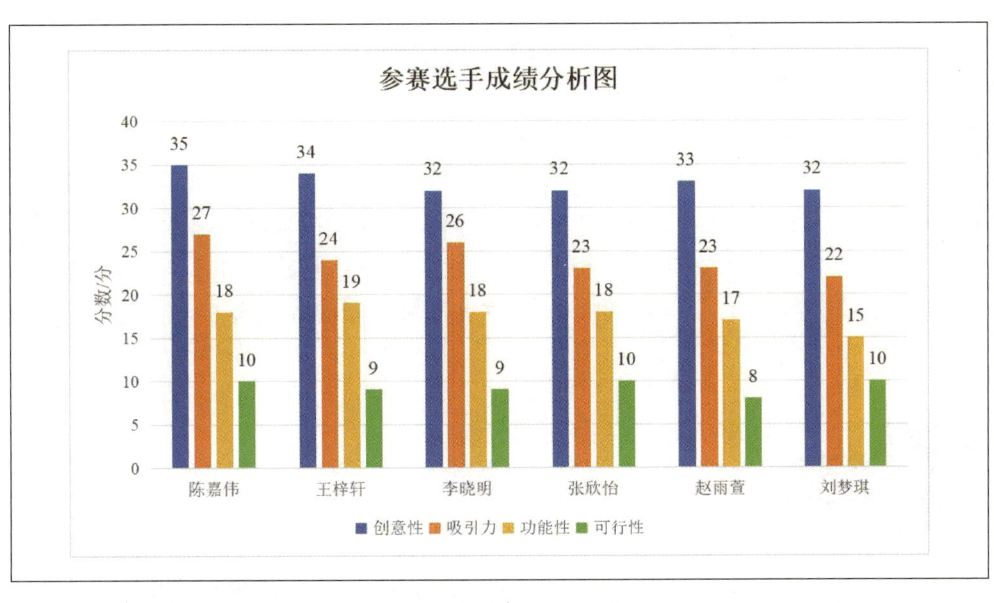

b）

图 3-0-1　学生技能竞赛成绩统计图表的最终效果

a）成绩汇总表　b）参赛选手成绩分析图

王老师要使用 WPS 文字制作“农产品包装设计”赛项成绩统计图表，首先在文档中插入表格并对表格进行编辑，如合并单元格、设置行高列宽和选择单元格对齐方式等操作，设置和调整表格的样式，然后根据表格中输入的文本，使用公式对数据进行计算，最后根据表格中的数据生成可视图表。完成本项目的思维导图如图 3-0-2 所示。

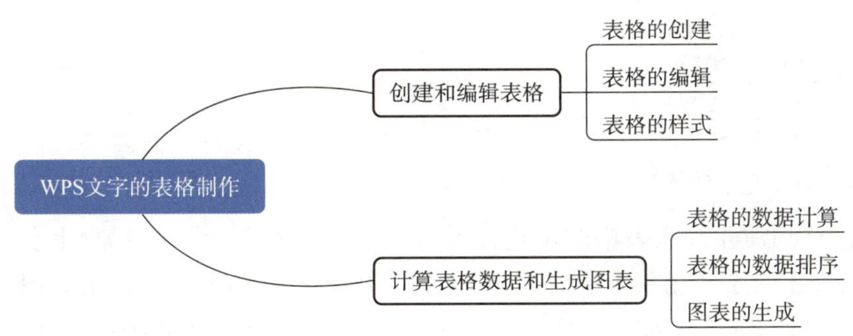

图 3-0-2　制作学生技能竞赛成绩统计图表的思维导图

任务 1　创建和编辑表格

1. 能够在文档中创建表格并进行文本与表格之间的转换。
2. 能够在表格中进行插入或删除行或列、合并与拆分单元格等操作。
3. 能够设置表格边框与底纹并使用表格样式美化表格。

王老师首先在文档中插入指定行数和列数的表格，根据需要对表格中的单元格进行合并与拆分操作，设置和调整表格的行高和列宽、单元格对齐方式等，使表格更加美观和易于阅读，然后在表格中输入相关的文本和数据，并从表格预设样式中选择一个合适的样式，以快速改变表格的整体外观，最后通过调整表格的底纹颜色和边框进一步增强表格的视觉效果。

一、表格的创建

1. 表格的插入

（1）表格的快速插入

将光标移到需要插入表格的位置，单击“插入”选项卡中的“常用对象”分组中的“表格”下拉按钮，在弹出的下拉菜单中使用鼠标拖动选择需要插入表格的行数和列数（最大可设 8 行 24 列），如图 3-1-1 所示，单击即可在文档中插入选定行数和列数的表格，并自动适应文档页面尺寸。

（2）“插入表格”对话框中的设置

将光标移到需要插入表格的位置，单击“插入”选项卡中的“常用对象”分组中的“表格”下拉按钮，在弹出的下拉菜单中选择“插入表格”命令，打开“插入表格”对话框，在“表格尺寸”中设置表格的行数和列数，并在“列宽选择”中根据需要进行设置，单击“确定”按钮即可，如图 3-1-2 所示。

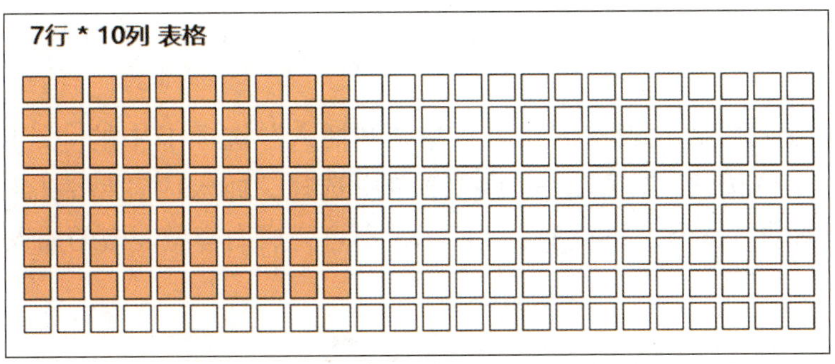

图 3-1-1　拖动选择表格的行数和列数

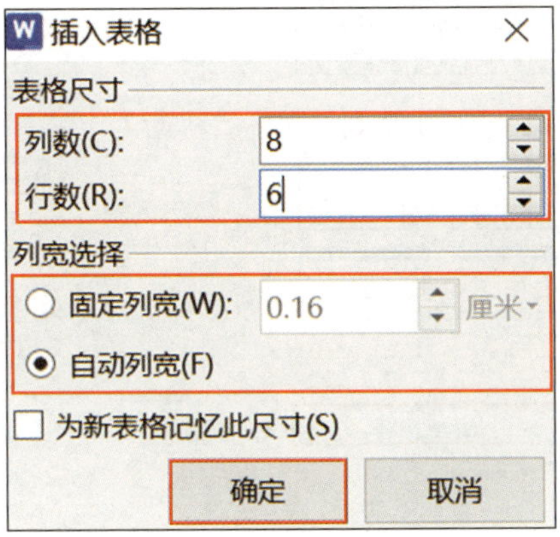

插入表格
表格尺寸
列数(C): 8
行数(R): 6
列宽选择
固定列宽(W): 0.16 厘米
自动列宽(F)
为新表格记忆此尺寸(S)
确定　取消

图 3-1-2　“插入表格”对话框

（3）表格的绘制

单击“插入”选项卡中的“常用对象”分组中的“表格”下拉按钮，在弹出的下拉菜单中选择“绘制表格”命令，鼠标指针会变成铅笔形状，此时，可以拖动鼠标绘制出指定行数和列数的表格，如图 3-1-3 所示。

图 3-1-3　绘制表格

（4）内容型表格的插入

WPS 文字还提供了丰富的表格模板。其中，内容型表格模板中包含大量的行业应用模板，如活动策划、营销策划、计划总结等，可以让用户快速引用模板的框架结构和内容。

将光标移到需要插入表格的位置，单击“插入”选项卡中的“常用对象”分组中的“表格”下拉按钮，在弹出的下拉菜单中选择“插入内容型表格”→“活动策划”→“流程活动”命令，如图 3-1-4 所示，即可完成内容型表格的插入。

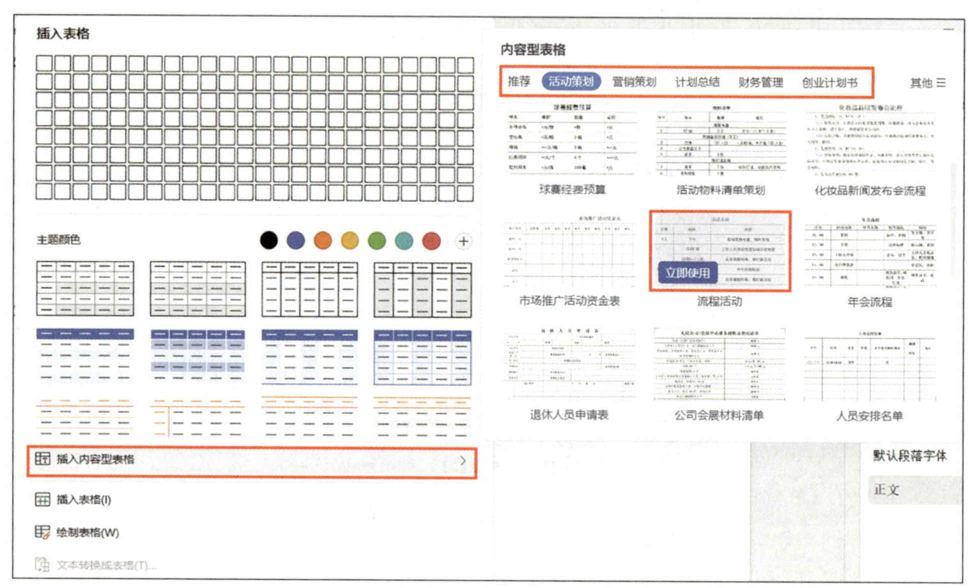

图 3-1-4 插入内容型表格

2. 文本与表格的转换

（1）将文本转换成表格

选中需要转换的文本，单击“插入”选项卡中的“常用对象”分组中的“表格”下拉按钮，在弹出的下拉菜单中选择“文本转换成表格”命令，打开“将文字转换成表格”对话框，默认情况下 WPS 文字可以通过自动识别“文字分隔位置”中的字符来设置表格的“列数”和“行数”，用户可以手动调整“文字分隔位置”中的字符或“表格尺寸”中的“列数”，单击“确定”按钮，如图 3-1-5 所示，即可完成表格的转换。

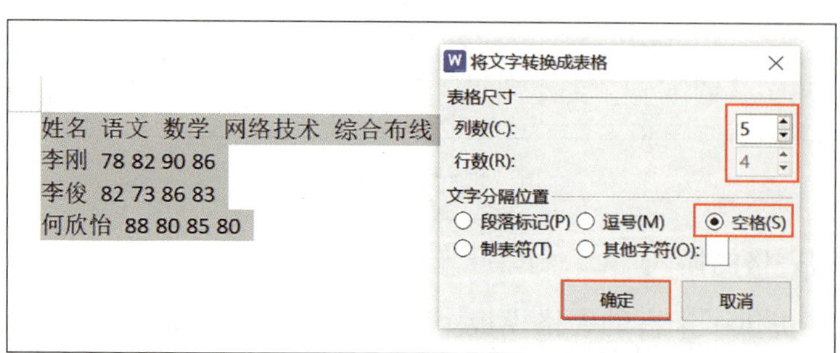

图 3-1-5 将文本转换成表格

（2）将表格转换成文本

选中需要转换的表格或将光标置于表格的任意单元格中，单击“插入”选项卡中的“常用对象”分组中的“表格”下拉按钮，在弹出的下拉菜单中选择“表格转换成文本”命令，打开“表格转换成文本”对话框，在“文字分隔符”中选择或输入需要使用的分隔符，单击“确定”按钮，如图 3-1-6 所示。

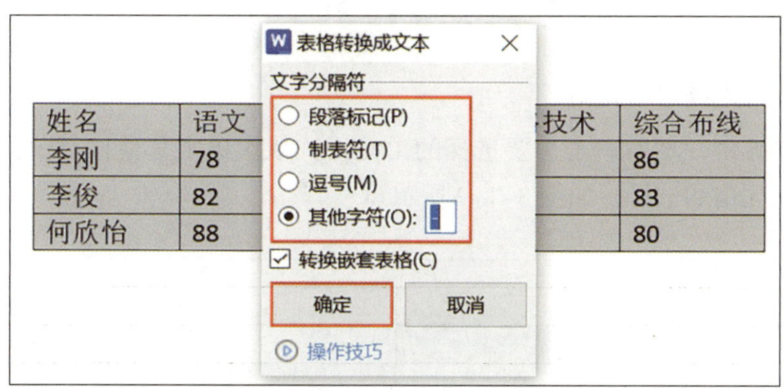

图 3-1-6　将表格转换成文本

二、表格的编辑

1. 表格的选择

在编辑表格时，通常需要先选择编辑区域，以下是几种常用的选择方法。

（1）选择单个单元格

将鼠标指针移至需要选择的单元格左侧，待其变为指向右上方的黑色箭头时，单击即可选中该单元格，如图 3-1-7 所示。

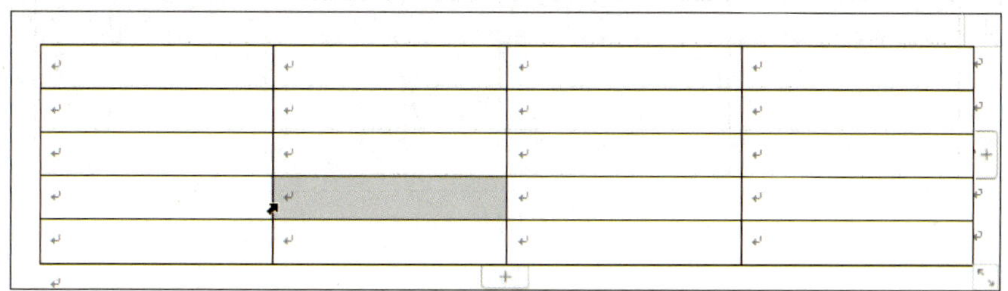

图 3-1-7　选择单个单元格

（2）选择连续的单元格

使用鼠标拖动选择或使用 Shift+ 方向键组合键进行选择可以选中从起始位置到终止位置之间的所有单元格，如图 3-1-8 所示。

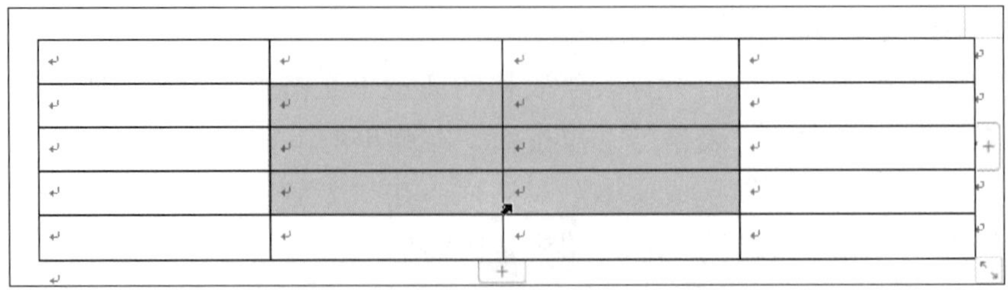

图 3-1-8　选择连续的单元格

（3）选择不连续的单元格

先按住 Ctrl 键，然后单击想要选择的单元格，依次单击其他任意单元格即可完成多个不连续单元格的选择，如图 3-1-9 所示。

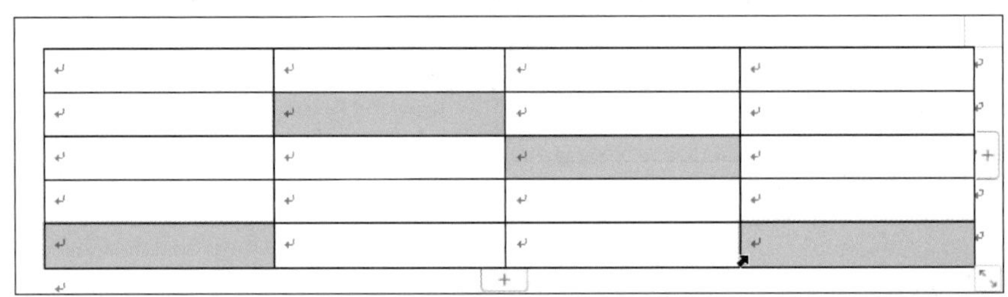

图 3-1-9　选择不连续的单元格

（4）选择行和列

除了使用鼠标拖动，还可以将鼠标指针移至表格某行的左侧，待其变为指向右上方的白色箭头时，单击即可选中该行，如图 3-1-10 所示。

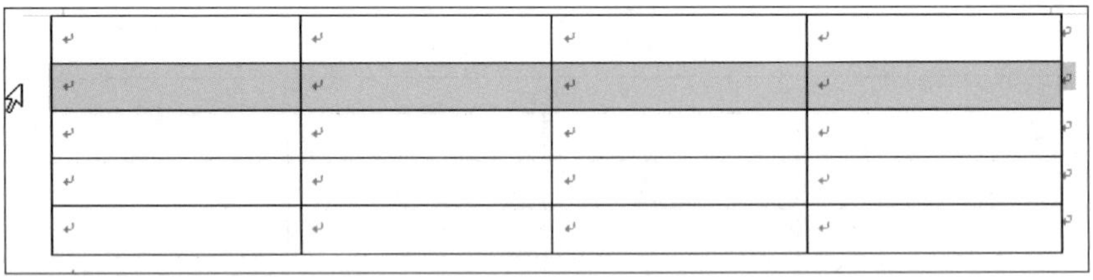

图 3-1-10　选择行

将鼠标指针移至表格某列的上方，待其变为向下的黑色箭头时，单击即可选中该列，如图 3-1-11 所示。

（5）选择整个表格

将光标移至表格区域，单击表格左上角的“全选”按钮 即可选中整个表格，如图 3-1-12 所示。

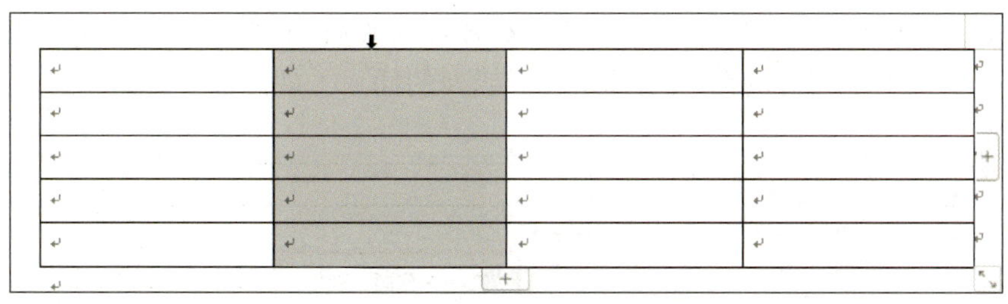

图 3-1-11　选择列

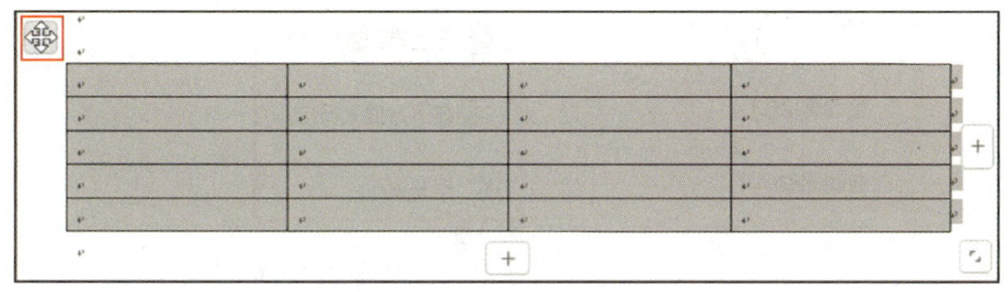

图 3-1-12　选择整个表格

2. 表格行或列的插入与删除

（1）表格行或列的插入

1）选中表格或将光标置于表格中，单击表格下方或右侧的“添加”按钮 + 即可在表格的最下方插入一行或在表格的最右侧插入一列。

2）将光标移至需要插入行或列位置的相邻单元格中，单击“表格工具”选项卡中的“行和列”分组中的“插入”下拉按钮，在弹出的下拉菜单中可以分别选择“在上方插入行”“在下方插入行”“在左侧插入列”或“在右侧插入列”等命令，如图 3-1-13 所示，即可在表格中插入行或列。

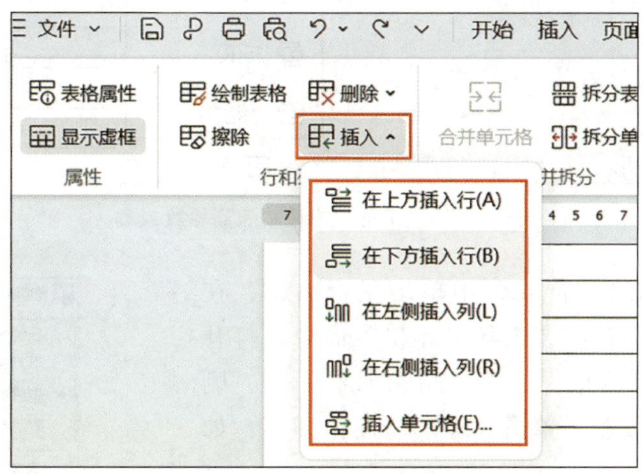

图 3-1-13　使用功能区按钮插入行或列

3）在需要插入行或列位置的相邻单元格中单击鼠标右键，在弹出的快捷菜单中选择“插入”子菜单中相应的命令即可完成行或列的插入，如图 3-1-14 所示。

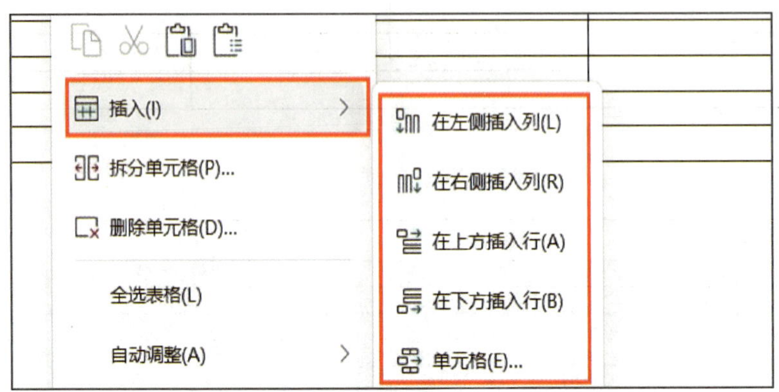

图 3-1-14　通过右键快捷菜单插入行或列

（2）表格行或列的删除

1）将光标移至需要删除的行或列中，单击“表格工具”选项卡中的“行和列”分组中的“删除”下拉按钮，在弹出的下拉菜单中选择相应的命令，如图 3-1-15 所示，即可删除单元格、列、行或表格。

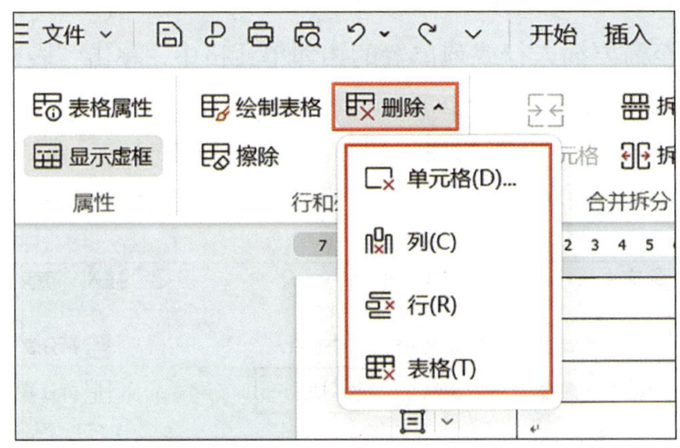

图 3-1-15　使用功能区按钮删除行或列

2）在需要删除的行或列中单击鼠标右键，在弹出的快捷菜单中选择“删除单元格”命令，打开“删除单元格”对话框，选中“删除整行”或“删除整列”等单选按钮，单击“确定”按钮即可，如图 3-1-16 所示。

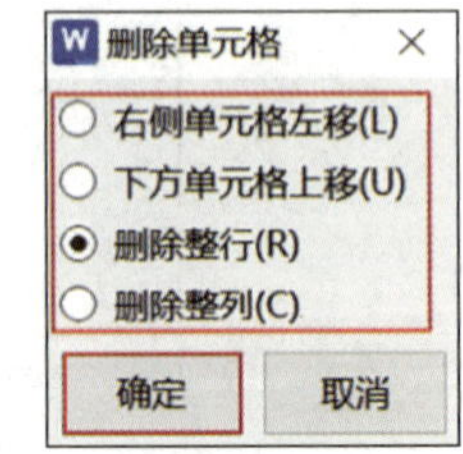

图 3-1-16　“删除单元格”对话框

3）如果要将整个表格删除，只需将光标定位到表格中，用鼠标右键单击表格左上角的“全选”按钮，在弹出的快捷菜单中选择“删除表格”命令即可，如图 3-1-17 所示。

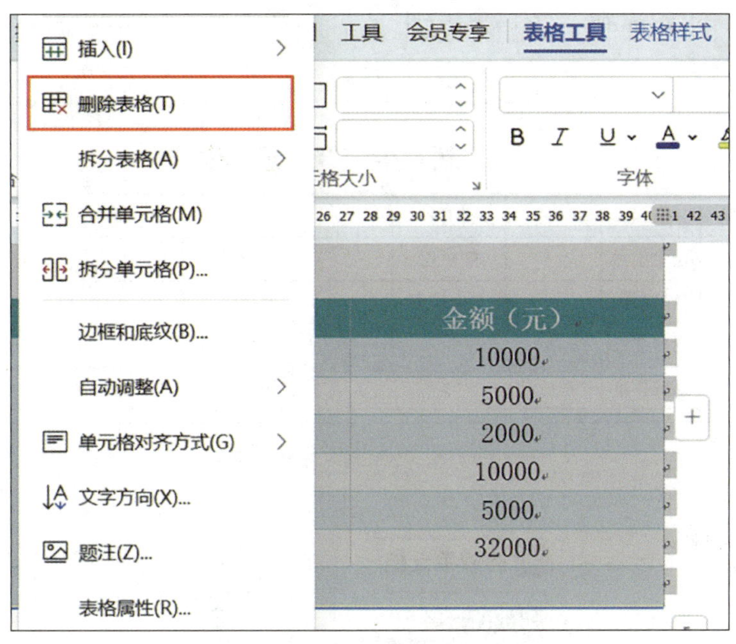

图 3-1-17　删除表格

或者在选中整个表格后按 Backspace 键也可以将表格删除。需要注意的是，在选中整个表格后按 Delete 键不会删除表格，只会删除表格中的文本。

3. 单元格的合并与拆分

合并单元格是指将多个单元格合并为一个单元格，拆分单元格是指将一个单元格进行拆分。

（1）单元格的合并

选中需要合并的多个单元格，单击“表格工具”选项卡中的“合并拆分”分组中的“合并单元格”按钮，如图 3-1-18 所示，即可完成单元格的合并，或在右键快捷菜单中选择“合并单元格”命令也可以完成单元格的合并。

（2）单元格的拆分

选中需要拆分的单元格，单击“表格工具”选项卡中的“合并拆分”分组中的“拆分单元格”按钮，在打开的“拆分单元格”对话框中设置拆分的行数和列数，单击“确定”按钮即可，如图 3-1-19 所示，或在右键快捷菜单中选择“拆分单元格”命令也可以完成单元格的拆分。

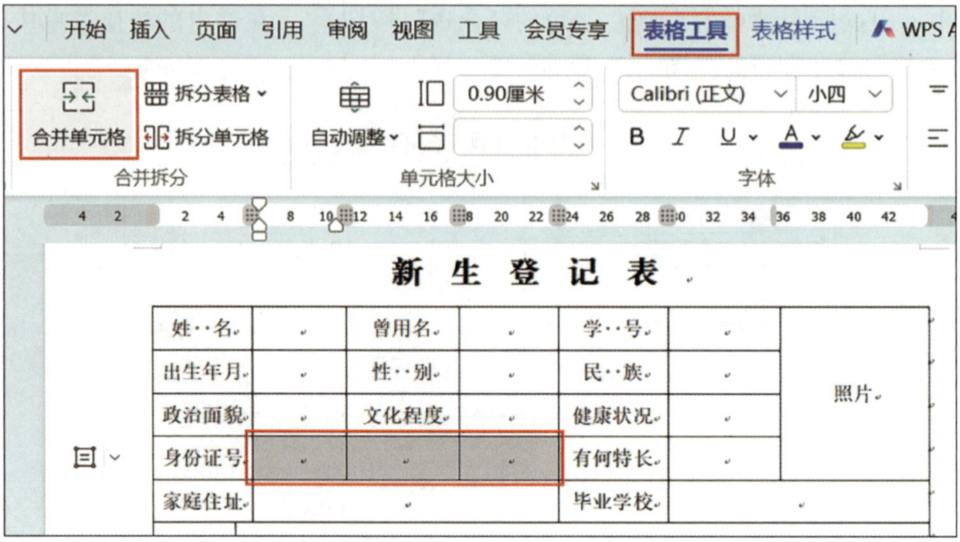

图 3-1-18 “合并单元格”按钮

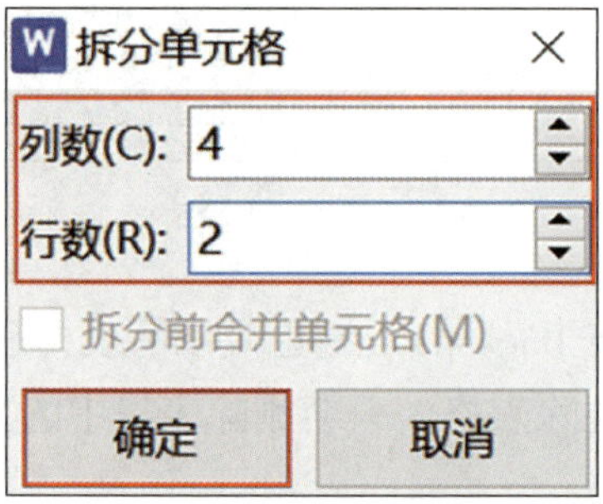

图 3-1-19 “拆分单元格”对话框

4. 表格属性的设置

（1）表格尺寸、对齐方式和文字环绕的设置

选中需要设置的表格，单击“表格工具”选项卡中的“属性”分组中的“表格属性”按钮，或在右键快捷菜单中选择“表格属性”命令，打开“表格属性”对话框，在“表格”选项卡中可以设置尺寸、对齐方式、文字环绕等属性，单击“确定”按钮即可完成设置，如图 3–1–20 所示。

单击“选项”按钮，打开“表格选项”对话框，可以设置默认单元格边距和间距，如设置默认单元格间距为“0.5 厘米”，如图 3–1–21 所示。

（2）行高和列宽的设置

1）将光标移至需要设置的单元格中，在“表格工具”选项卡中的“单元格大小”分组中调整“表格行高”或“表格列宽”的数值即可设置表格的行高和列宽，如

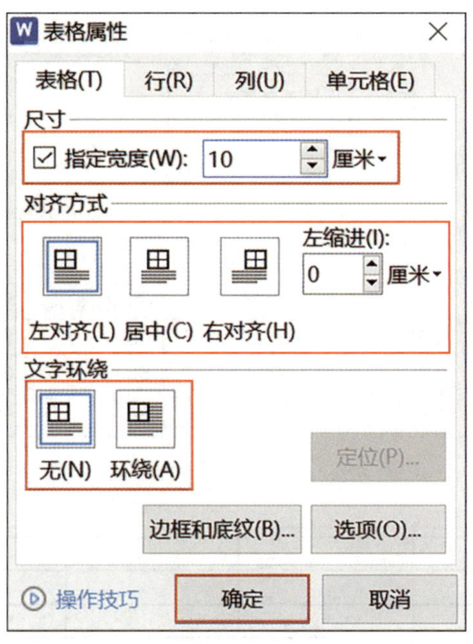

图 3-1-20 “表格”选项卡

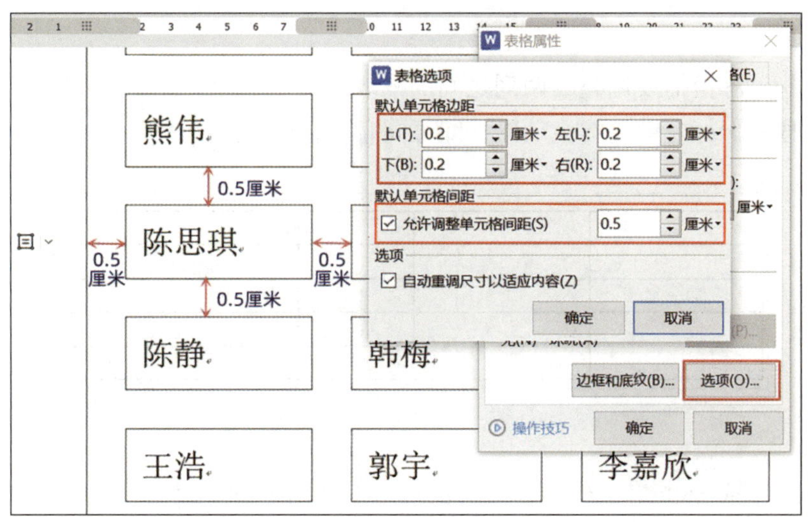

图 3-1-21 设置默认单元格边距和间距

图 3-1-22 所示，或者在“表格属性”对话框中的“行”“列”选项卡中分别对表格的行高和列宽进行精确设置。

2）在要求不精确的情况下，可以通过拖动鼠标来调整行高和列宽。将鼠标指针移至需要调整的行的下方框线上，当鼠标指针变为双横线加上下箭头的形状时，按住鼠标左键上下拖动鼠标即可完成该行的行高调整，如图 3-1-23 所示。

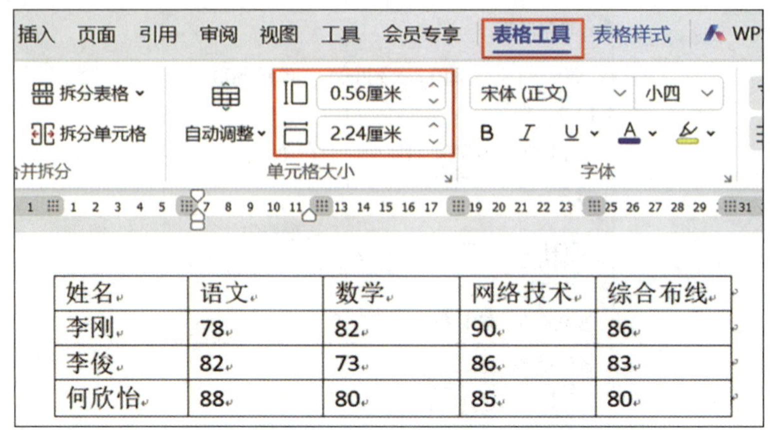

插入 页面 引用 审阅 视图 工具 会员专享 表格工具 表格样式
拆分表格
拆分单元格
自动调整
0.56厘米
2.24厘米
宋体 (正文)
小四
单元格大小
字体
姓名 语文 数学 网络技术 综合布线
李刚 78 82 90 86
李俊 82 73 86 83
何欣怡 88 80 85 80

图 3-1-22　设置表格的行高和列宽

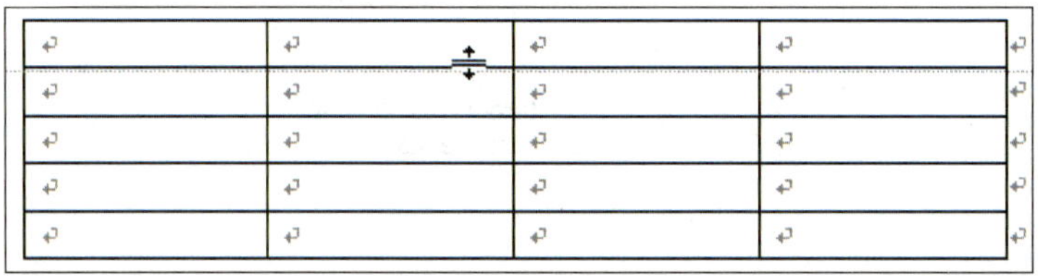

图 3-1-23　使用拖动方式调整行高

将鼠标指针移至需要调整的两列之间的框线上，当鼠标指针变为双竖线加左右箭头的形状时，按住鼠标左键左右拖动鼠标即可同时调整这两列的列宽，如图 3-1-24 所示。

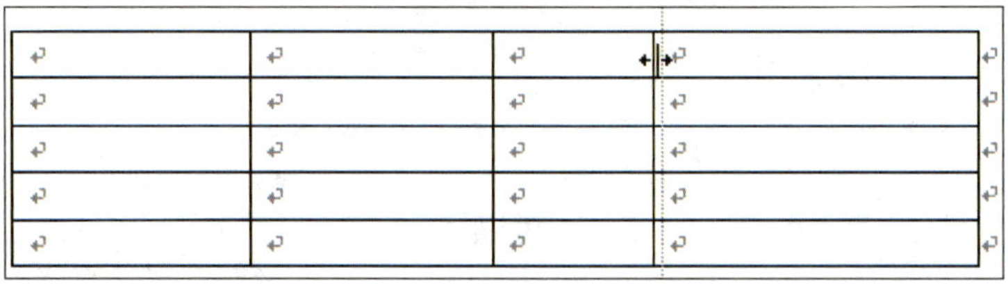

图 3-1-24　使用拖动方式调整列宽

按住 Ctrl 键或 Shift 键，使用拖动方式可以对表格的列宽进行等比例缩放调整。

3）选中表格或将光标置于表格中，单击“表格工具”选项卡中的“单元格大小”分组中的“自动调整”下拉按钮，在弹出的下拉菜单中可以分别选择“适应窗口大小”“根据内容调整表格”“行列互换”“平均分布各行”和“平均分布各列”等命令，如图 3-1-25 所示，进行表格行高或列宽的自动调整。

（3）单元格对齐方式的设置

单元格对齐方式是指单元格中文本的对齐方式，由垂直方向的顶端对齐、垂直居中、底端对齐和水平方向的左对齐、水平居中、右对齐组合成 9 种对齐方式。

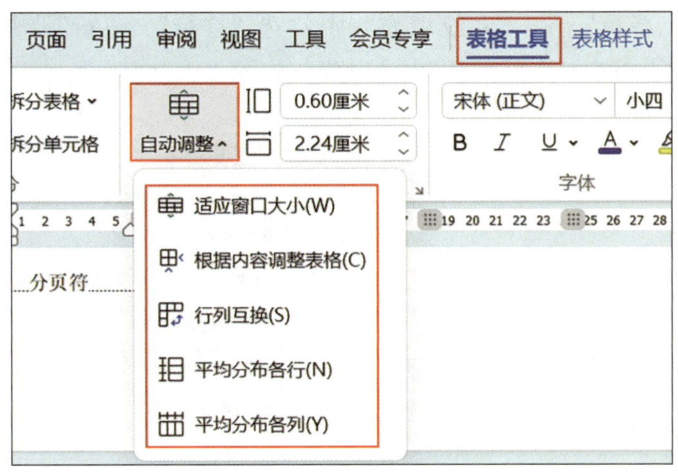

图 3-1-25　自动调整表格的行高和列宽

1）选中需要设置对齐方式的单元格，在“表格工具”选项卡中的“对齐方式”分组中分别单击“垂直居中”“水平居中”按钮，即可设置所选单元格对齐方式为水平垂直居中，如图 3-1-26 所示。

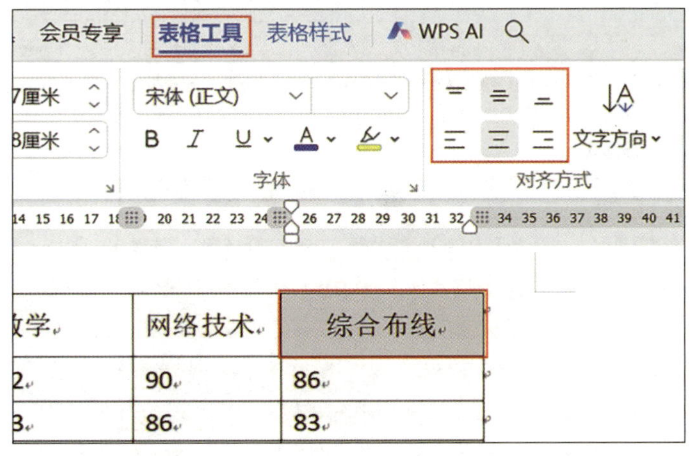

图 3-1-26　在功能区中设置单元格对齐方式

2）选中需要设置对齐方式的单元格，单击鼠标右键，在弹出的快捷菜单中选择“单元格对齐方式”→“水平垂直居中”命令，即可设置所选单元格对齐方式为水平垂直居中，如图 3-1-27 所示。

三、表格的样式

1. 表格预设样式的应用

选中表格或将光标置于表格中，单击“表格样式”选项卡中的“表格样式”分组中的列表框下拉按钮，在弹出的下拉列表中可以设置并应用表格预设样式，如设置

“主题颜色”为“橙色”，在“底纹填充”中勾选“首行”“隔行”“末行”等复选框，单击第二行第四列“网格表 1”表格预设样式，如图 3–1–28 所示。

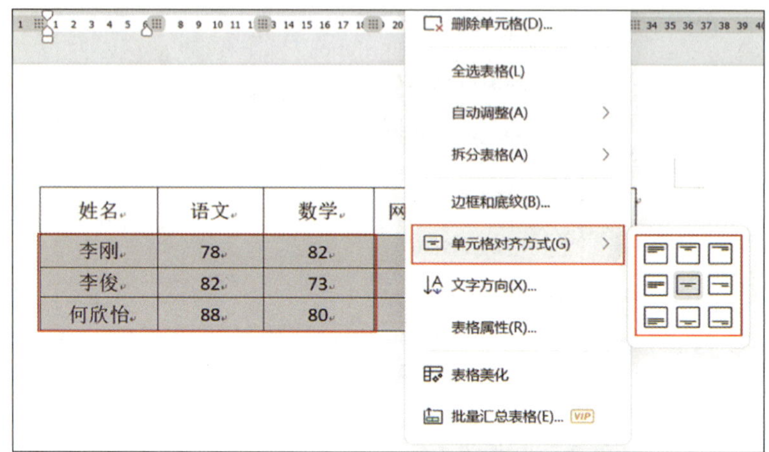

图 3-1-27　使用右键快捷菜单设置单元格对齐方式

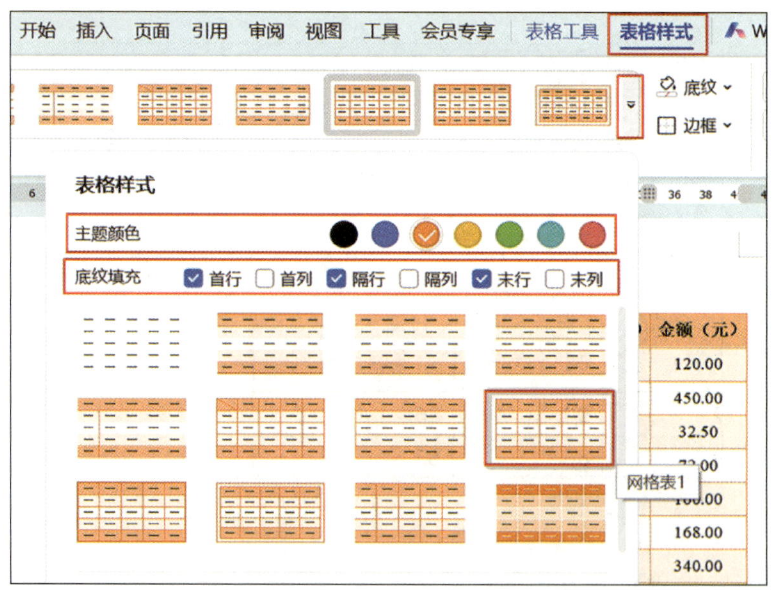

图 3-1-28　表格预设样式的应用

2. 表格边框和底纹的设置

（1）表格边框的设置

选中整个表格或需要设置的单元格，设置并确定边框的线型、线型粗细、颜色等参数后，单击“表格样式”选项卡中的“表格样式”分组中的“边框”下拉按钮，在弹出的下拉菜单中可以对 10 类框线进行显示或隐藏设置，如图 3–1–29 所示。

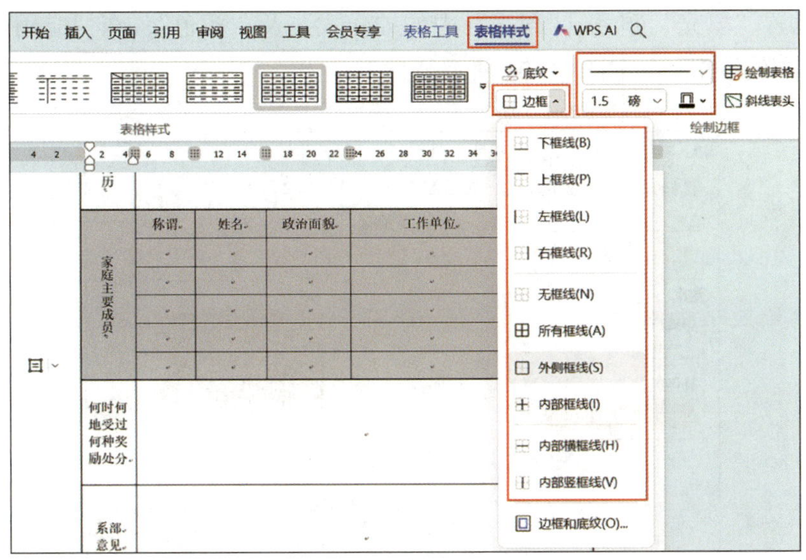

图 3-1-29 使用功能区按钮设置表格边框

在“边框”下拉菜单中选择“边框和底纹”命令，打开“边框和底纹”对话框，在“边框”选项卡中可以对表格或单元格边框的线型、颜色、宽度等属性进行设置，如图 3-1-30 所示。

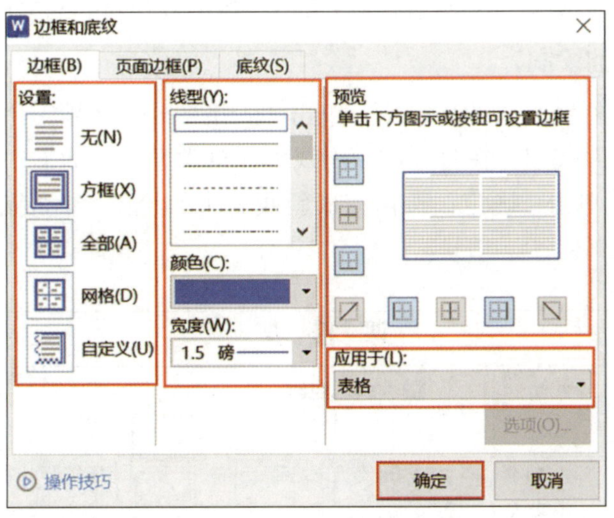

图 3-1-30 使用“边框和底纹”对话框设置表格边框

需要注意的是，在对话框中要以从左到右的栏目设置顺序对表格边框进行设置，否则结果可能会与预览的效果不一致。

（2）表格底纹的设置

选中整个表格或需要设置的单元格，打开“边框和底纹”对话框，切换至“底纹”

选项卡，设置“填充”颜色、“图案”中的“样式”及“颜色”，在“应用于”中选择“表格”或“单元格”，如图 3–1–31 所示。

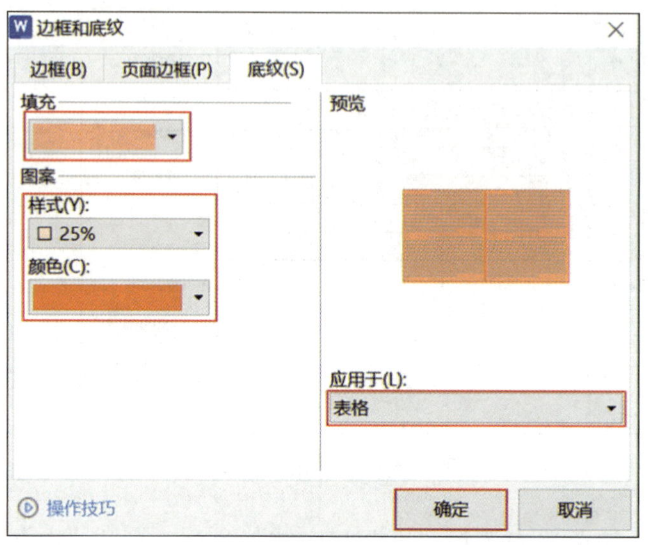

图 3–1–31 使用“边框和底纹”对话框设置表格底纹

需要注意的是，为单元格设置底纹后，通常还需要调整单元格中的字体颜色，以使其美观和协调，通常深色背景搭配浅色文本，浅色背景则搭配深色文本。

3. 斜线表头的绘制

选中需要插入斜线表头的单元格，单击“表格样式”选项卡中的“绘制边框”分组中的“斜线表头”按钮，在打开的“斜线单元格类型”对话框中选择第一行第三列的预设斜线表头，单击“确定”按钮完成斜线表头的绘制，直接输入表头内容即可，如图 3–1–32 所示。

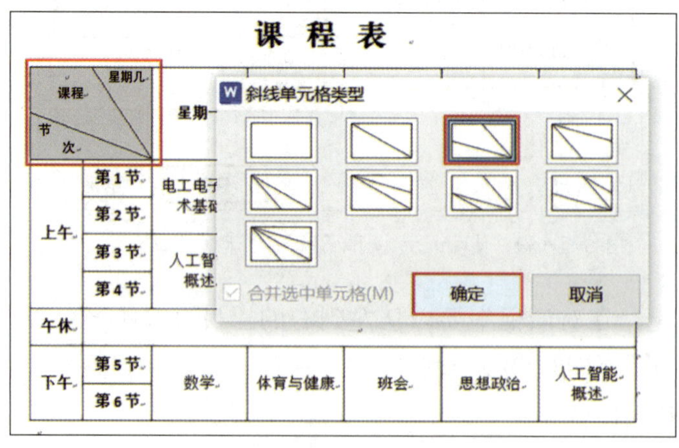

图 3–1–32 绘制斜线表头

1. 创建表格

（1）新建文档和设置页面

新建并保存“技能竞赛成绩统计图表.docx”文档。输入标题文本“第六届技能节‘农产品包装设计’赛项成绩汇总表”，设置标题文本的“字体”为“宋体”、“字号”为“小二”、“字形”为“加粗”、“对齐方式”为“居中对齐”、“段后”间距为“0.5 行”。

设置“纸张大小”为“A4”、“纸张方向”为“纵向”、“上”边距和“下”边距均为“3.5 cm”、“左”边距和“右”边距均为“2.5 cm”。

（2）插入表格

将光标移至标题文本下一行的起始位置，单击“插入”选项卡中的“常用对象”分组中的“表格”下拉按钮，在弹出的下拉菜单中选择“插入表格”命令，在打开的“插入表格”对话框中设置表格的“列数”为“9”、“行数”为“8”，在“列宽选择”中选中“自动列宽”单选按钮，单击“确定”按钮，如图 3-1-33 所示。

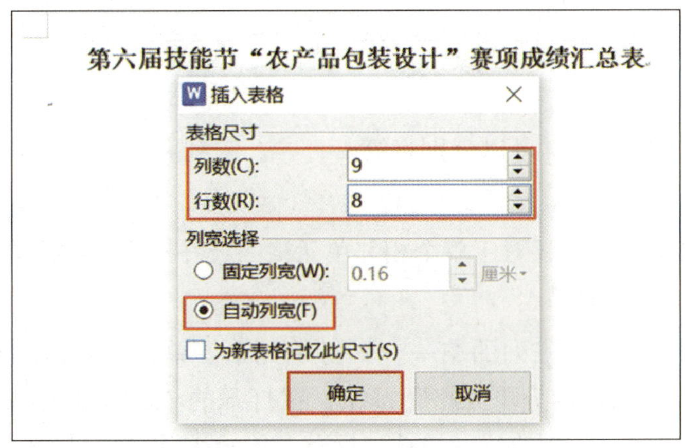

图 3-1-33　设置表格的尺寸和列宽

在文档中插入了一个 8 行 9 列的表格，如图 3-1-34 所示。

2. 编辑表格

（1）合并单元格

1）选中表格第一行第四 ~ 七列单元格，单击“表格工具”选项卡中的“合并拆分”分组中的“合并单元格”按钮，如图 3-1-35 所示，即可合并所选单元格。

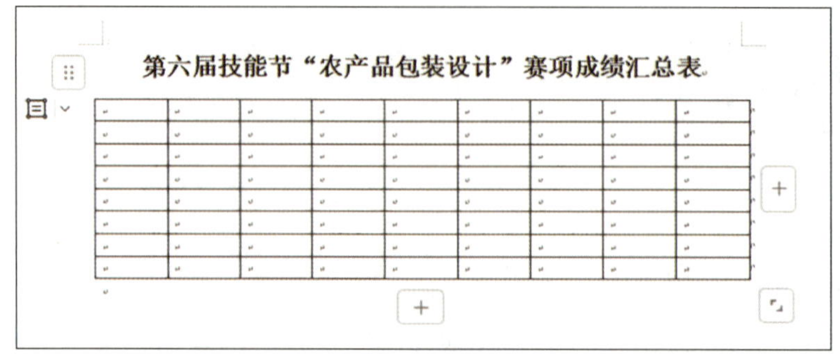

图 3-1-34 插入一个 8 行 9 列的表格

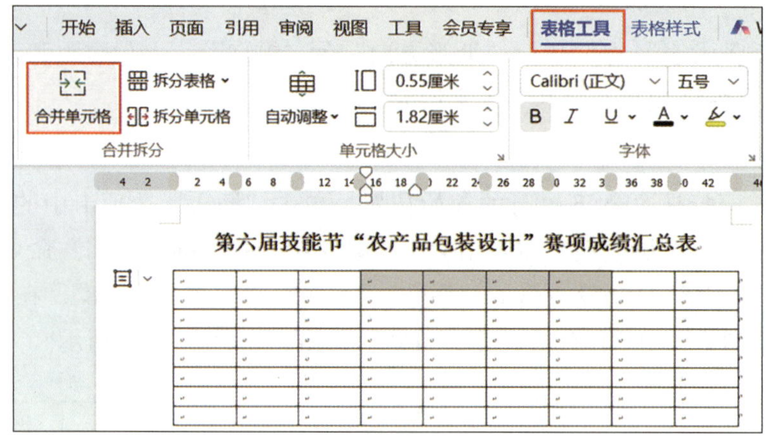

图 3-1-35 "合并单元格"按钮

采用相同的操作方法，可以分别将第一、二、三列和第八、九列的第一、二行单元格进行合并。

2）为了提高工作效率，对于多个相邻单元格的合并操作，采取先合并再拆分单元格的方法也能达成相同效果。

同时选中第一、二、三列的第一、二行单元格，单击"表格工具"选项卡中的"合并拆分"分组中的"拆分单元格"按钮，在打开的"拆分单元格"对话框中设置"列数"为"3"、"行数"为"1"，勾选"拆分前合并单元格"复选框，单击"确定"按钮，如图 3-1-36 所示。

采用相同的操作方法，将第八、九列的第一、二行单元格拆分成 1 行 2 列单元格，单元格合并完成后的效果如图 3-1-37 所示。

（2）输入文本和数据

将光标置于单元格中，在单元格中输入相应的文本和数据，如图 3-1-38 所示。设置表格文本的"中文字体"为"宋体"、"西文字体"为"Times New Roman"、"字号"为"五号"。

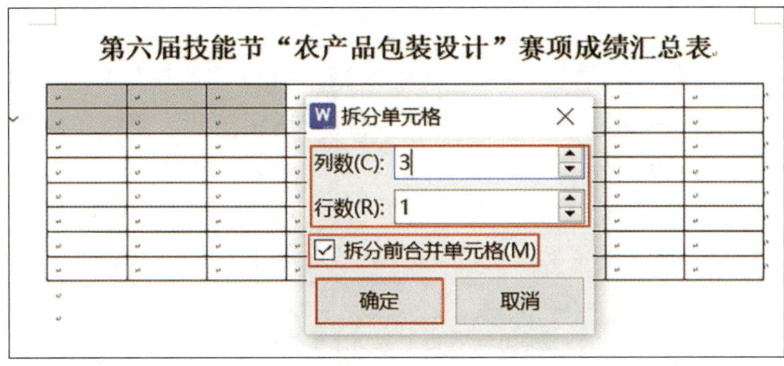

图 3-1-36　拆分单元格

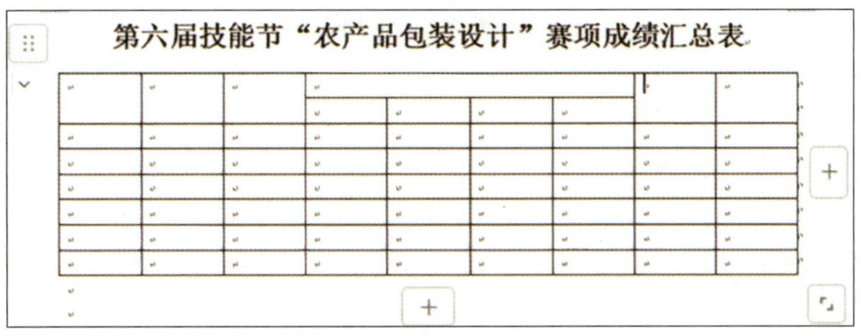

图 3-1-37　单元格合并完成后的效果

第六届技能节“农产品包装设计”赛项成绩汇总表

编号	参赛选手	作品名	各项分数/分				总分/分	排名
			创意性（40 分）	吸引力（30 分）	功能性（20 分）	可行性（10 分）		
1	李晓明	田园牧歌·鲜果礼盒	32	26	18	9		
2	张欣怡	绿野仙踪·有机蔬菜	32	23	18	10		
3	王梓轩	悠然南山·茶叶礼盒	34	24	19	9		
4	赵雨萱	金色麦田·杂粮精选	33	23	17	8		
5	陈嘉伟	清泉之畔·野生菌菇	35	27	18	10		
6	刘梦琪	醇香牧场·牛巴珍馐	32	22	15	10		

图 3-1-38　输入文本和数据

（3）设置表格的列宽和行高

1）将光标移至表格的第一行第一列单元格，打开“表格属性”对话框，切换至“列”选项卡，勾选“指定宽度”复选框，设置“指定宽度”为“1 厘米”，单击“确定”按钮，如图 3–1–39 所示。

图 3–1–39　设置表格的列宽

采用相同的操作方法，分别设置第二列的“指定宽度”为“1.5 厘米”、第三列的“指定宽度”为“3.8 厘米”、第八列的“指定宽度”为“1.7 厘米”、第九列的“指定宽度”为“1.3 厘米”。

2）选中第三 ~ 八行第四 ~ 七列单元格，单击“表格工具”选项卡中的“单元格大小”分组中的“自动调整”下拉按钮，在弹出的下拉菜单中选择“平均分布各列”命令，对所选单元格的列宽进行平均分布，如图 3–1–40 所示。

3）选中第三 ~ 八行的所有单元格，在“表格工具”选项卡中的“单元格大小”分组中设置“表格行高”为“0.90 厘米”。选中第二行第四 ~ 七列单元格，设置“表格行高”为“1.2 厘米”。选中第一行第四 ~ 七列的合并单元格，设置“表格行高”为“0.8 厘米”，表格列宽和行高的设置效果如图 3–1–41 所示。

（4）设置单元格对齐方式

选中整个表格，设置单元格对齐方式为“垂直居中”和“水平居中”，设置后的效果如图 3–1–42 所示。

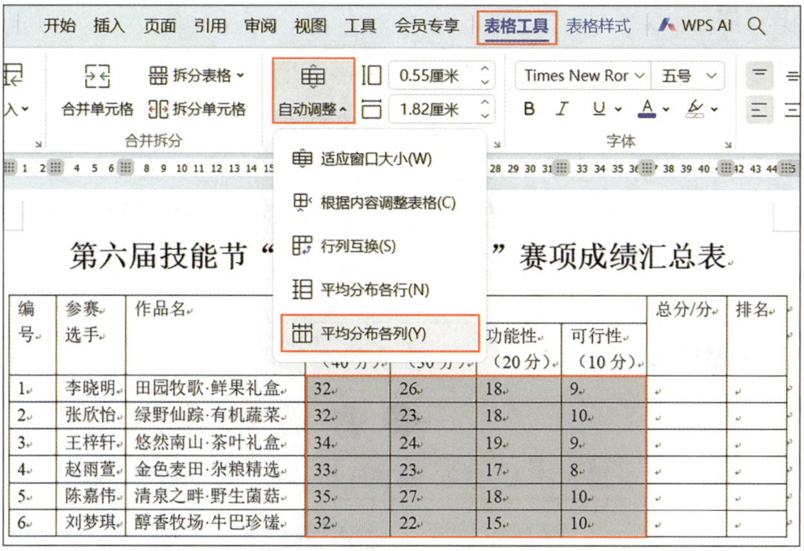

开始　插入　页面　引用　审阅　视图　工具　会员专享　表格工具　表格样式　WPS AI

合并单元格　拆分表格　拆分单元格　合并拆分　自动调整　0.55厘米　1.82厘米　Times New Ror　五号　字体

适应窗口大小(W)
根据内容调整表格(C)
行列互换(S)
平均分布各行(N)
平均分布各列(Y)

第六届技能节“　”赛项成绩汇总表

编号	参赛选手	作品名			功能性（20 分）	可行性（10 分）	总分/分	排名
1	李晓明	田园牧歌·鲜果礼盒	32	26	18	9		
2	张欣怡	绿野仙踪·有机蔬菜	32	23	18	10		
3	王梓轩	悠然南山·茶叶礼盒	34	24	19	9		
4	赵雨萱	金色麦田·杂粮精选	33	23	17	8		
5	陈嘉伟	清泉之畔·野生菌菇	35	27	18	10		
6	刘梦琪	醇香牧场·牛巴珍馐	32	22	15	10		

图 3-1-40　设置平均分布各列

第六届技能节“农产品包装设计”赛项成绩汇总表

编号	参赛选手	作品名	各项分数/分				总分/分	排名
			创意性（40 分）	吸引力（30 分）	功能性（20 分）	可行性（10 分）		
1	李晓明	田园牧歌·鲜果礼盒	32	26	18	9		
2	张欣怡	绿野仙踪·有机蔬菜	32	23	18	10		
3	王梓轩	悠然南山·茶叶礼盒	34	24	19	9		
4	赵雨萱	金色麦田·杂粮精选	33	23	17	8		
5	陈嘉伟	清泉之畔·野生菌菇	35	27	18	10		
6	刘梦琪	醇香牧场·牛巴珍馐	32	22	15	10		

图 3-1-41　表格列宽和行高的设置效果

第六届技能节“农产品包装设计”赛项成绩汇总表

编号	参赛选手	作品名	各项分数/分				总分/分	排名
			创意性（40 分）	吸引力（30 分）	功能性（20 分）	可行性（10 分）		
1	李晓明	田园牧歌·鲜果礼盒	32	26	18	9		
2	张欣怡	绿野仙踪·有机蔬菜	32	23	18	10		
3	王梓轩	悠然南山·茶叶礼盒	34	24	19	9		
4	赵雨萱	金色麦田·杂粮精选	33	23	17	8		
5	陈嘉伟	清泉之畔·野生菌菇	35	27	18	10		
6	刘梦琪	醇香牧场·牛巴珍馐	32	22	15	10		

图 3-1-42　单元格对齐方式设置后的效果

3. 美化表格

（1）应用表格预设样式

选中表格或将光标置于表格中，单击“表格样式”选项卡中的“表格样式”分组中的列表框下拉按钮，在弹出的下拉列表中设置“主题颜色”为“青色”，在“底纹填充”中勾选“首行”和“隔行”复选框，单击第三行第一列的“网格表 2–粗边框”表格预设样式，如图 3–1–43 所示。

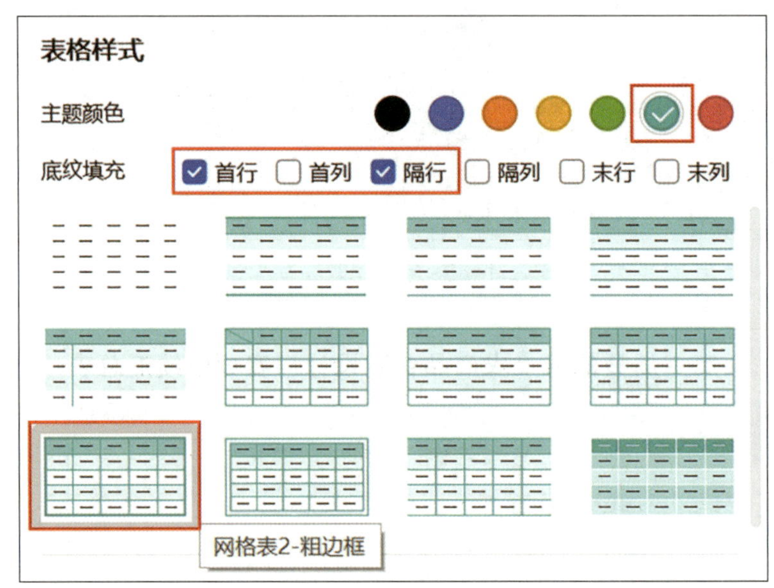

图 3–1–43　应用表格预设样式

（2）设置底纹

1）选中第二行第四～七列单元格，单击“表格样式”选项卡中的“表格样式”分组中的“底纹”下拉按钮，在下拉菜单中选择“标准色”中的“蓝色”，如图 3–1–44 所示，即可为所选单元格填充底纹。设置所选单元格文本的“字形”为“加粗”、“字体颜色”为“白色，背景 1”。

2）选中表格的第一行，采用相同的操作方法，设置所选单元格的底纹为“标准色”中的“蓝色”，设置单元格文本的“字形”为“加粗”、“字体颜色”为“白色，背景 1”，设置后的效果如图 3–1–45 所示。

（3）设置表格边框

1）选中整个表格，在“表格样式”选项卡中的“绘制边框”分组中设置“边框颜色”为“白色，背景 1”、“线型粗细”为“1 磅”，单击“边框”下拉按钮，在下拉菜单中选择“内部框线”命令，如图 3–1–46 所示。

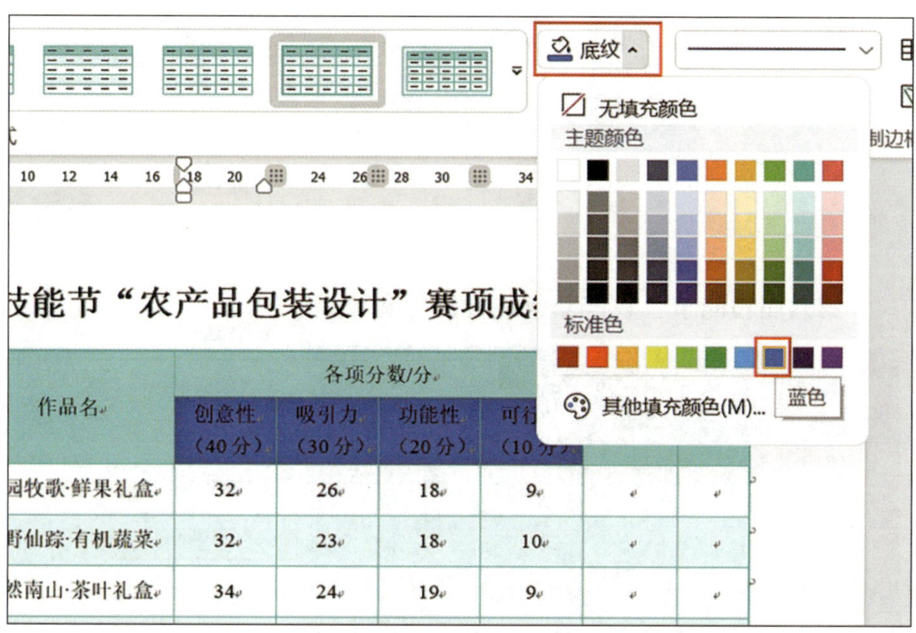

图 3-1-44　设置单元格底纹

第六届技能节“农产品包装设计”赛项成绩汇总表

编号	参赛选手	作品名	各项分数/分				总分/分	排名
			创意性（40 分）	吸引力（30 分）	功能性（20 分）	可行性（10 分）		
1	李晓明	田园牧歌·鲜果礼盒	32	26	18	9		
2	张欣怡	绿野仙踪·有机蔬菜	32	23	18	10		
3	王梓轩	悠然南山·茶叶礼盒	34	24	19	9		
4	赵雨萱	金色麦田·杂粮精选	33	23	17	8		
5	陈嘉伟	清泉之畔·野生菌菇	35	27	18	10		
6	刘梦琪	醇香牧场·牛巴珍馐	32	22	15	10		

图 3-1-45　设置单元格底纹和文本格式

2）选中表格的第三～八行，设置“边框颜色”为“标准色”中的“深蓝”、“线型粗细”为“1 磅”，单击“边框”下拉按钮，在下拉菜单中选择“内部框线”命令。

3）选中整个表格，设置“边框颜色”为“标准色”中的“深蓝”、“线型粗细”为“1.5 磅”，单击“边框”下拉按钮，在下拉菜单中选择“外侧框线”命令，表格美化后的效果如图 3-1-47 所示。

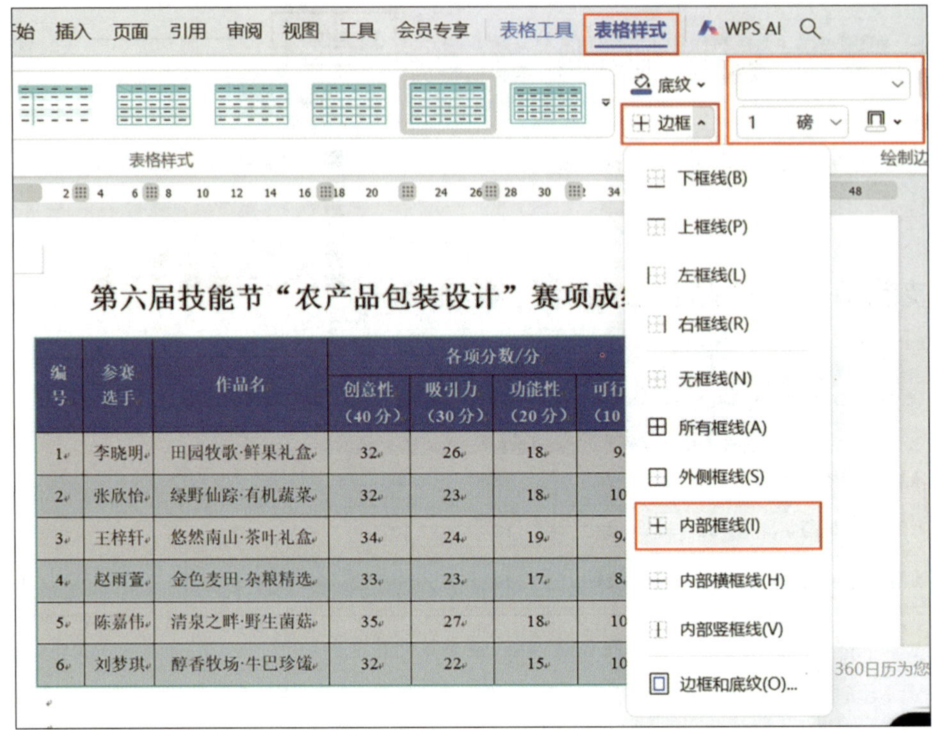

图 3-1-46　设置表格的内部框线

第六届技能节"农产品包装设计"赛项成绩汇总表

编号	参赛选手	作品名	各项分数/分				总分/分	排名
			创意性（40分）	吸引力（30分）	功能性（20分）	可行性（10分）		
1	李晓明	田园牧歌·鲜果礼盒	32	26	18	9		
2	张欣怡	绿野仙踪·有机蔬菜	32	23	18	10		
3	王梓轩	悠然南山·茶叶礼盒	34	24	19	9		
4	赵雨萱	金色麦田·杂粮精选	33	23	17	8		
5	陈嘉伟	清泉之畔·野生菌菇	35	27	18	10		
6	刘梦琪	醇香牧场·牛巴珍馐	32	22	15	10		

图 3-1-47　表格美化后的效果

4. 保存文档

单击"文件"菜单中的"保存"命令保存文档。

提示

如何在 WPS 文字中快速创建简洁好用的三线表？

可以在内容型表格模板中直接套用，具体操作如下。

（1）单击“插入”选项卡中的“常用对象”分组中的“表格”下拉按钮，先在弹出的下拉菜单中选择“插入内容型表格”命令，再选择“其他”→“三线表”命令，如图 3-1-48 所示。

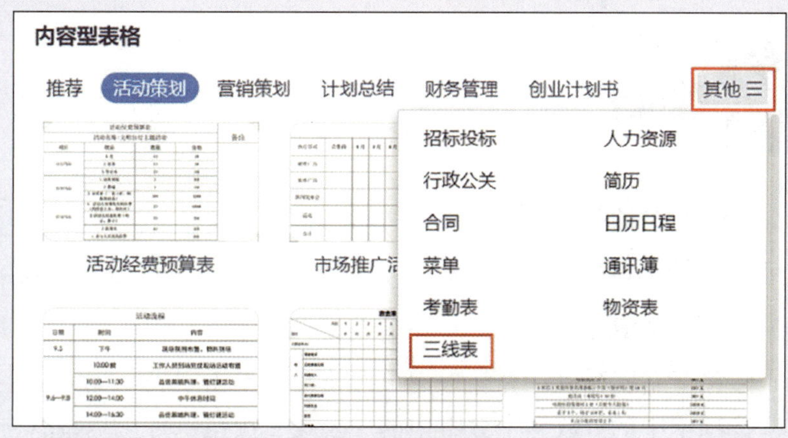

图 3-1-48　选择“三线表”命令

（2）在“三线表”类别的表格模板中，单击想使用的模板即可在光标处插入三线表，直接修改使用即可。

任务 2　计算表格数据和生成图表

学习目标

1. 能够进行表格的数据计算和排序。
2. 能够根据表格数据生成图表和设置图表样式及布局。

王老师将参赛选手的分项分数进行汇总，首先通过公式计算出每位选手的总分并根据总分对表格进行排序操作，确定成绩排名，然后将这些详细的分项分数数据作为统计基础创建参赛选手成绩分析图，最后对图表的各类元素进行调整并优化整体布局，以确保图表信息的清晰呈现与高效传达。

一、表格的数据计算

1. 表格的公式计算

（1）“公式”对话框

将光标移至需要存放计算结果的单元格中，单击“表格工具”选项卡中的“数据”分组中的“公式”按钮，打开“公式”对话框。在“公式”文本框中已经默认输入公式“=SUM(LEFT)”，可以单击“数字格式”下拉按钮，在下拉列表中选择需要的格式，也可以在“粘贴函数”下拉列表中选择需要的函数和在“表格范围”下拉列表中选择参数，如图 3-2-1 所示。

图 3-2-1 “公式”对话框

在 WPS 文字中，公式中常用的函数有 SUM（求和）、AVERAGE（平均值）、MAX（最大值）、MIN（最小值）、PRODUCT（求积）、COUNT（计数）等。在函数的括号中要填写计算的表格范围，如 LEFT（左侧所有数字单元格）、RIGHT（右侧所有数字单元格）、ABOVE（上方所有数字单元格）和 BELOW（下方所有数字单元格）。

（2）表格公式的计算

将光标移至表格的第二行第七列单元格中，打开“公式”对话框，在“公式”文本框中输入“=PRODUCT(LEFT)”，或在“粘贴函数”下拉列表中选择“PRODUCT”函数和在“表格范围”下拉列表中选择“LEFT”参数，在“数字格式”下拉列表中选择“0.00”，即保留两位小数，单击“确定”按钮，如图 3-2-2 所示，即可将计算结果插入指定单元格中。

办公用品采购清单

编号	物品名称	规格	单位	数量	单价（元）	金额（元）
A1	签字笔	黑色 0.5 mm	支	60	2	
A2	复印纸	A4				
A3	长尾票夹	长 19 mm				
A4	笔记本	A5				
A5	计算器	数显 12 位				
A6	订书机	装订 12#				
A7	鼠标	无线 蓝牙				
A8	移动硬盘	容量 1 TB				
总计						

公式
公式(F):
=PRODUCT(LEFT)
辅助:
数字格式(N): 0.00
粘贴函数(P):
表格范围(T):
粘贴书签(B):
确定　取消

图 3-2-2 “公式”对话框中的设置

注意：在“公式”对话框中的“公式”文本框中，函数前面的“=”不能省略，除需要的函数和参数外，其他多余的函数和参数要清除掉。

2. 表格的快速计算

WPS 文字为常用的求和、平均值、最大值、最小值计算提供了快速计算功能。

将表格中所有需要进行数据计算的单元格选中，单击“表格工具”选项卡中的“数据”分组中的“计算”下拉按钮，在弹出的下拉菜单中选择“求和”命令，WPS 文字会自动计算每行选中单元格数据的总和，并将计算结果显示在对应的“总分”列中，如图 3-2-3 所示。

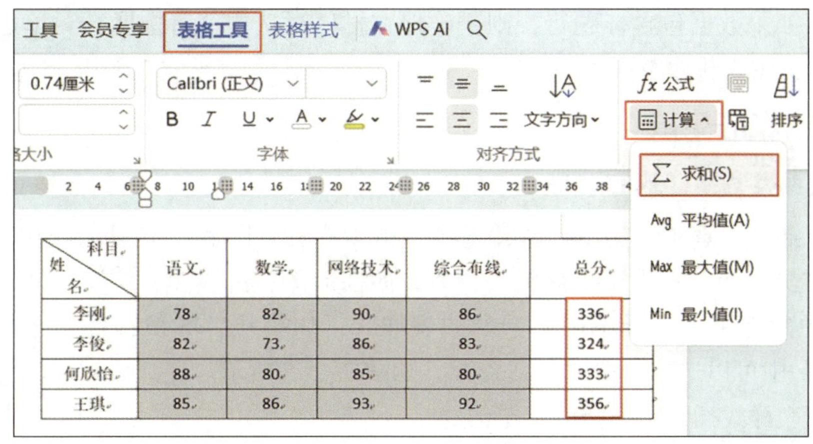

图 3-2-3 表格的快速计算

注意：使用快速计算功能时，WPS 文字会默认将计算结果填充到所选单元格区域的下方单元格中。

二、表格的数据排序

选中整个表格或需要排序的表格区域，单击“表格工具”选项卡中的“数据”分组中的“排序”按钮，打开“排序”对话框，在“列表”中选中“有标题行”单选按钮，在“主要关键字”下拉列表中选择“总分”，在“类型”下拉列表中选择“数字”，选中“降序”单选按钮，单击“确定”按钮，如图 3-2-4 所示，即可完成表格中所选单元格按“总分”列从高到低的降序排列。

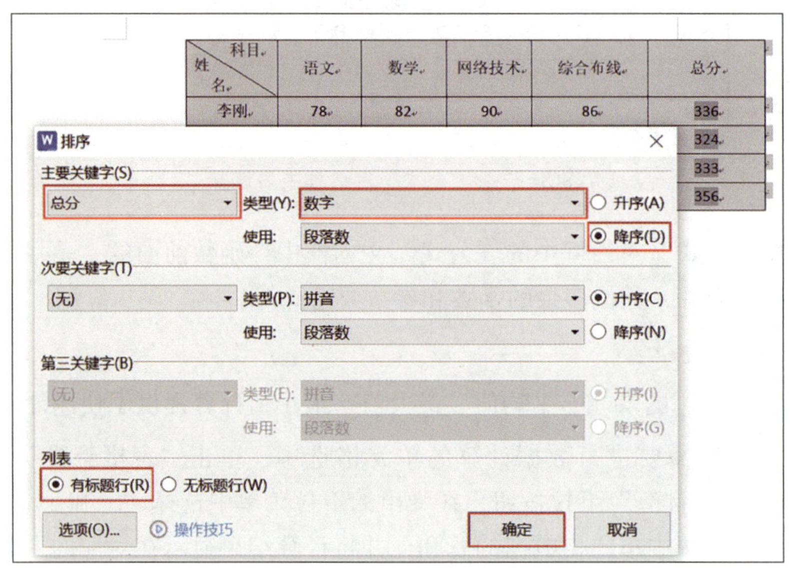

图 3-2-4 “排序”对话框中的设置

注意：如果数据包含标题行，则要确保在排序时选中“有标题行”单选按钮，以避免标题也被纳入排序范围。

三、图表的生成

1. 图表类型和样式的选择

单击“插入”选项卡中的“常用对象”分组中的“图表”按钮，打开“图表”窗口，窗口左侧的导航栏用于选择图表类型，如柱形图、折线图、饼图等，还可以通过切换窗口中的选项卡选择不同类型的图表样式，如簇状、堆积、百分比堆积等，在“付费类型”中可以选择付费或免费资源，如图 3-2-5 所示。完成设置后，就可以将需要的预设图表样式插入到文档的指定位置。

2. 图表数据的设置

选中插入的图表，单击快速工具栏中的“图表筛选器”按钮，在弹出的菜单中单击“选择数据”，如图 3-2-6 所示。

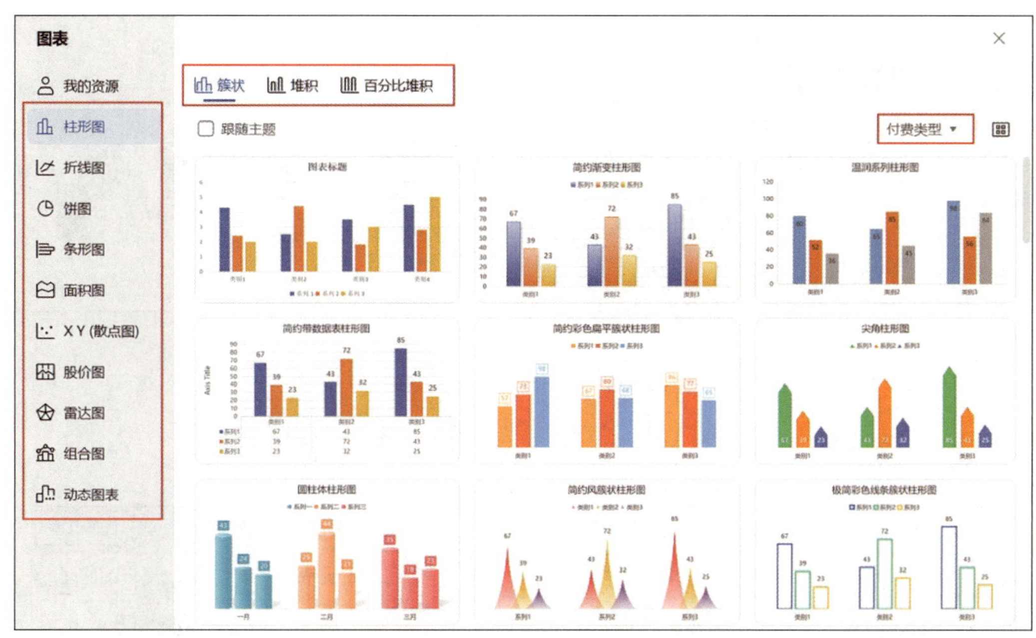

图 3-2-5　“图表”窗口

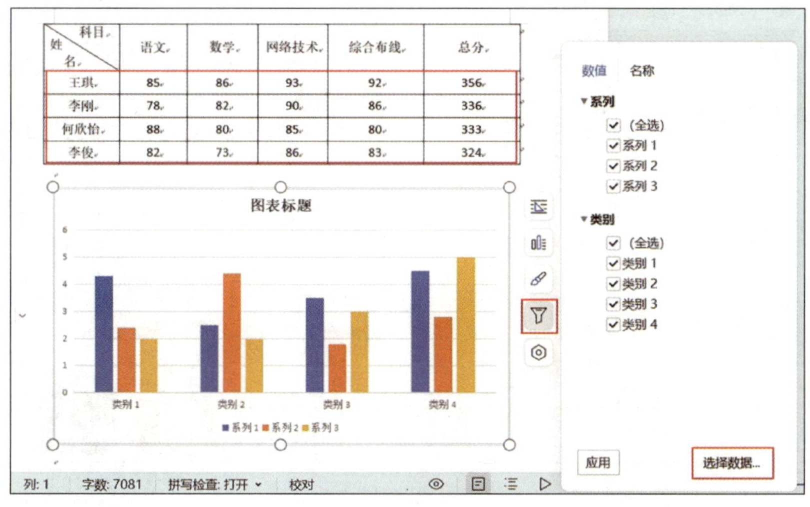

科目 / 姓名	语文	数学	网络技术	综合布线	总分
王琪	85	86	93	92	356
李刚	78	82	90	86	336
何欣怡	88	80	85	80	333
李俊	82	73	86	83	324

图 3-2-6　单击“选择数据”

接下来，用户要在打开的 WPS 表格文档中进行图表数据源的编辑，完成数据的设置后，插入的图表与表格的数据相关联，如图 3-2-7 所示。

3. 图表样式的设置

WPS 文字提供了大量精美的图表样式供用户选择。单击“图表工具”选项卡中的“图表样式”分组中的列表框下拉按钮，用户可以按照需求在弹出的下拉列表中选择预设系列配色和不同形态的图表样式，如图 3-2-8 所示。

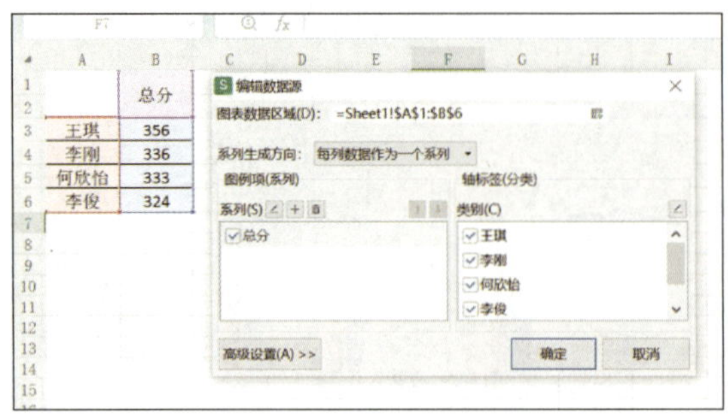

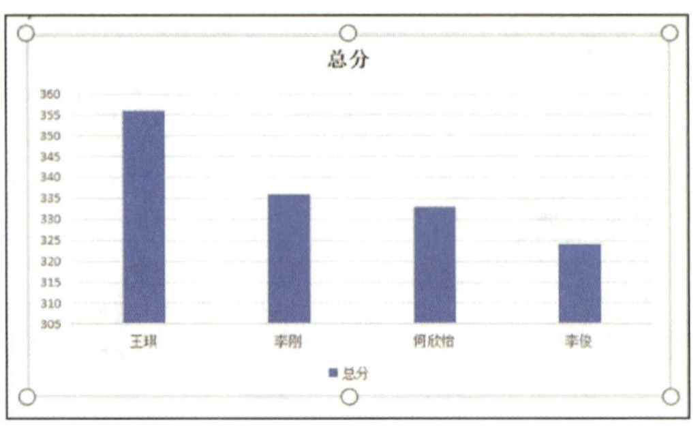

a）　　　　b）

图 3-2-7　编辑图表数据源

a）数据　b）图表

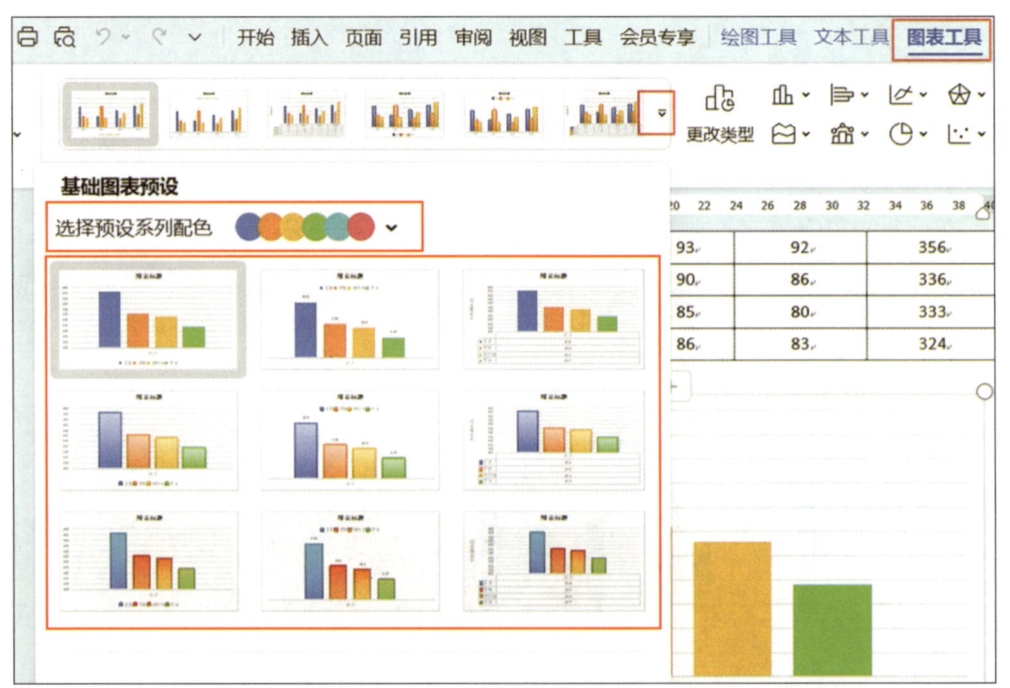

图 3-2-8　图表样式的设置

4. 图表布局的设置

为了进一步美化和突出视觉效果，用户还可以根据需要添加图表元素和快速布局。选中图表，单击“图表工具”选项卡中的“图表布局”分组中的“添加元素”下拉按钮，在弹出的下拉菜单中可以添加需要的图表元素及其样式，如图 3-2-9 所示。

用户也可以选择“快速布局”下拉菜单中的预设图表布局，以快速调整图表各元素的位置和优化布局。

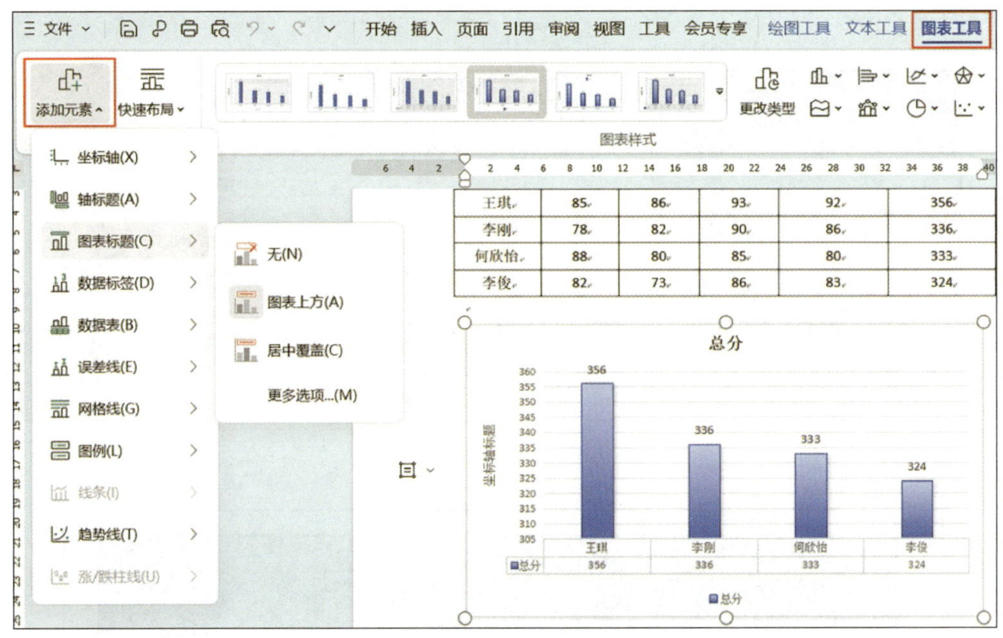

图 3-2-9　图表元素的添加

1．计算表格数据

（1）输入公式

打开“技能竞赛成绩统计图表 .docx”文档，将光标移至“总分 / 分”列中的第一个数字单元格中，单击“表格工具”选项卡中的“数据”分组中的“公式”按钮，打开“公式”对话框，在“公式”文本框中保留默认值，即“=SUM(LEFT)”，单击“确定”按钮，如图 3-2-10 所示，计算结果将填充至所选单元格中。

需要注意的是，公式“=SUM(LEFT)”会对单元格左侧所有数据进行求和计算，因此，要将“编号”列数据分别修改为“S-1”等。

（2）更新公式域

选中刚填充的公式域，将其复制并粘贴至“总分 / 分”列下所有的单元格中，此时所有公式域的数值都一样，如图 3-2-11 所示。继续选中该列中的所有数字单元格，按 F9 键（笔记本电脑按 Fn+F9 组合键）更新公式域，才能更新计算结果。

编号	参赛选手	作品名	各项分数/分				总分/分	排名
			创意性（40分）	吸引力（30分）	功能性（20分）	可行性（10分）		
S-1	李晓明	田园牧歌·鲜果礼盒	32	26	18	9		
S-2	张欣怡	绿野仙踪·有机蔬菜	32	23	18	10		
S-3	王梓轩	悠然南山·茶叶礼盒	34	24	19	9		
S-4	赵雨萱	金色麦田·杂粮精选	33	23	17	8		
S-5	陈嘉伟	清泉之畔·野生菌菇	35	27	18	10		
S-6	刘梦琪	醇香牧场·牛巴珍馐	32	22	15	10		

图 3-2-10　输入公式

编号	参赛选手	作品名	各项分数/分				总分/分	排名
			创意性（40分）	吸引力（30分）	功能性（20分）	可行性（10分）		
S-1	李晓明	田园牧歌·鲜果礼盒	32	26	18	9	85	
S-2	张欣怡	绿野仙踪·有机蔬菜	32	23	18	10	85	
S-3	王梓轩	悠然南山·茶叶礼盒	34	24	19	9	85	
S-4	赵雨萱	金色麦田·杂粮精选	33	23	17	8	85	
S-5	陈嘉伟	清泉之畔·野生菌菇	35	27	18	10	85	
S-6	刘梦琪	醇香牧场·牛巴珍馐	32	22	15	10	85	

图 3-2-11　公式域

2. 将数据排序和美化表格

（1）设置参数

选中第三～八行第一～八列所有单元格，打开“排序”对话框，设置“主要关键字”为“列 8”、“类型”为“数字”，选中“降序”“无标题行”单选按钮，单击“确定”按钮，如图 3-2-12 所示，表格中的各行会根据对话框中设置的参数重新排列。

将光标置于需要移动的行单元格中，使用 Shift+Alt+↑（↓）组合键可以在表格中快速上下移动所选单元格所在行的文本。

（2）插入自定义多级编号

在对表格数据进行排序后，还需要在“排名”列填充序号。在此，通过插入自定义多级编号的方式自动填充序号。选中“排名”列中的所有数字单元格，打开“自定义多级编号列表”对话框，设置“编号格式”为“①”（删除数字后面小数点）、“编号样式”为“1,2,3,...”、“编号位置”为“居中”、“编号之后”为“无特别标示”，单击

“确定”按钮，表格中的“排名”列自动填充“1”～“6”，如图 3-2-13 所示。

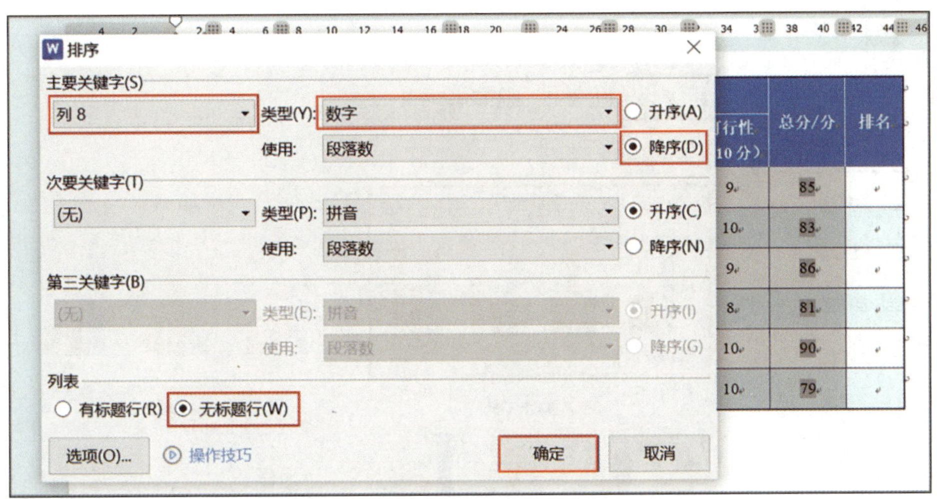

图 3-2-12　设置“排序”对话框中的参数

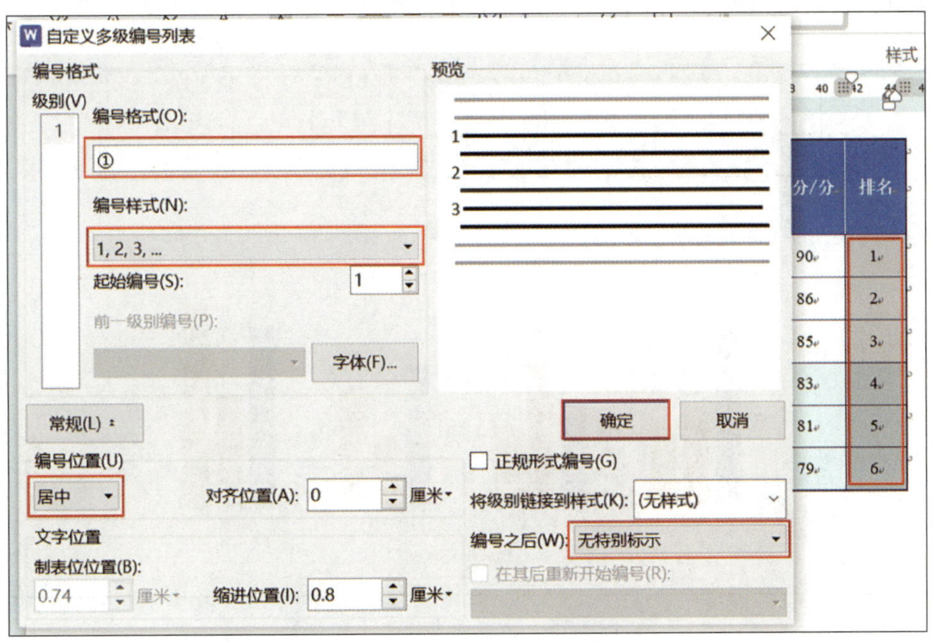

图 3-2-13　插入自定义多级编号

注意：表格的部分行在排序后会重新排列，可以继续对表格进行美化。

3. 插入图表

将光标置于表格的下方，单击“插入”选项卡中的“常用对象”分组中的“图表”按钮，打开“图表”窗口，选择“柱形图”，在“簇状”选项卡中选择第一行第一列的预设图表样式，如图 3-2-14 所示，即可在光标所在位置插入一个柱形图。

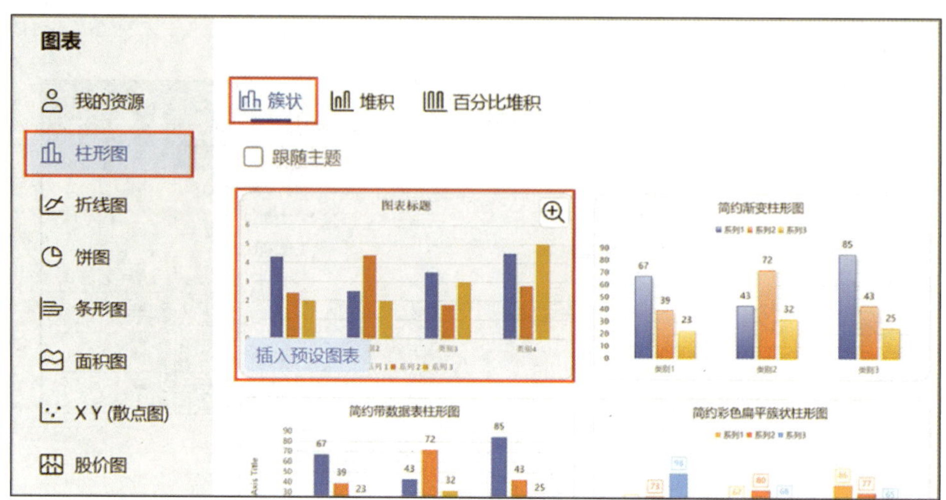

图 3-2-14　选择簇状柱形图

选中图表，将其调整到合适大小，设置其“居中对齐”，如图 3-2-15 所示。

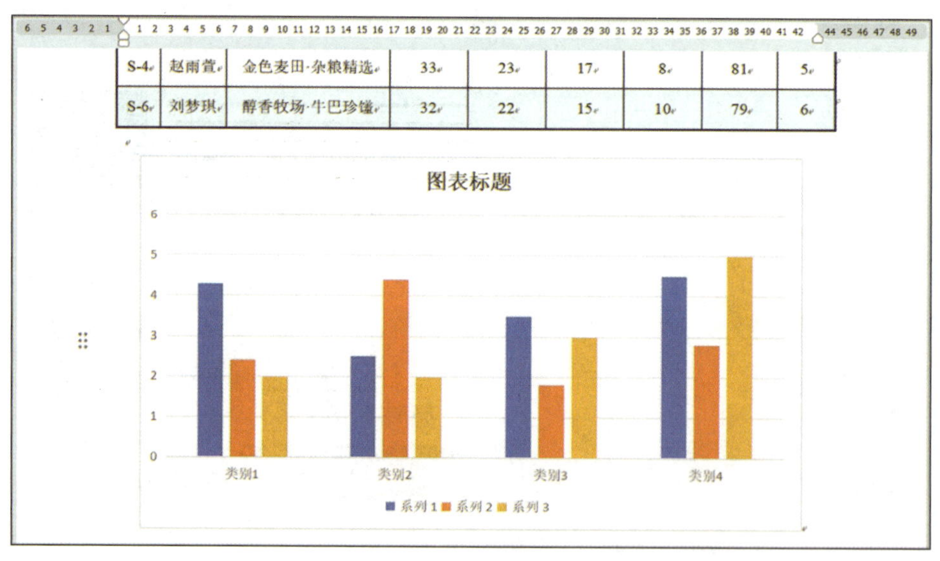

图 3-2-15　调整图表的大小和位置

4. 编辑图表

（1）选择图表数据

选中图表，单击“图表工具”选项卡中的“数据”分组中的“选择数据”按钮，打开“WPS 文字中的图表.xlsx”文档，关闭“编辑数据源”对话框，将原有的默认数据全部删除。

（2）修改表格文档数据

先切换至“技能竞赛成绩统计图表.docx”文档，选中整个表格，按 Ctrl+C 组合键复制表格全部内容，再切换至“WPS 文字中的图表.xlsx”文档，将光标置于 A1 单元格中，按 Ctrl+V 组合键将复制内容粘贴至表格文档，根据图表需要的数据内容删除多余的内容并清除格式，如图 3-2-16 所示。

选手	创意性	吸引力	功能性	可行性
陈嘉伟	35	27	18	10
王梓轩	34	24	19	9
李晓明	32	26	18	9
张欣怡	32	23	18	10
赵雨萱	33	23	17	8
刘梦琪	32	22	15	10

图 3-2-16　修改表格文档数据

（3）编辑数据源

切换至“技能竞赛成绩统计图表.docx”文档，再次单击“选择数据”按钮，会自动切换至“WPS 文字中的图表.xlsx”文档，在“编辑数据源”对话框中的“图表数据区域”中选择了所有单元格，“系列生成方向”为“每列数据作为一个系列”，单击“确定”按钮，如图 3-2-17 所示，完成图表数据源的编辑。

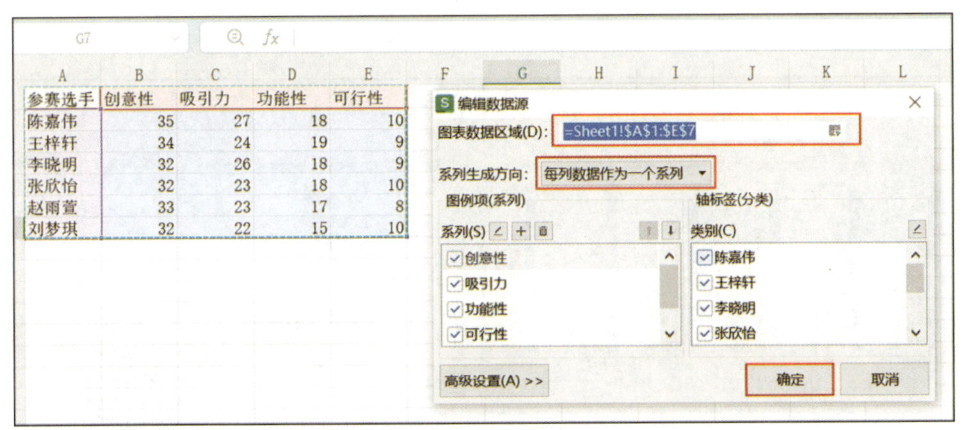

图 3-2-17　编辑数据源

5. 美化图表

（1）设置图表样式

返回 WPS 文字，选中图表，单击“图表工具”选项卡中的“图表样式”分组中的列表框下拉按钮，在弹出的下拉列表中单击“样式 2”基础图表预设样式，如图 3-2-18 所示。

（2）添加图表元素

1）选中图表，单击快速工具栏中的“图表元素”按钮，在弹出的菜单中勾选“网格线”→“主轴主要水平网格线”复选框，即可添加主轴主要水平网格线，如图 3-2-19 所示。

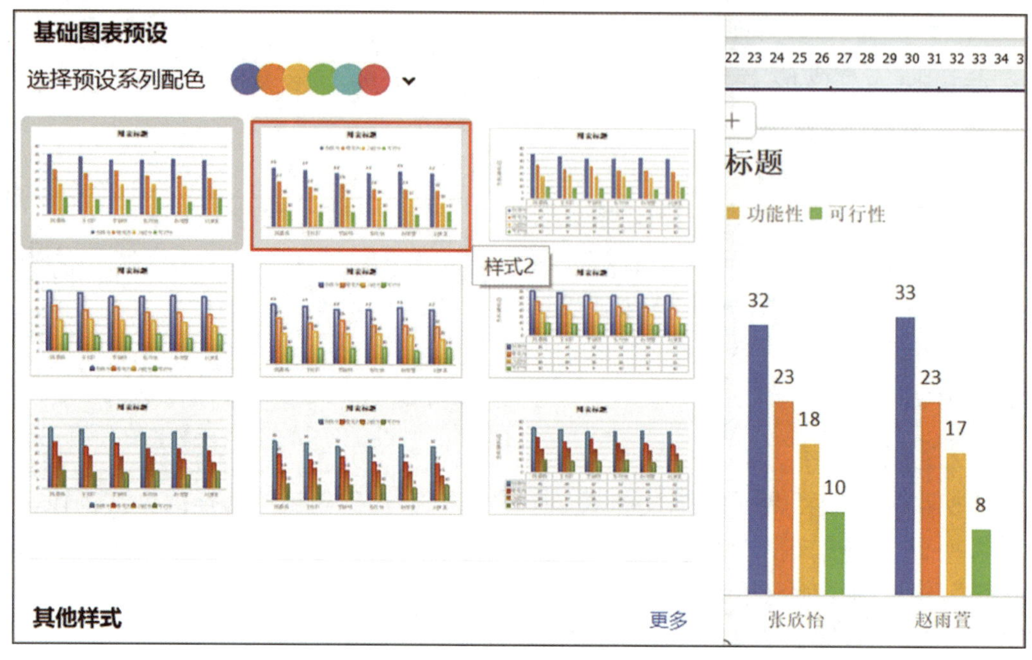

图 3-2-18　设置图表样式

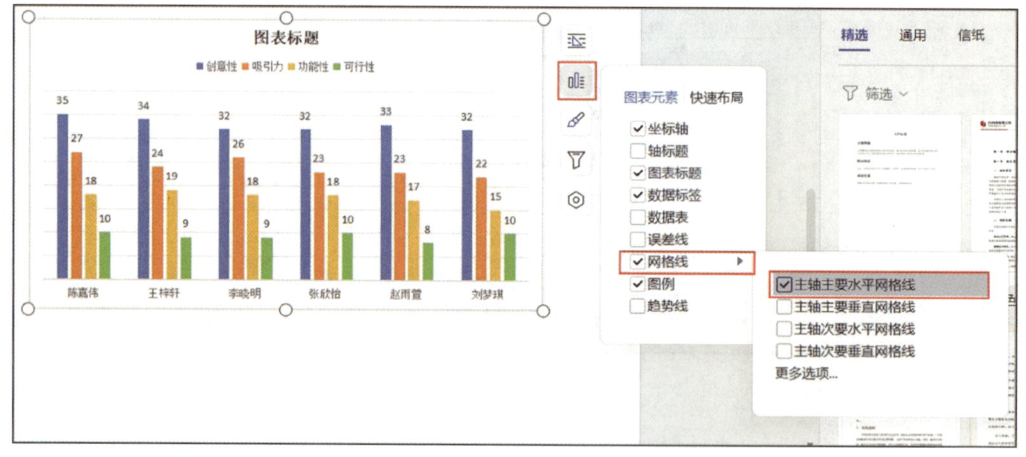

图 3-2-19　添加主轴主要水平网格线

2）在弹出的“图表元素”菜单中勾选“坐标轴”→“主要纵坐标轴”复选框，即可添加主要纵坐标轴，如图 3–2–20 所示。随后在弹出的“图表元素”菜单中勾选“轴标题”→“主要纵坐标轴”复选框，即可添加主要纵坐标轴标题，如图 3–2–21 所示。

3）使用同样的方法，在“图表元素”菜单中勾选“图例”→“下部”复选框，图例即可被置于图表的下部。将“图表标题”修改为“参赛选手成绩分析图”，“坐标轴标题”修改为“分数 / 分”，完成美化的图表如图 3–2–22 所示。

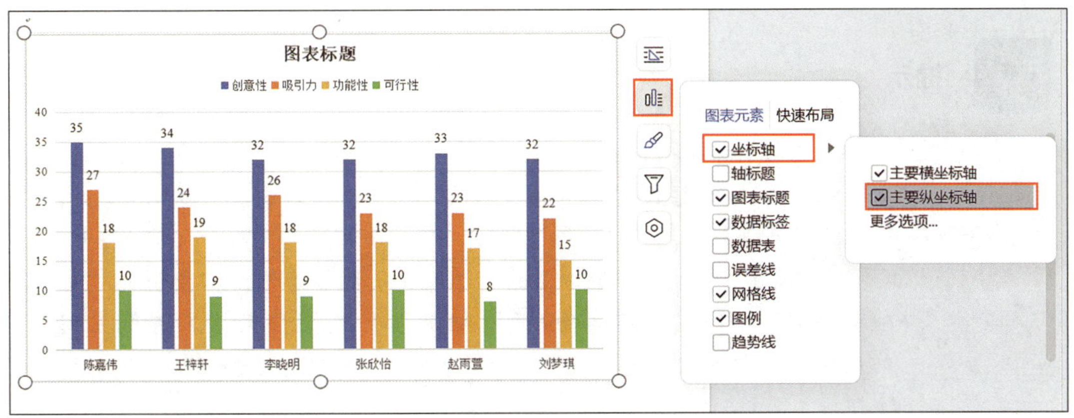

图 3-2-20　添加主要纵坐标轴

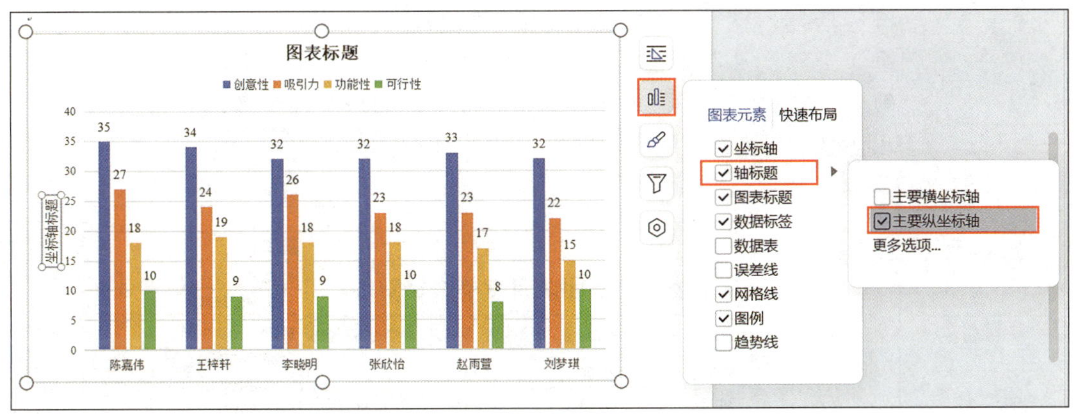

图 3-2-21　添加主要纵坐标轴标题

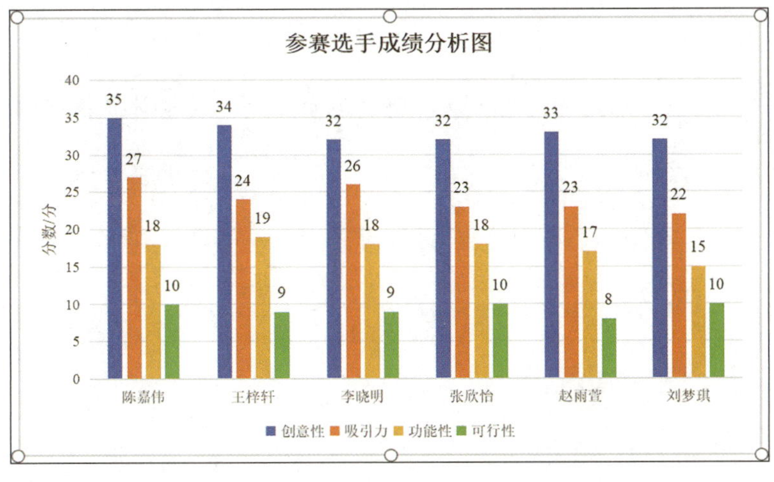

图 3-2-22　完成美化的图表

提示

如何计算表格中指定范围的数据？

在某公司销售团队月度奖金计算表中，要计算员工的总奖金，具体操作如下。

（1）以计算员工“李四”的“总奖金/元”为例，需要将其“基础奖金/元”和“超额奖金/元”相加。将光标移至第三行第五列单元格中，单击“表格工具”选项卡中的“数据”分组中的“公式”按钮。

（2）在弹出的“公式”对话框中的“公式”文本框中输入“=SUM(C3:D3)”，在“数字格式”下拉列表中选择“0.00”，单击“确定”按钮，即可将计算结果插入到相应单元格中，如图3-2-23所示。当然，也可以在“公式”文本框中输入“=C3+D3”。需要注意的是，“C3”表示第三行第三列单元格，“D3”表示第三行第四列单元格。

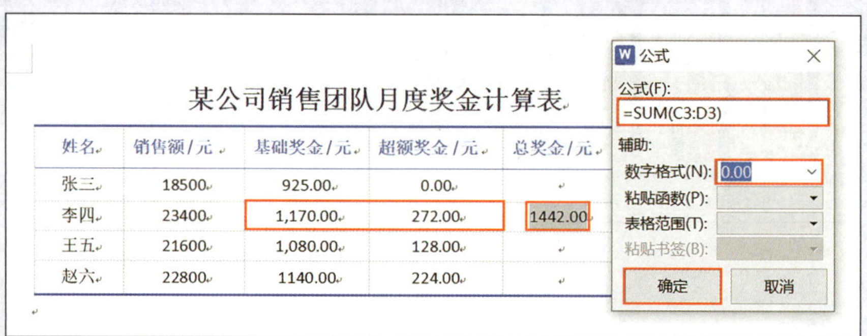

某公司销售团队月度奖金计算表

姓名	销售额/元	基础奖金/元	超额奖金/元	总奖金/元
张三	18500	925.00	0.00	
李四	23400	1,170.00	272.00	1442.00
王五	21600	1,080.00	128.00	
赵六	22800	1140.00	224.00	

图3-2-23 计算表格中指定范围的数据

（3）采用相同的方法，将其他员工的总奖金计算出来。

项目四

制作网络技术基础试卷——WPS 文字的高级应用

学院教务处部署了本学期的期末考试工作，明确各考试科目需按时完成命题与试卷编制任务。接到任务后，信息工程系的张老师需使用 WPS 文字制作一份网络技术基础试卷，最终效果如图 4-0-1 所示。

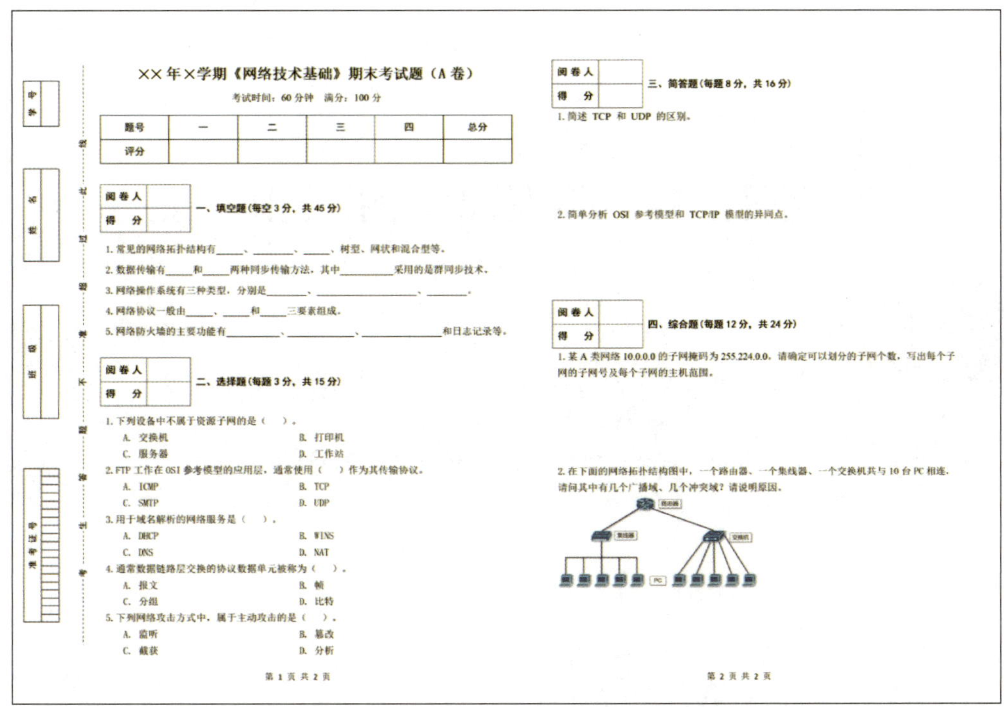

学号
姓名
班级

考生答题不要超过此线

××年×学期《网络技术基础》期末考试题（A 卷）

考试时间：60 分钟　满分：100 分

题号	一	二	三	四	总分
评分					

阅卷人	
得　分	

一、填空题（每空 3 分，共 45 分）

1. 常见的网络拓扑结构有_____、_______、_____、树型、网状和混合型等。
2. 数据传输有_____和_____两种同步传输方法，其中_________采用的是群同步技术。
3. 网络操作系统有三种类型，分别是_______、________________、_______。
4. 网络协议一般由_____、_____和_____三要素组成。
5. 网络防火墙的主要功能有_________、___________、_____________和日志记录等。

阅卷人	
得　分	

二、选择题（每题 3 分，共 15 分）

1. 下列设备中不属于资源子网的是（　）。
   A. 交换机　　B. 打印机
   C. 服务器　　D. 工作站
2. FTP 工作在 OSI 参考模型的应用层，通常使用（　）作为其传输协议。
   A. ICMP　　B. TCP
   C. SMTP　　D. UDP
3. 用于域名解析的网络服务是（　）。
   A. DHCP　　B. WINS
   C. DNS　　D. NAT
4. 通常数据链路层交换的协议数据单元被称为（　）。
   A. 报文　　B. 帧
   C. 分组　　D. 比特
5. 下列网络攻击方式中，属于主动攻击的是（　）。
   A. 监听　　B. 篡改
   C. 截获　　D. 分析

第 1 页 共 2 页

阅卷人	
得　分	

三、简答题（每题 8 分，共 16 分）

1. 简述 TCP 和 UDP 的区别。

2. 简单分析 OSI 参考模型和 TCP/IP 模型的异同点。

阅卷人	
得　分	

四、综合题（每题 12 分，共 24 分）

1. 某 A 类网络 10.0.0.0 的子网掩码为 255.224.0.0，请确定可以划分的子网个数，写出每个子网的子网号及每个子网的主机范围。

2. 在下面的网络拓扑结构图中，一个路由器、一个集线器、一个交换机共与 10 台 PC 相连，请问其中有几个广播域、几个冲突域？请说明原因。

PC

第 2 页 共 2 页

图 4-0-1　网络技术基础试卷的最终效果

张老师使用 WPS 文字制作网络技术基础试卷，首先利用高级查找和替换等功能，分别对填空、选择和简答等题型的部分文本或格式进行批量替换，实现答案的隐藏处理，然后利用制表符对齐文本，根据需要调整文档的布局和格式，使试卷更加整洁、美观，最后通过在文档中插入自动图文集和页码等完成试卷排版。完成本项目的思维导图如图 4-0-2 所示。

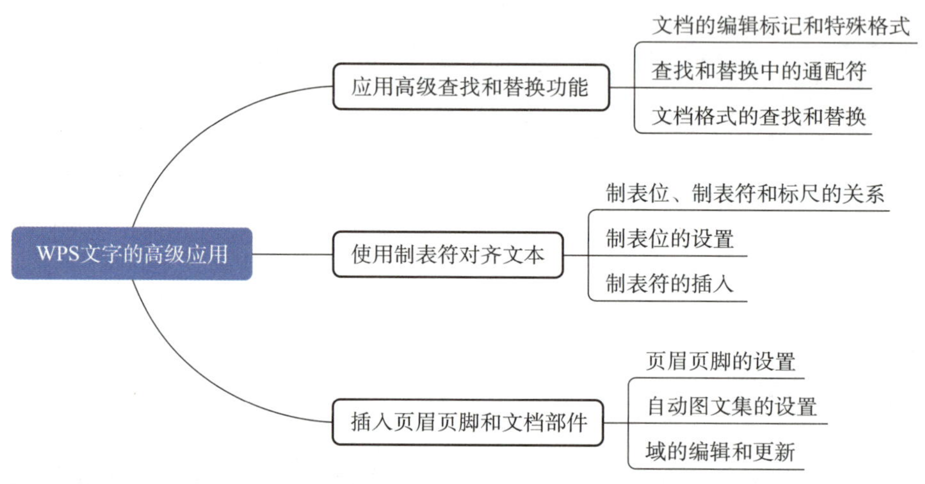

图 4-0-2　制作网络技术基础试卷的思维导图

任务 1　应用高级查找和替换功能

1. 能够识别文档中常用的编辑标记、特殊格式和通配符。
2. 能够对文档的格式进行查找和替换操作。
3. 能够使用通配符对文档进行高级查找和替换操作。

张老师使用 WPS 文字的高级查找和替换功能，首先对“填空题（原稿）.docx”文档删除空行和多余空格，然后采取批量处理方式更改字体颜色，将答案文本替换为下划线生成填空栏，实现答案的隐藏处理，并对“简答题（原稿）.docx”等文档进行相应处理，让文档满足制卷格式要求。

WPS 文字不仅能查找和替换文本，还能通过高级查找和替换功能极大地提升文档编辑效率，实现文本精确修改、格式批量处理等。

一、文档的编辑标记和特殊格式

1. 常用的编辑标记

在 WPS 文字中有些常用的非打印字符，主要用于标记文档的格式，这些字符只可以在电子文档中显示出来，但不能打印。常用的编辑标记见表 4–1–1。

表 4–1–1　常用的编辑标记

序号	标记名	字符图形	标记说明
1	段落标记	↵	按 Enter 键，表示段落的结束
2	手动换行符	↓	按 Shift+Enter 组合键，插入手动换行符
3	制表符	→	按 Tab 键，实现对齐或制表功能
4	半角空格	···	在半角状态下，按 Space 键输入英文空格
5	全角空格	□□	在全角状态下，按 Space 键输入中文空格
6	不间断空格	°	按 Ctrl+Shift+Space 组合键
7	分页符	……分页符……	按 Ctrl+Enter 组合键，将内容移到下一页
8	分节符	……分节符(连续)……	创建新的节，可以进行独立的格式设置
9	分栏符	……分栏符……	用于控制文本的分栏效果和对齐方式等

2. 查找和替换的特殊格式及代码

单击“查找和替换”对话框中的“替换”选项卡中的“特殊格式”下拉按钮，弹出“查找内容”或“替换为”对应的“段落标记”等命令，如图 4-1-1 所示。

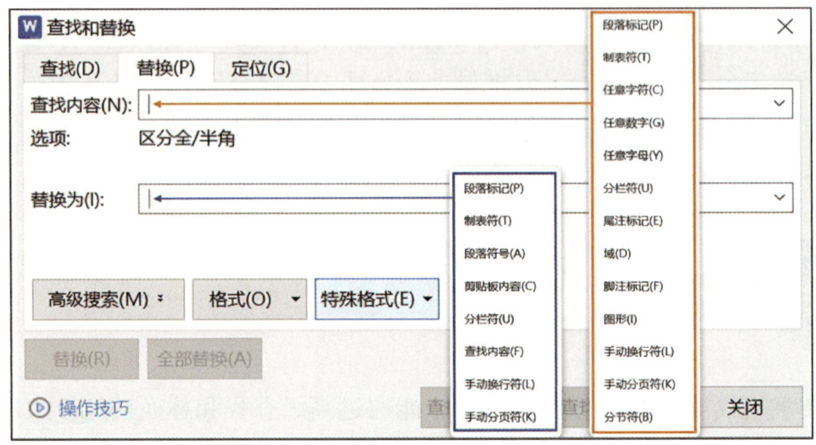

图 4-1-1 特殊格式命令

“查找内容”和“替换为”分别对应不同的特殊格式命令，选择某一特殊格式命令后，会自动在文本框中显示其代码，熟练后也可以直接在“查找内容”文本框中输入想查找的特殊格式代码，在“替换为”文本框中输入想要替换的特殊格式代码。常用的特殊格式及代码见表 4-1-2。

表 4-1-2 常用的特殊格式及代码

序号	特殊格式	代码	备注
1	段落标记	^p	—
2	制表符	^t	—
3	任意字符	^?	只用于“查找内容”文本框
4	任意数字	^#	只用于“查找内容”文本框
5	任意字母	^$	只用于“查找内容”文本框
6	图形	^g	只用于“查找内容”文本框
7	查找内容	^&	只用于“替换为”文本框
8	剪贴板内容	^c	只用于“替换为”文本框
9	手动换行符	^l	—
10	手动分页符	^m	—

二、查找和替换中的通配符

在“查找和替换”对话框中的“替换”选项卡中单击“高级搜索”下拉按钮，展开“高级搜索”隐藏面板，如图 4–1–2 所示，可以勾选“区分大小写”“全字匹配”“使用通配符”等复选框进行设置。

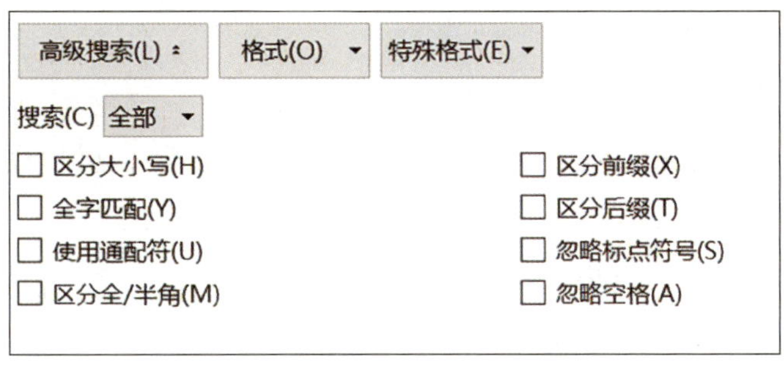

图 4–1–2　“高级搜索”隐藏面板

1．常用的通配符

在 WPS 文字中常用的通配符见表 4–1–3。

表 4–1–3　在 WPS 文字中常用的通配符

序号	通配符	查找目标	示例
1	?	任意单个字符	如 b?t，可查找“bit”“but”等
2	*	任意字符串	如 r*d，可查找“red”“read”等
3	<	单词的开头	如 <(com)，可查找“compute”“complex”等
4	>	单词的结尾	如 (en)>，可查找“pen”“ten”等，但不能查找“tent”等
5	[ ]	指定字符之一	如 l[ao]ck，可查找“lack”“lock”等
6	[x-z]	指定字符范围内的任意单个字符	如 [r-t]ing，可查找“ring”“sing”等。必须用升序表示范围
7	[!x-z]	指定字符范围外的任意单个字符	如 sha[!a-m]e，可查找“shape”“share”等，但不能查找“shade”“shake”等
8	{n}	前一字符或表达式重复 *n* 遍	如 com{2}，既可以查找“command”中的“comm”，也可以查找“community”中的“comm”
9	{n,}	前一字符或表达式至少重复 *n* 遍	如 com{1,}，既可以查找“compile”中的“com”，也可以查找“comment”中的“comm”
10	{n,m}	前一字符或表达式重复 *n*～*m* 遍	如 10{1,3}，可查找“10”“100”“1000”

续表

序号	通配符	查找目标	示例
11	@	前一字符或表达式重复一遍以上	如 go@d，可查找“god”“good”等

2. 通配符的使用

（1）查找内容的设置

查找内容可以设置为“数字.”，如“1.”“5.”“12.”等，可以用通配符表示，即“[0–9]{1,2}.”。

1）[0–9]：这是一个字符集，表示匹配任意一个数字字符，即 0~9 任意一个阿拉伯数字。

2）{1,2}：这是一个限定符，指定前面的字符集应该连续匹配一次或两次，例如，[0–9]{1,2} 表示匹配 0~99 任意数字。

3）.：表示序号后面的分隔点。

（2）替换内容的设置

替换内容可以设置为“^p^&”。

1）^p：表示要添加的段落标记。

2）^&：表示要查找的内容。

因此，分别在“查找和替换”对话框中的“替换”选项卡中的“查找内容”文本框中输入“[0–9]{1,2}.”、“替换为”文本框中输入“^p^&”，单击“全部替换”按钮，如图 4–1–3 所示，可以实现每个“数字.”的编号前增加一行空行。

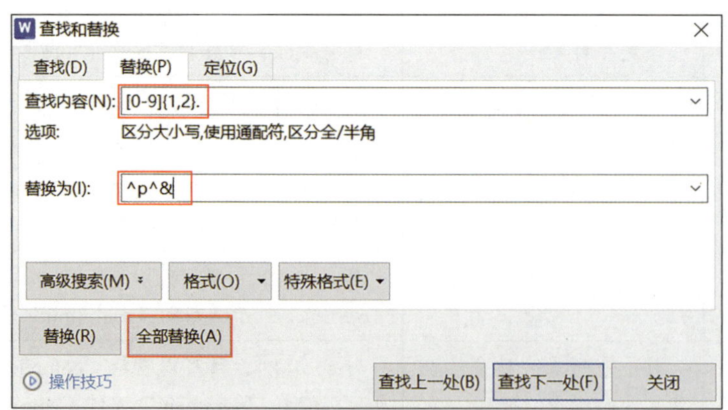

图 4–1–3　输入查找内容和替换内容

三、文档格式的查找和替换

1. 空行与空格的批量删除

在打开的文档中经常可以发现有多余的空行和空格，如图 4-1-4 所示。

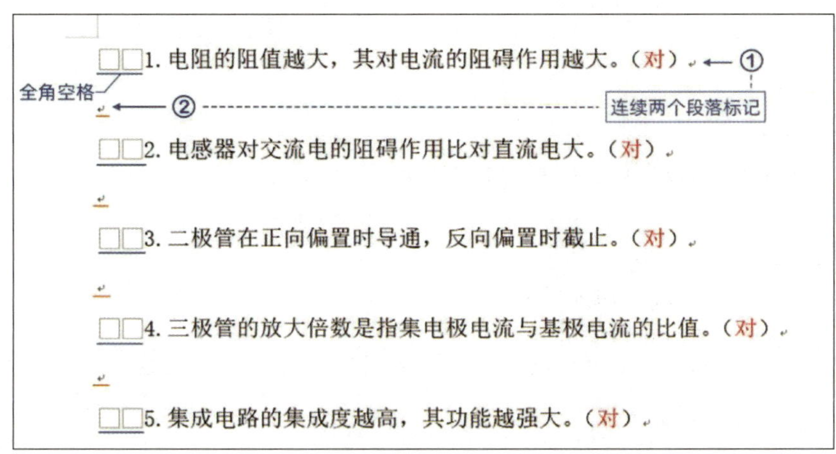

图 4-1-4　文档中的空行与空格

（1）空格的批量删除

单击“开始”选项卡中的“查找”分组中的“查找替换”下拉按钮或者按 Ctrl+H 组合键，切换至“查找和替换”对话框中的“替换”选项卡，在“查找内容”文本框中输入一个全角空格，在“替换为”文本框中不输入任何内容，单击“全部替换”按钮，如图 4-1-5 所示，即可在文档中删除所有的全角空格。

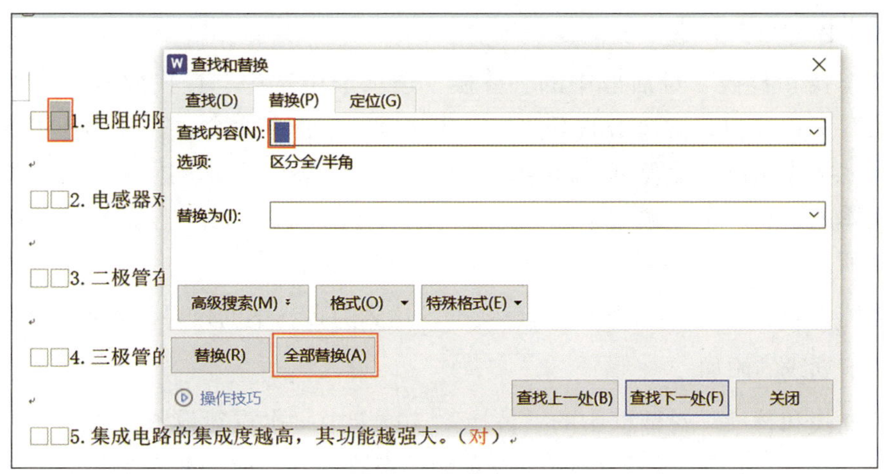

图 4-1-5　使用查找和替换功能删除空格

（2）空行的批量删除

可以在“查找和替换”对话框中的“替换”选项卡中的“查找内容”文本框中输入两个段落标记代码，即“^p^p”，在“替换为”文本框中输入“^p”，也可以单击“特殊格式”下拉按钮，在弹出的下拉列表中选择“段落标记”命令，在“替换为”文本框中输入“^p”，单击“全部替换”按钮，如图 4–1–6 所示，即可在文档中删除所有的空行。

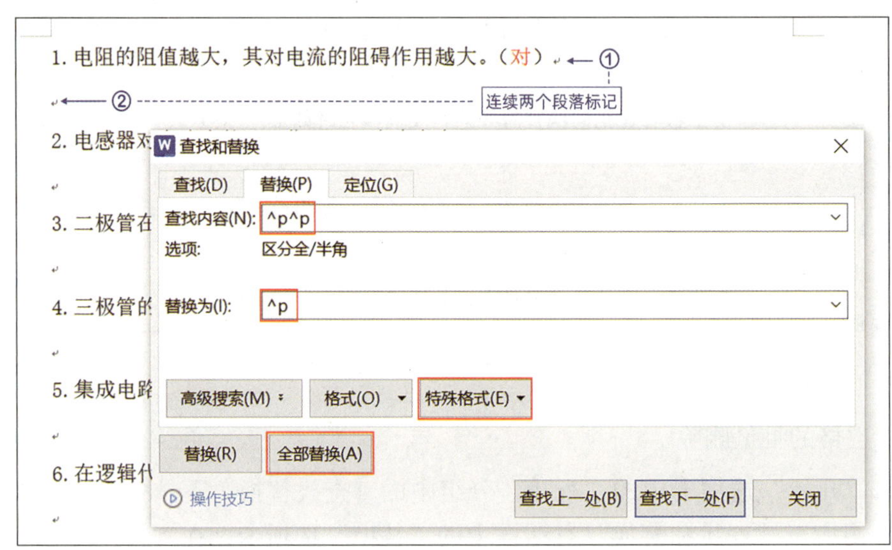

图 4–1–6　使用查找和替换功能删除空行

2. 文本格式的批量替换

（1）字体颜色的更改

在“查找和替换”对话框中的“替换”选项卡中选中“查找内容”文本框，单击“格式”下拉按钮，在弹出的下拉列表中选择“字体”命令，打开“查找字体”对话框，将“字体颜色”设置为“标准颜色”中的“红色”，采用同样的方法，选中“替换为”文本框，将“字体颜色”设置为“白色，背景 1”，单击“全部替换”按钮，如图 4–1–7 所示。

将文档中的红色文本全部改为白色文本，达到隐藏答案的效果，如图 4–1–8 所示。

（2）下划线的添加

在“查找和替换”对话框中的“替换”选项卡中每次重新设置格式时，必须先清除原有格式设置。单击需要清除格式设置的“查找内容”或“替换为”文本框，单击“格式”下拉按钮，选择“清除格式设置”命令即可，如图 4–1–9 所示。

设置查找和替换文本的格式，单击“全部替换”按钮，如图 4–1–10 所示。文档中的红色文本全部修改为带下划线的白色文本，批量生成填空栏。

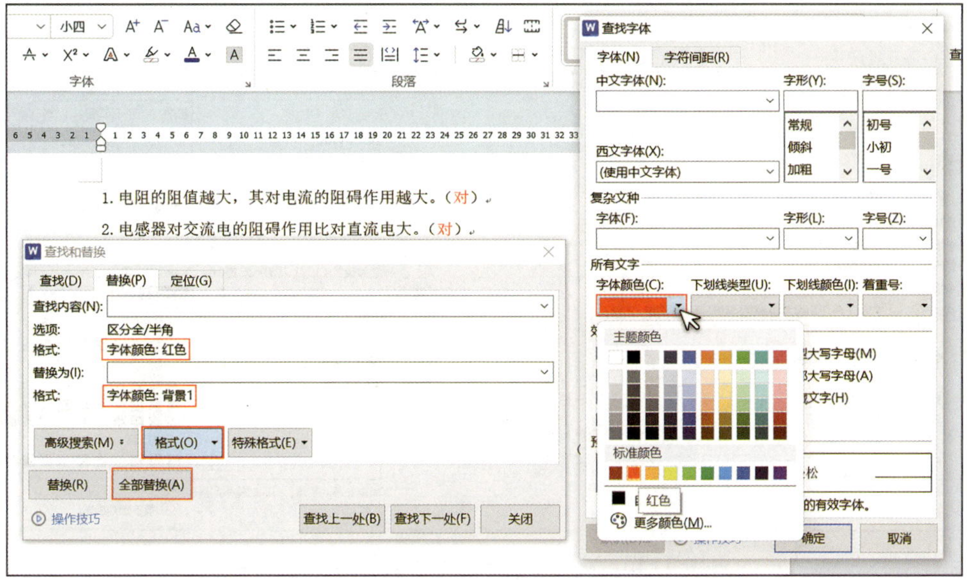

图 4-1-7　使用查找和替换功能更改字体颜色

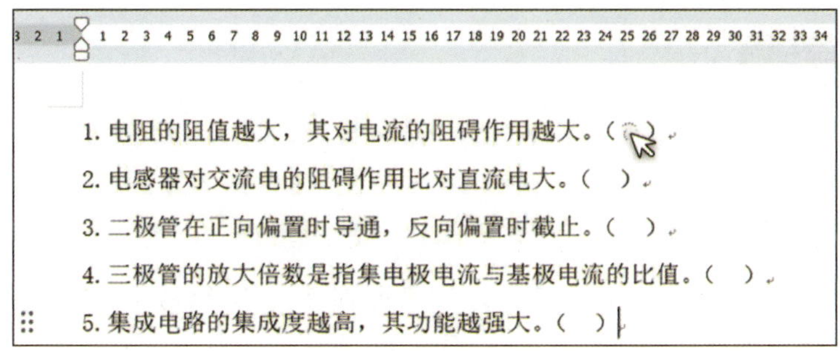

图 4-1-8　隐藏答案的效果

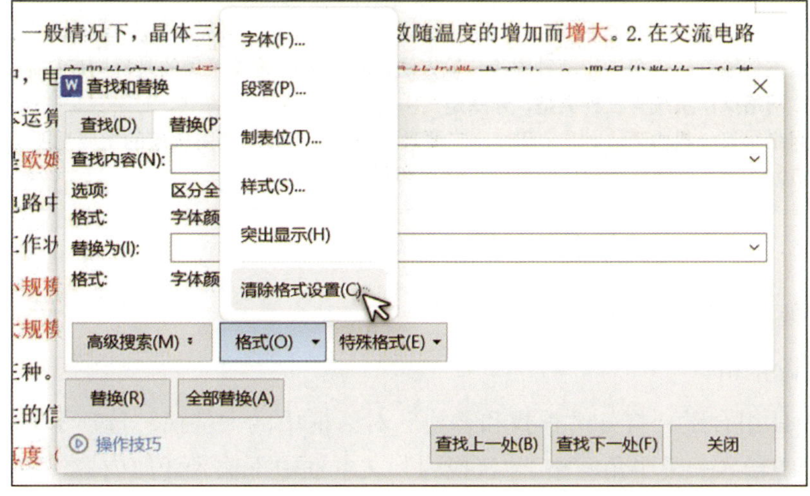

图 4-1-9　清除格式设置

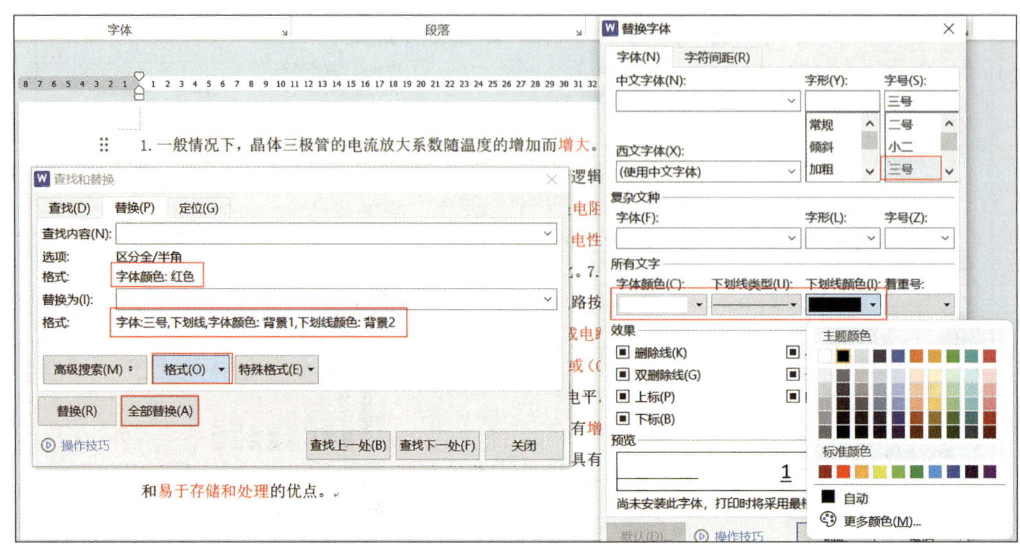

图 4-1-10　使用查找和替换功能添加下划线等

1. 打开文档

打开“素材\项目四”文件夹中的“填空题（原稿）.docx”文档，文档中的红色文本为答案内容，如图 4-1-11 所示，将其另存到“E:\网络技术基础试卷”文件夹中，文件名称为“1 填空题 .docx”。

1. 常见的网络拓扑结构有星型、总线型、环型、树型、网状和混合型等。··2. 数据传输有同步和异步两种同步传输方法，其·中异步传输采用的是群同步技术。· 3. 网络操作系统有三种类型，分别是集中式、客户/服务器模式、对等式。···4. 网络协议一般由语法、语义和时序三要素组成。····5. 网络防火墙的主要功能有·访问控制、数据包过滤、网络地址转换和日志记录等。

图 4-1-11　填空题（原稿）的文档内容

2. 替换文档格式

（1）删除空格

按 Ctrl+H 组合键，打开“查找和替换”对话框中的“替换”选项卡，在“查找内容”文本框中输入一个半角空格、“替换为”文本框中不输入任何内容，单击“全部替换”按钮，即可删除所有半角空格。

（2）更改字体颜色和添加下划线

在“查找和替换”对话框中的“替换”选项卡中，清除“查找内容”和“替换为”文本框中的内容和格式设置。先选中“查找内容”文本框，设置“字体颜色”为“标准颜色”中的“红色”，再选中“替换为”文本框，设置“字号”为“三号”、“字体颜色”为“白色，背景 1”、“下划线类型”为“标准单实线”、“下划线颜色”为“黑色，文本 1”，单击“全部替换”按钮，如图 4–1–12 所示。

1. 常见的网络拓扑结构有______、________、______、树型、网状和混合型等。2. 数据传输有______和______两种同步传输方法，其中__________采用的是群同步技术。3. 网络操作系统有三种类型，分别是________、____________________、________。4. 网络协议一般由______、______和______三要素组成。5. 网络防火墙的主要功能有___________、_____________、________________和日志记录等。

图 4–1–12　替换后的填空题（原稿）文档内容

3. 使用通配符替换格式

（1）启用通配符搜索功能

在“查找和替换”对话框中的“替换”选项卡中单击“高级搜索”下拉按钮，在展开的“高级搜索”隐藏面板中勾选“使用通配符”复选框，如图 4–1–13 所示。

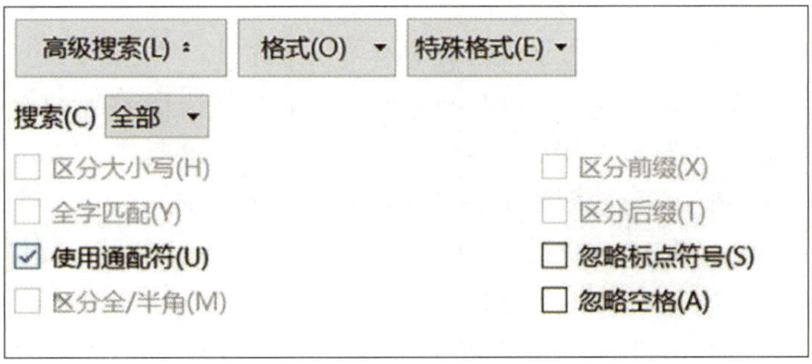

高级搜索(L)　格式(O)　特殊格式(E)
搜索(C) 全部
区分大小写(H)　区分前缀(X)
全字匹配(Y)　区分后缀(T)
使用通配符(U)　忽略标点符号(S)
区分全/半角(M)　忽略空格(A)

图 4–1–13　勾选“使用通配符”复选框

（2）清除格式设置

在“查找和替换”对话框中的“替换”选项卡中单击“格式”下拉按钮，在弹出的下拉列表中选择“清除格式设置”命令。

（3）设置查找内容和替换内容

分别在“查找内容”文本框中输入“[0–9]{1,2}.”、“替换为”文本框中输入“^p^&”，或者分别在“查找内容”文本框中输入“([0–9]@).”、“替换为”文本框中输入“^p\1.”，需要注意的是，这里必须输入英文字符，单击“全部替换”按钮，完成填空题（原稿）文档中各小题的分段处理，如图 4–1–14 所示。

1. 常见的网络拓扑结构有_____、_______、_____、树型、网状和混合型等。
2. 数据传输有_____和_____两种同步传输方法，其中__________采用的是群同步技术。
3. 网络操作系统有三种类型，分别是_______、_______________、_______。
4. 网络协议一般由_____、_____和_____三要素组成。
5. 网络防火墙的主要功能有__________、_____________、_______________和日志记录等。

图 4–1–14　使用通配符替换格式后的文档内容

4. 保存和关闭文档

按 Ctrl+S 组合键保存文档后关闭文档。

采用相同的方法，对“简答题（原稿）.docx”“综合题（原稿）.docx”文档的内容进行处理，并分别另存为“3 简答题 .docx”“4 综合题 .docx”。

提示

如何进行手机号码的隐私保护处理？

使用 WPS 文字打印快递单时，需要将快递单上的手机号码进行打码，确保客户信息安全。如将手机号码中间 4 位数改成“*”，可以通过使用高级查找和替换功能批量完成修改。

（1）用 WPS 文字打开包含快递单的文档，使用 Ctrl+H 组合键打开“查找和替换”对话框。

（2）切换输入法为英文输入法，在“替换”选项卡中的“查找内容”文本框中输入“([0–9]{3})([0–9]{4})([0–9]{4})”，表示用“( )”将 11 位手机号码拆分为 3 组，分别对应 3、4、4 个数字。在“替换为”文本框中输入“\1****\3”，其中，“\1”“\3”表示第一组、第三组查找到的字符保持不变，第二组 4 个数字用 4 个“*”替换。勾选“使用通配符”复选框，开启通配符搜索功能，单击“全部替换”按钮，如图 4–1–15 所示。

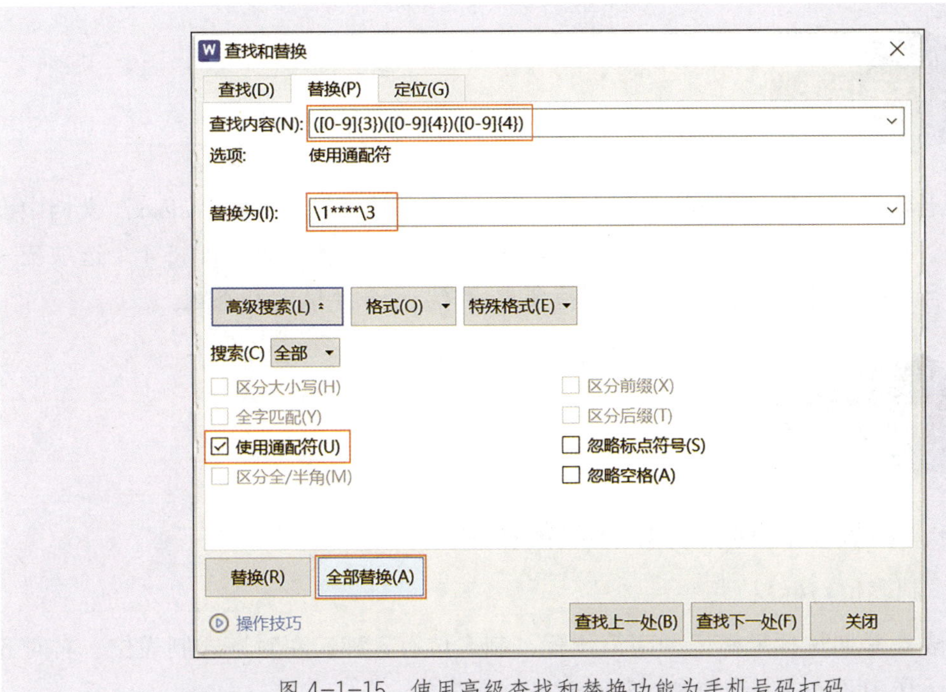

图 4-1-15　使用高级查找和替换功能为手机号码打码

（3）替换完成后，该文档中的所有匹配的手机号码中间 4 个数字全都替换为“*”。

任务 2　使用制表符对齐文本

1. 能够了解制表位、制表符和标尺之间的关系。
2. 能够在文档中进行制表位的设置。
3. 能够运用制表符对齐文本，提高排版效率。

张老师使用 WPS 文字的制表符对齐功能，在“选择题（原稿）.docx”文档中设置制表位，批量插入制表符，对所有选择题的选项进行对齐处理，即将 4 个选项统一排列成 2 行 2 列，既符合制卷格式和规范要求，又方便学生阅卷和答题。

一、制表位、制表符和标尺的关系

1. 制表位与标尺

制表位是通过标尺标记的字符位置，制表位有 4 种：左对齐式制表位、右对齐式制表位、居中对齐式制表位和小数点对齐式制表位。

开启标尺显示功能后，在水平标尺的左侧有一个制表位切换按钮 ，此时表示的是左对齐式制表位。如果标尺处于隐藏状态，则可以直接单击“标尺”按钮，开启标尺显示功能。在水平标尺的刻度下方单击便可插入一个制表位，如图 4-2-1 所示。

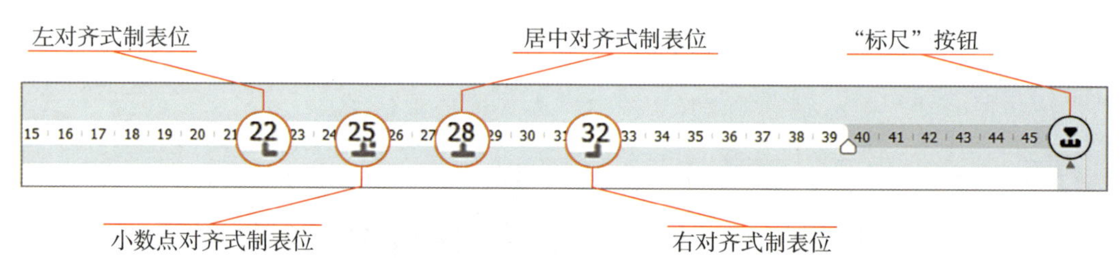

图 4-2-1　标尺与制表位

2. 制表位与制表符

在水平标尺上设置制表位后，在输入的文本前按 Tab 键就会插入一个制表符 → ，可将文本移动到下一个制表位，如图 4-2-2 所示。

二、制表位的设置

1. 标尺的使用

开启标尺显示功能，单击水平标尺左侧的制表位切换按钮 可以切换制表位，例如，在弹出的下拉列表中选择“居中对齐式制表位”命令，如图 4-2-3 所示，制表位切换按钮的图标更改为“居中对齐式制表位”图标 。

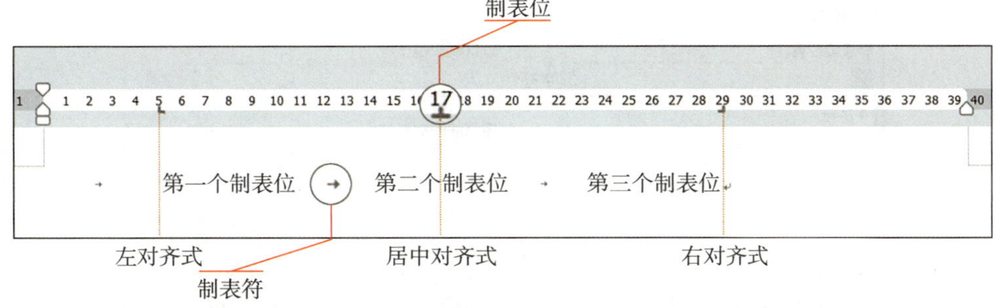

图 4-2-2　制表位与制表符

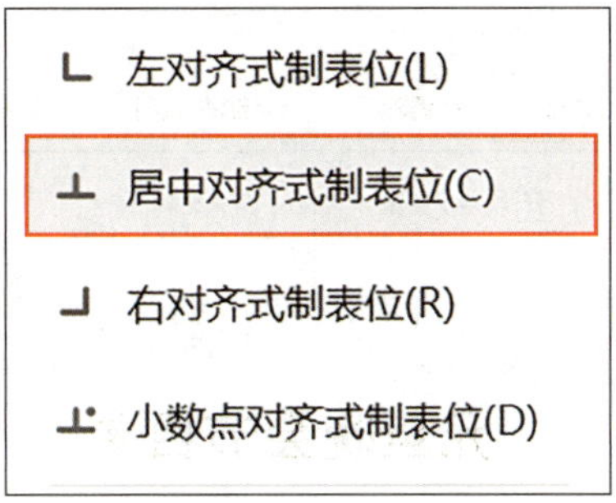

左对齐式制表位(L)
居中对齐式制表位(C)
右对齐式制表位(R)
小数点对齐式制表位(D)

图 4-2-3　切换制表位

在水平标尺的刻度下方单击，标尺上就会出现一个制表位 ⊥ 。在制表位下方再次单击或将制表位拖出标尺区域即可清除已有的制表位。按住 Alt 键后，可以用鼠标拖动水平标尺上的制表位对其位置进行微调。

2. 制表位的插入

单击“开始”选项卡中的“段落”分组中的“制表位”按钮，打开“制表位”对话框，可以对制表位位置、对齐方式、前导符等参数进行设置。

在“制表位”对话框中的“制表位位置”文本框中输入“4”，在“对齐方式”中选中“左对齐”单选按钮，在“前导符”中选中“5 ……”单选按钮，单击“设置”按钮，即可在水平标尺 4 字符位置插入一个左对齐式制表位。

接下来，继续在“制表位位置”文本框中分别输入“14”“28”，其他操作与上述方法相同，如图 4-2-4 所示，即可在水平标尺 14 字符、28 字符位置插入多个制表位。

三、制表符的插入

分别在需要对齐的文本前面按 Tab 键插入一个制表符，该文本即可自动对齐到下一个制表位，如图 4-2-5 所示。

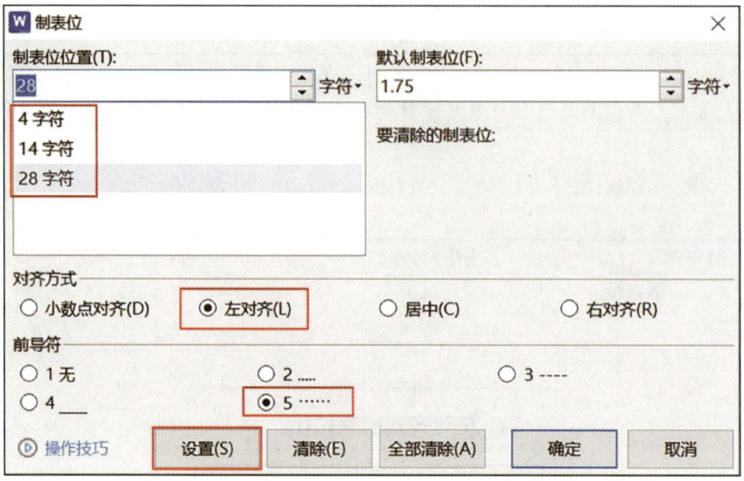

图 4-2-4　插入多个制表位

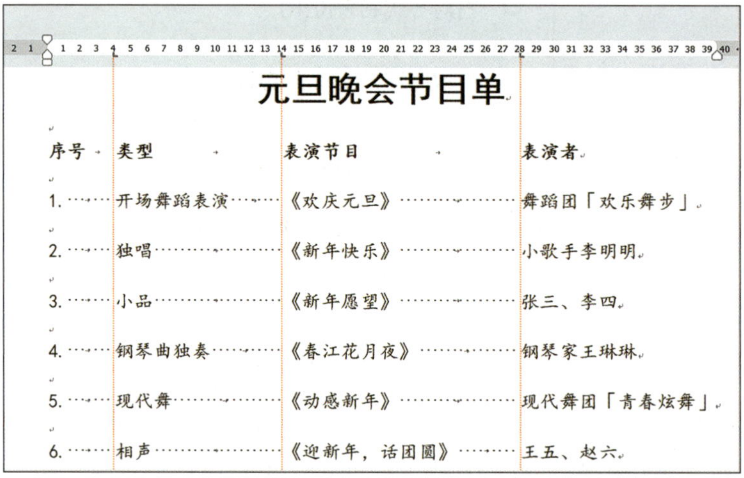

元旦晚会节目单

序号	类型	表演节目	表演者
1.	开场舞蹈表演	《欢庆元旦》	舞蹈团「欢乐舞步」
2.	独唱	《新年快乐》	小歌手李明明
3.	小品	《新年愿望》	张三、李四
4.	钢琴曲独奏	《春江花月夜》	钢琴家王琳琳
5.	现代舞	《动感新年》	现代舞团「青春炫舞」
6.	相声	《迎新年，话团圆》	王五、赵六

图 4-2-5　插入制表符对齐文本

1. 打开文档

打开“素材 \ 项目四”文件夹中的“选择题（原稿）.docx”文档，文档中的红色文本是答案，如图 4-2-6 所示，并将此文档另存到“E:\ 网络技术基础试卷”文件夹中，文件名称为“2 选择题 .docx”。

根据上一任务中的方法，使用查找和替换功能将红色文本批量更改为白色文本，将括号内的答案隐藏起来。

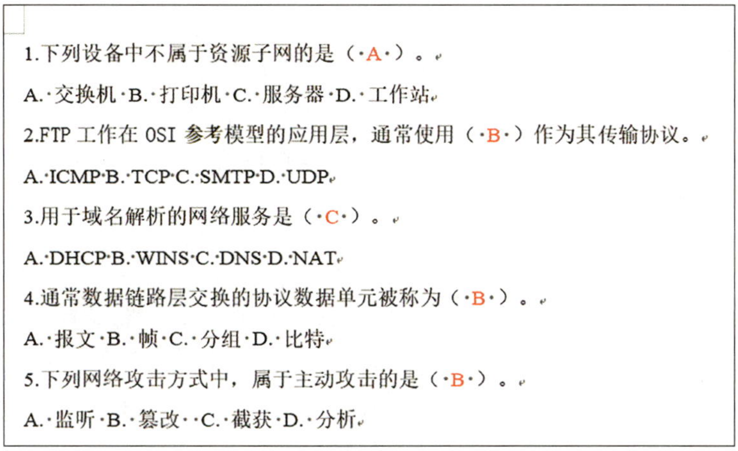

1.下列设备中不属于资源子网的是（·A·）。

A.·交换机·B.·打印机·C.·服务器·D.·工作站

2.FTP 工作在 OSI 参考模型的应用层，通常使用（·B·）作为其传输协议。

A.·ICMP·B.·TCP·C.·SMTP·D.·UDP

3.用于域名解析的网络服务是（·C·）。

A.·DHCP·B.·WINS·C.·DNS·D.·NAT

4.通常数据链路层交换的协议数据单元被称为（·B·）。

A.·报文·B.·帧·C.·分组·D.·比特

5.下列网络攻击方式中，属于主动攻击的是（·B·）。

A.·监听·B.·篡改··C.·截获·D.·分析

图 4-2-6 选择题（原稿）的文档内容

2. 运用制表符对齐文本

（1）方法一：逐个使用制表符

1）设置制表位

要将每道选择题的 4 个选项排列成 2 行 2 列，即将“A.”“B.”或“C.”“D.”选项分别排成一行，在此只要设置两个制表位即可。

将光标置于选择题第一题的选项处，打开“制表位”对话框，在“制表位位置”文本框中输入“2”，在“对齐方式”中选中“左对齐”单选按钮，在“前导符”中选中“1 无”单选按钮，单击“设置”按钮，即可在水平标尺 2 字符位置插入一个制表位。以同样的方法再设置一个水平标尺 22 字符位置的制表位，单击“确定”按钮，如图 4-2-7 所示。

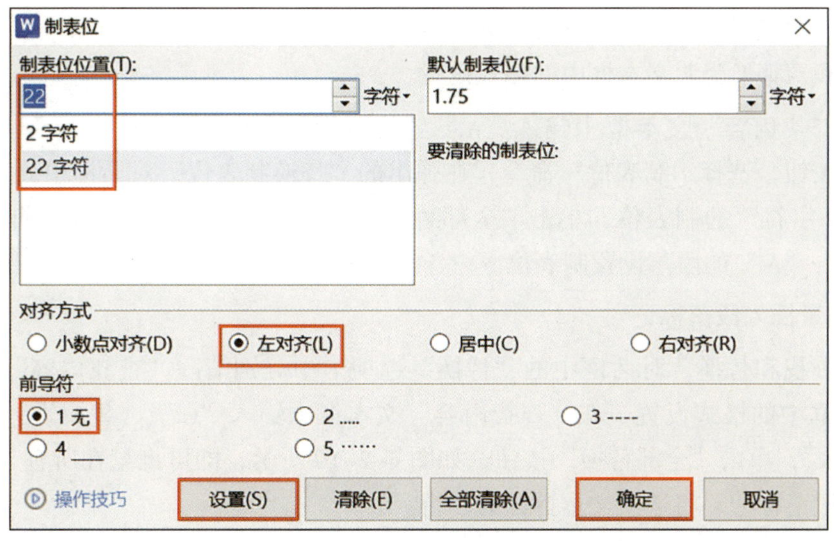

图 4-2-7 设置制表位

2）复制粘贴格式

用户可以通过复制粘贴格式设置其他选项文本的制表位。首先将光标定位在已设置制表位的选项段落中，使用 Ctrl+Shift+C 组合键复制格式，然后将光标定位在要设置制表位的选项段落中，使用 Ctrl+Shift+V 组合键粘贴格式。

3）插入制表符

先将光标定位在需要对齐的第一题的选项文本前，如“A.”前，按 Tab 键即可插入一个制表符，将“A.”选项文本左对齐到第一个制表位。然后将光标定位在“B.”前，按 Tab 键插入一个制表符，将“B.”选项文本左对齐到第二个制表位。

在“C.”前按 Enter 键，“C.”“D.”选项文本另起一行，分别按 Tab 键插入制表符，如图 4-2-8 所示。

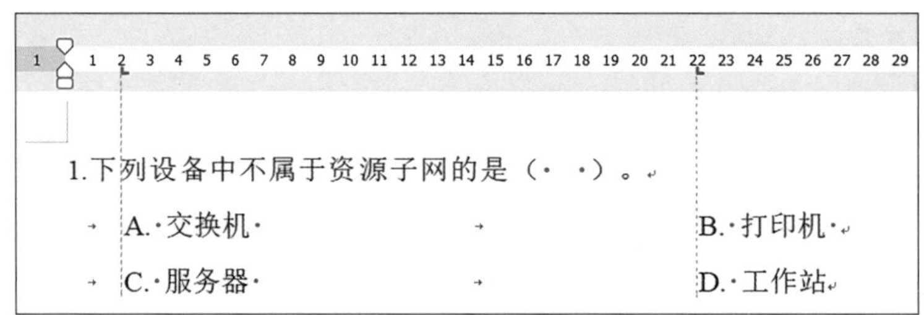

图 4-2-8　插入制表符

采用相同的方法，可以继续进行其他选择题的对齐排版操作。为提高排版效率，还可以通过高级查找和替换功能完成选择题的排版。

（2）方法二：批量使用制表符

1）批量设置制表位

按 Ctrl+H 组合键打开“查找和替换”对话框中的“替换”选项卡，分别清除“查找内容”和“替换为”文本框中的格式设置。

在“查找内容”文本框中输入“A.”、“替换为”文本框中输入“^&”，单击“格式”下拉按钮，选择“制表位”命令，在弹出的“替换制表位”对话框中分别设置“2 字符”“22 字符”的制表位，单击“全部替换”按钮，如图 4-2-9 所示，即可对文档中所有包含“A.”的段落设置制表位。

2）批量插入段落标记

在“查找和替换”对话框中的“替换”选项卡中分别清除“查找内容”和“替换为”文本框中的格式设置。在“查找内容”文本框中输入“C.”、“替换为”文本框中输入“^P^&”，单击“全部替换”按钮，如图 4-2-10 所示，即可批量在所有“C.”之前插入一个段落标记，将选项文本拆分为 2 行。

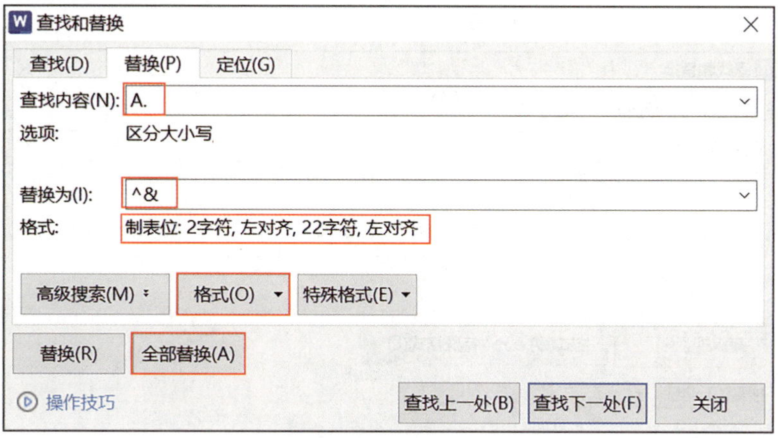

图 4-2-9　批量设置制表位

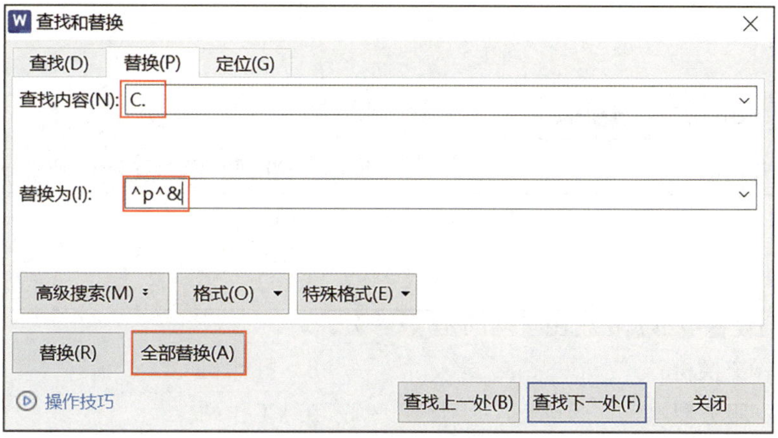

图 4-2-10　批量插入段落标记

3）批量插入制表符

在“查找和替换”对话框中的“替换”选项卡中分别清除“查找内容”和“替换为”文本框中的格式设置。

单击“高级搜索”下拉按钮，勾选“使用通配符”复选框，开启通配符搜索功能。

在“查找内容”文本框中输入“[A-D].”，其中，“[A-D]”表示 A~D 范围内的任意单个字符，在其后加上“.”可以提高搜索的精准度；在“替换为”文本框中输入“^t^&”，其中，“^t”指制表符，“^&”指查找的内容，表示在查找的内容（如“A.”等）前插入制表符→，单击“全部替换”按钮，如图 4-2-11 所示，实现批量插入制表符。

完成后的文档效果如图 4-2-12 所示。

3. 保存和关闭文档

按 Ctrl+S 组合键保存文档后关闭文档。

图 4-2-11　批量插入制表符

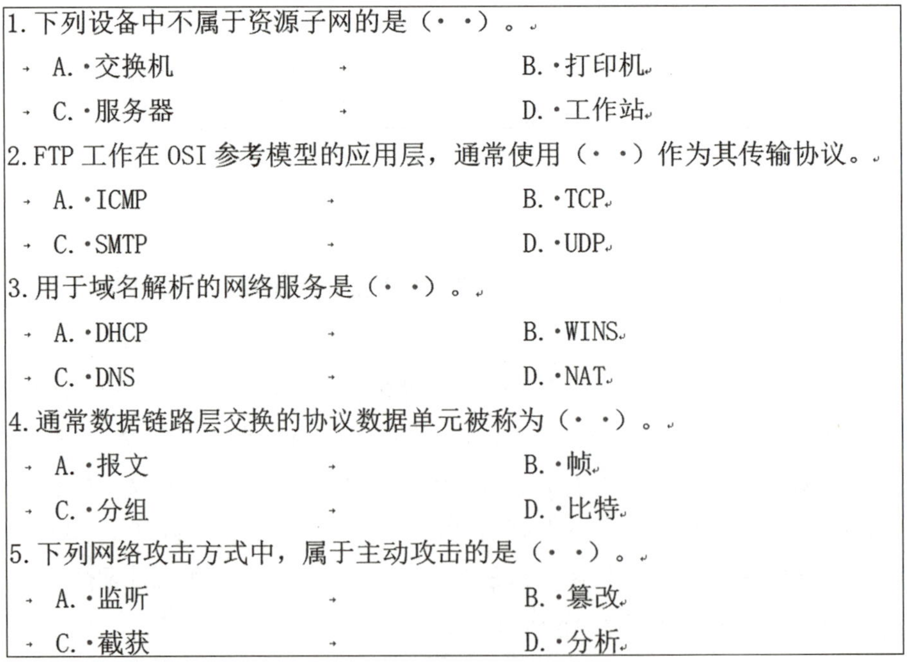

1. 下列设备中不属于资源子网的是（· ·）。↵
→ A.·交换机 → B.·打印机↵
→ C.·服务器 → D.·工作站↵
2. FTP 工作在 OSI 参考模型的应用层，通常使用（· ·）作为其传输协议。↵
→ A.·ICMP → B.·TCP↵
→ C.·SMTP → D.·UDP↵
3. 用于域名解析的网络服务是（· ·）。↵
→ A.·DHCP → B.·WINS↵
→ C.·DNS → D.·NAT↵
4. 通常数据链路层交换的协议数据单元被称为（· ·）。↵
→ A.·报文 → B.·帧↵
→ C.·分组 → D.·比特↵
5. 下列网络攻击方式中，属于主动攻击的是（· ·）。↵
→ A.·监听 → B.·篡改↵
→ C.·截获 → D.·分析↵

图 4-2-12　使用制表符的文档效果

提示

如何使用小数点对齐式制表位？

在 WPS 文字中，处理表格数据并使其看起来整洁有序是非常必要的，特别是在处理包含小数点的数据时，确保它们在垂直方向上对齐不仅可以提高表格的可读性，还能使数据更加易于理解和分析。

通常可以通过设置小数点对齐式制表位实现小数点的垂直对齐，如图 4-2-13 所示，具体操作如下。

办公设备耗材采购清单

序号	品名	规格	单位	单价（元）	数量	小计（元）
1	打印纸	A4	包	18.5	10	185
2	喷墨打印机墨盒	黑色	个	56.9	3	170.7
3	喷墨打印机墨盒	彩色	个	78.2	3	234.6
4	激光打印机碳粉盒	黑白	个	120	5	600
5	USB 3.0 闪存盘	16 GB	个	35.6	2	71.2
6	SD 存储卡	32 GB	个	28.9	5	144.5
7	外接硬盘	1 TB	个	300.5	1	300.5
8	Cat 6 网线	10 m	条	25.75	3	77.25
9	HDMI 线	2 m	条	36.8	3	110.4

图 4-2-13　设置小数点对齐式制表位

打开 WPS 文字文档，并分别选中表格中每列需要对齐的数据所在的单元格，打开“制表位”对话框，在“制表位位置”文本框中输入“3”，在“对齐方式”中选中“小数点对齐”单选按钮，在“前导符”中选中“1 无”单选按钮，单击“设置”按钮，单击“确定”后关闭“制表位”对话框。表格中的数据已经实现了小数点的垂直对齐。

注意：设置小数点对齐式制表位时，表格的单元格对齐方式要保持默认的“两端对齐”。

任务 3　插入页眉页脚和文档部件

1. 能够在文档中设置页眉页脚。
2. 能够在文档中快速插入自动图文集。
3. 能够进行域的编辑和更新操作。

张老师首先创建了一份新的试卷文档，并将预先准备好的填空题、选择题、简答题及综合题等各部分文档整合其中，随后他对整个文档进行了细致的页面布局与格式优化，以提升试卷的专业性和可读性，他在页眉页脚编辑状态下添加了密封线，并对页码域进行了必要的编辑和更新，最终张老师完成了一份专业、简洁且符合规范的试卷文档。

一、页眉页脚的设置

页眉位于文档每个页面的顶部区域，通常用于显示文档名、章节标题、企业 logo 等图文信息。页脚则位于文档每个页面的底部区域，通常用于显示页码。

1．页眉页脚编辑状态

（1）进入页眉页脚编辑状态

进入页眉页脚编辑状态后，光标会停留在页眉或页脚的编辑区，自动切换到“页眉页脚”选项卡，正文文本呈灰色显示，不能编辑。进入页眉页脚编辑状态通常有以下几种方法。

1）单击“插入”选项卡中的“页”分组中的“页眉页脚”按钮。

2）单击“页面”选项卡中的“页眉页脚”分组中的“页眉页脚”按钮。

3）双击文档的顶部页眉区域或底部页脚区域。

（2）退出页眉页脚编辑状态

退出页眉页脚编辑状态通常有以下两种方法。

1）单击“页眉页脚”选项卡中的“关闭”分组中的“关闭”按钮。

2）双击文档正文区域。

2. 页眉页脚的选项

（1）“页眉 / 页脚设置”对话框

单击“页眉页脚”选项卡中的“选项”分组中的“页眉页脚选项”按钮，打开“页眉 / 页脚设置”对话框。在默认情况下，在文档中的任意一页插入页眉页脚后，所有页面都会插入相同的页眉页脚。在此对话框中，可以设置首页与其他页、奇数页与偶数页的页眉页脚不同，还可以设置页眉横线的显示与隐藏以及页码显示的位置等，如图 4–3–1 所示。

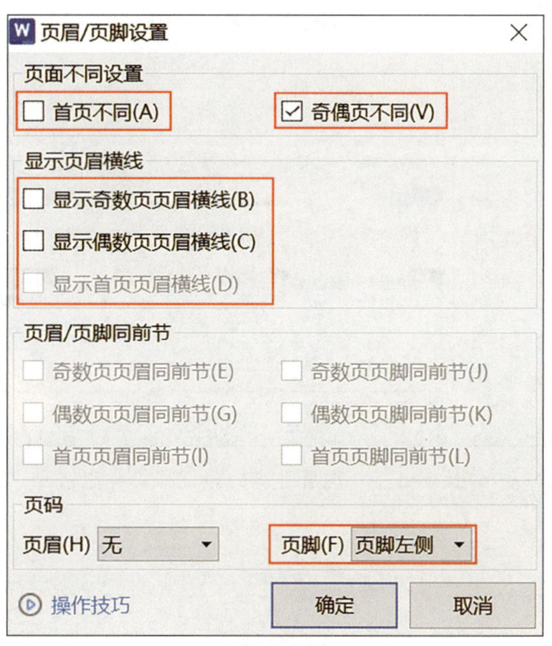

图 4–3–1　“页眉 / 页脚设置”对话框

（2）页眉页脚的位置

在“页眉页脚”选项卡中的“位置”分组中可以设置页眉页脚的位置，如图 4–3–2 所示。

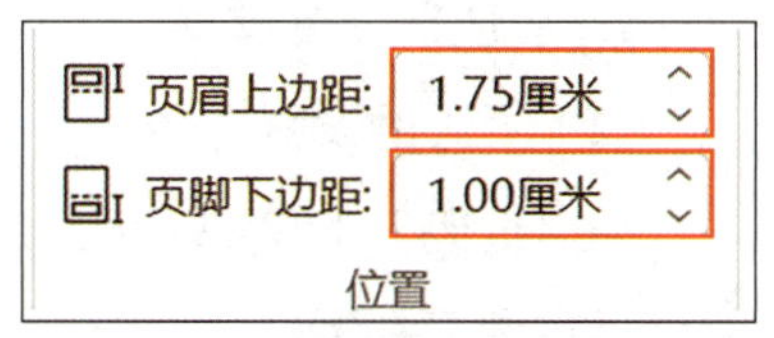

图 4–3–2　页眉页脚位置的设置

3. 页眉页脚的预设样式

WPS 文字在“页眉页脚”选项卡中提供了“配套组合”“页眉”“页脚”“页码”“页眉横线”等多种预

设样式，为用户快速设置页眉页脚带来极大的便利。

单击“页眉页脚”选项卡中的“页眉页脚”分组中的“配套组合”下拉按钮，在弹出的下拉菜单中包含了多种风格的“稻壳配套组合”页眉页脚的预设样式类型，如商务风、简约风、节日、小清新等，如图 4–3–3 所示。

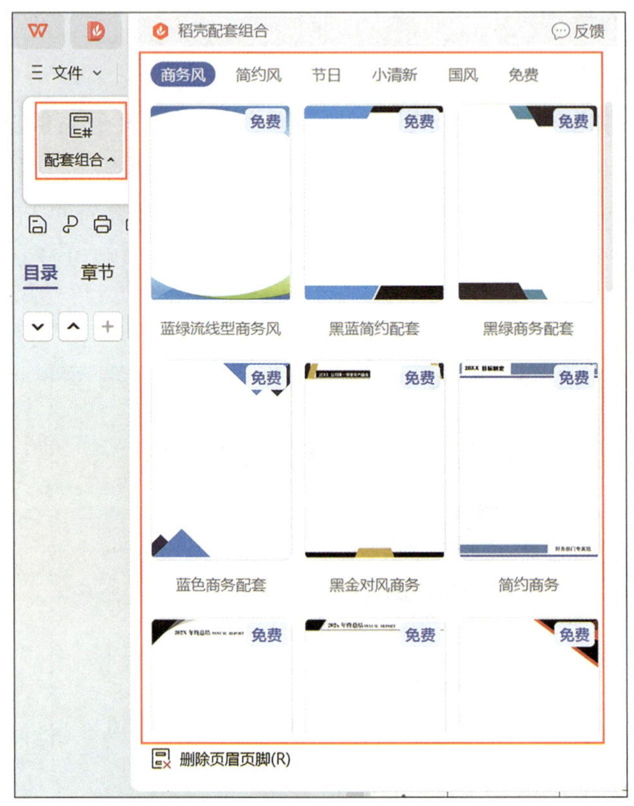

图 4–3–3　页眉页脚的预设样式类型

4. 页码的设置

（1）页码的样式

单击“页眉页脚”选项卡中的“页眉页脚”分组中的“页码”下拉按钮，在弹出的下拉菜单中除了有 10 种软件内置的页码预设样式，还有不同风格的稻壳页码样式类型，如简约风、商务风、卡通风等，选择“页码”命令，如图 4–3–4 所示，可以打开“页码”对话框进行设置。

（2）页码的设置

在“页码”对话框中可以设置样式、位置、页码编号和应用范围，如在“样式”中可以选择“1,2,3...”“–1–,–2–,–3–...”“第 1 页”等，单击“确定”按钮，如图 4–3–5 所示，就可以在文档中插入页码。

图 4-3-4　页码的样式和“页码”命令

二、自动图文集的设置

自动图文集是 WPS 文字中一项非常实用的功能，可以将较为复杂又要经常使用的文本、图形或表格存储起来，以便在使用时能快速插入到文档中。

1. 自动图文集的创建

在文档中选中需要存储到自动图文集中的文本、图形或表格。单击“插入”选项卡中的“部件”分组中的“文档部件”下拉按钮，在弹出的下拉菜单中选择“自动图文集”→“将所选内容保存到自动图文集库”命令，打开“新建构建基块”对话框，输入构建基块的名称，并选择合适的选项设置其插入方式，单击“确定”按钮，保存构建基块，如图 4-3-6 所示。

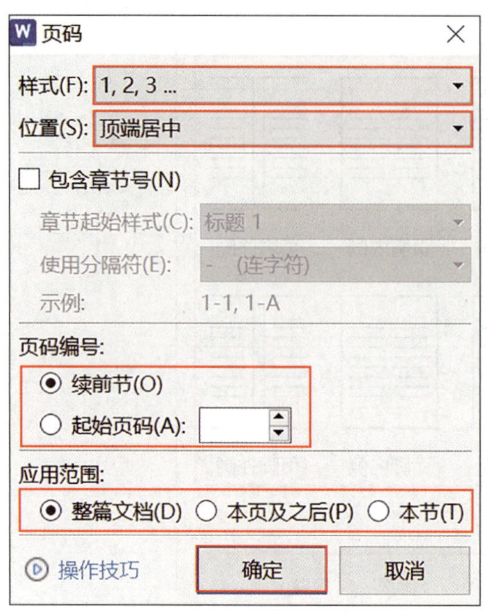

图 4-3-5 “页码”对话框

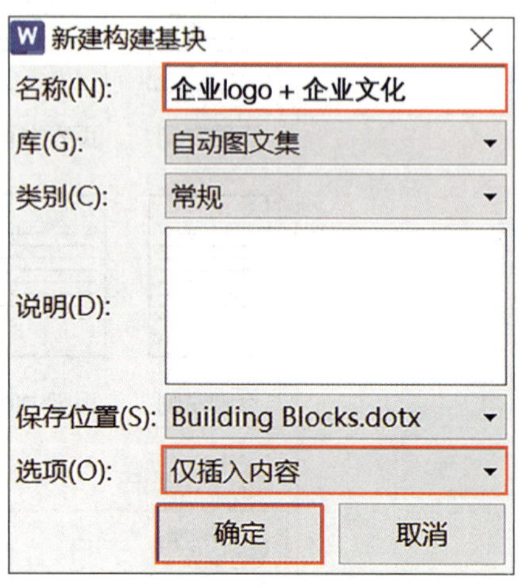

图 4-3-6 “新建构建基块”对话框

2. 自动图文集的插入

将光标移到要插入自动图文集的位置，单击“插入”选项卡中的“部件”分组中的“文档部件”下拉按钮，在弹出的下拉菜单中选择“自动图文集”→“企业 logo+ 企业文化”命令，如图 4-3-7 所示。

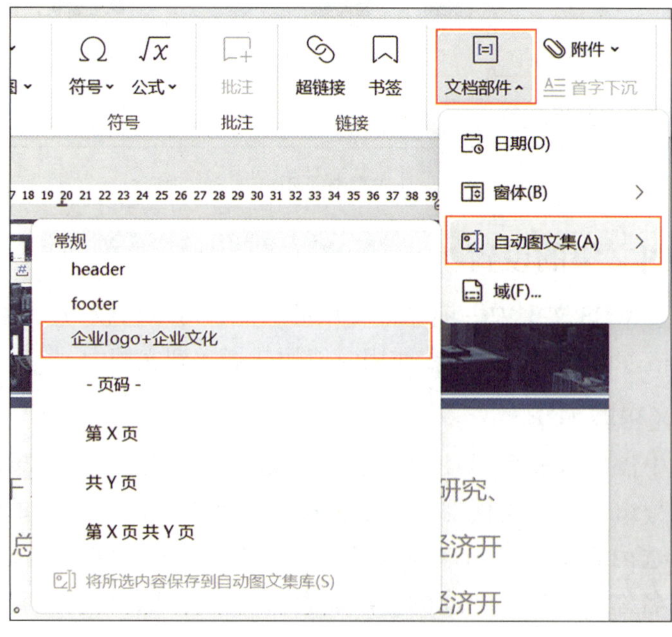

图 4-3-7 插入自动图文集

3. 自动图文集的管理

如果需要编辑已有的自动图文集条目，可以在“自动图文集”子菜单中的条目上单击鼠标右键，在弹出的快捷菜单中选择“编辑属性”或“删除”等命令管理自动图文集，如图 4–3–8 所示。

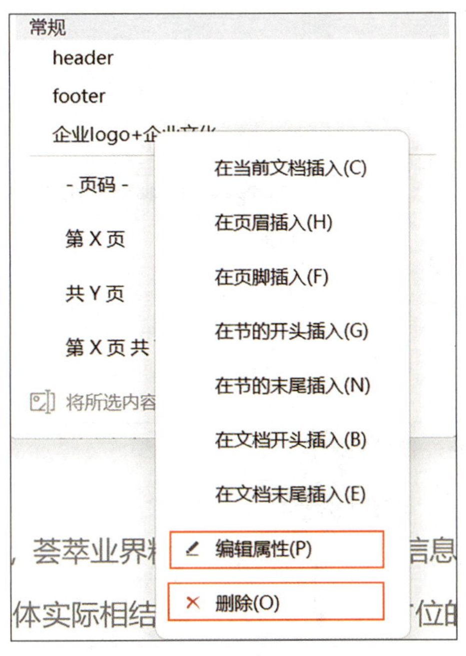

图 4–3–8 管理自动图文集

三、域的编辑和更新

1. 域的插入

域是 WPS 文字文档中的一个占位符区域，先在这个区域中输入域代码，然后将域代码转换为相关内容并显示。

单击“插入”选项卡中的“部件”分组中的“文档部件”下拉按钮，在弹出的下拉菜单中选择“域”命令，打开“域”对话框，用户选择要插入的域，在“域代码”文本框中输入域代码，单击“确定”按钮，如图 4–3–9 所示。

注意：按 Ctrl+F9 组合键（笔记本电脑按 Fn+Ctrl+F9 组合键）会出现一对花括号，域代码只能在花括号内输入，不能用键盘直接输入“{”“}”符号。

2. 域的编辑

在文档中选中域区域文本，单击鼠标右键，在弹出的快捷菜单中选择“切换域代码”命令，或者按 Shift+F9 组合键（笔记本电脑按 Fn+Shift+F9 组合键），可以在显示文本和域代码之间切换，如图 4–3–10 所示。

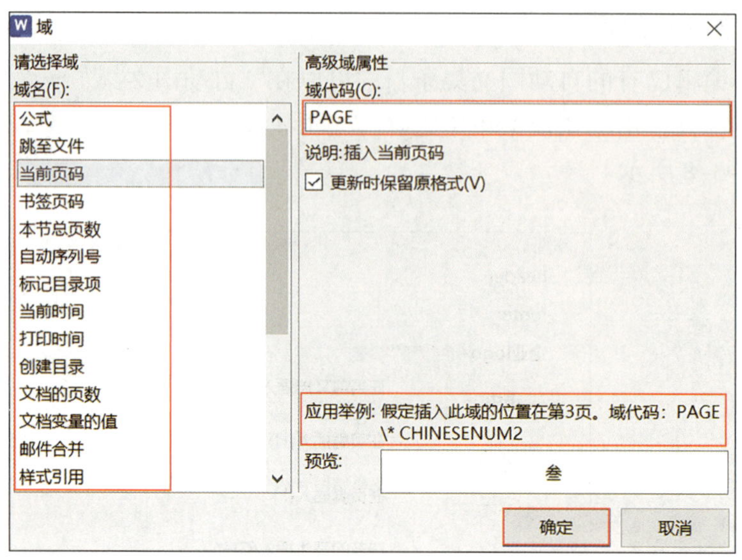

图 4-3-9 “域”对话框

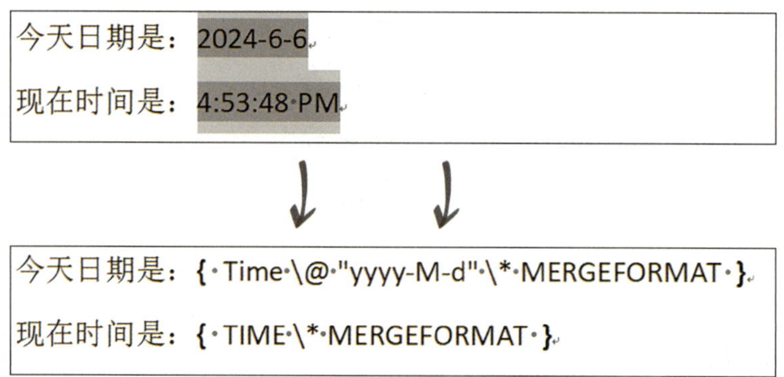

图 4-3-10 切换域代码

在右键快捷菜单中选择“域编辑”命令，可以打开“域”对话框进行域编辑。如将“{ Time \@ "yyyy-M-d" * MERGEFORMAT }”修改为“{ Time \@ "yyyy' 年 'M' 月 'd' 日 '" * MERGEFORMAT }”。

3. 域的更新

选中需要更新的域区域文本，单击鼠标右键，在弹出的快捷菜单中选择“更新域”命令，或者按 F9 键（笔记本电脑按 Fn+F9 组合键），可以将域代码的数据或格式进行更新显示。

1. 新建和保存文档

（1）新建空白文档

按 Ctrl+N 组合键新建空白文档，输入文档标题“× × 年 × 学期《网络技术基础》期末考试题（A 卷）”。

（2）保存文档

按 Ctrl+S 组合键，弹出“另存为”对话框，选择保存路径，在“文件类型”中选择“Microsoft Word 文件 (*.docx)”，设置“文件名称”为“网络技术基础期末考试题 .docx”。

2. 合并多个文档

单击“插入”选项卡中的“部件”分组中的“附件”下拉按钮，在弹出的下拉菜单中选择“文件中的文字”命令，打开“插入文件”对话框，选择“E:\ 网络技术基础试卷”文件夹中的所有文档，单击“打开”按钮，如图 4-3-11 所示，就可以将填空、选择、简答和综合等题型的文本整合至当前文档中。

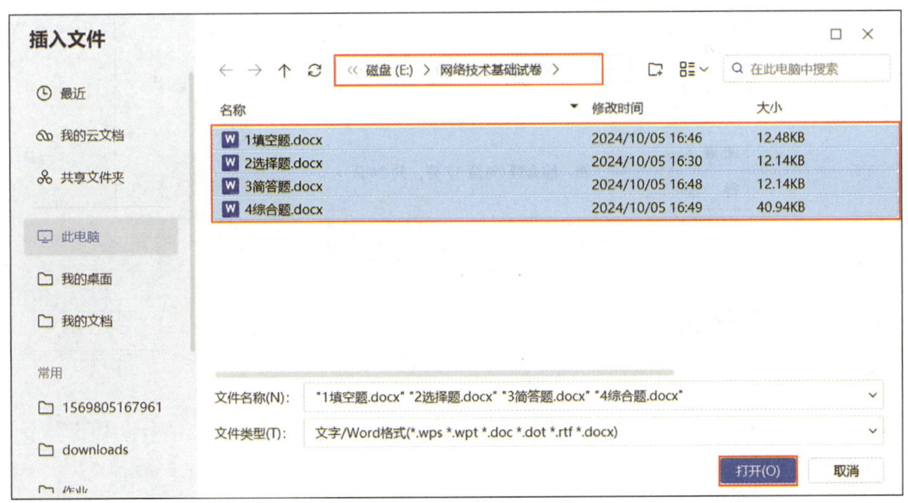

图 4-3-11　合并多个文档

3. 插入评分栏

（1）输入考试信息文本

在文档标题下输入考试信息文本“考试时间：60 分钟　满分：100 分”。

（2）插入总评分栏

插入一个 2 行 6 列表格，设置所有单元格对齐方式为“水平居中”和“垂直居中”，输入“题号”“评分”等内容，如图 4-3-12 所示。

考试时间：60 分钟 满分：100 分

题号	一	二	三	四	总分
评分					

图 4-3-12 输入考试信息文本和插入总评分栏

（3）插入大题评分栏

分别在填空题、选择题、简答题和综合题前插入一个 2 行 3 列表格，将第三列单元格合并为一个单元格，设置第一列单元格中的文本内容为“分散对齐”，在表格中输入题型、配分等内容，并设置格式，4 个大题评分栏的效果如图 4-3-13 所示。

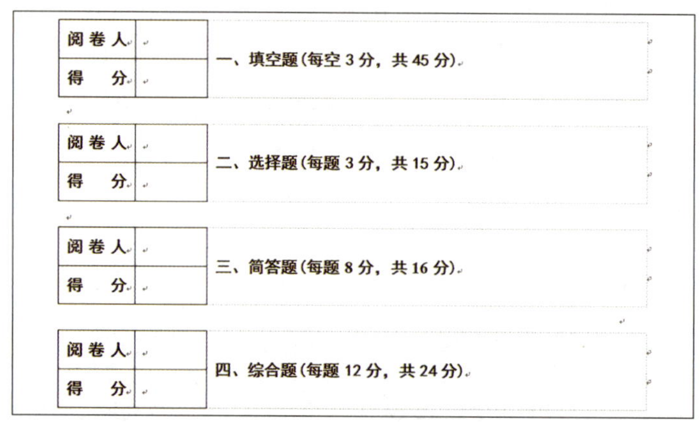

阅卷人		一、填空题（每空 3 分，共 45 分）
得　分		

阅卷人		二、选择题（每题 3 分，共 15 分）
得　分		

阅卷人		三、简答题（每题 8 分，共 16 分）
得　分		

阅卷人		四、综合题（每题 12 分，共 24 分）
得　分		

图 4-3-13 大题评分栏的效果

4. 设置页面和格式

（1）设置页面

设置“纸张大小”为“A3”、“纸张方向”为“横向”。设置“上”“下”边距均为“2 cm”、“左”边距为“4 cm”、“右”边距为“2 cm”，如图 4-3-14 所示。

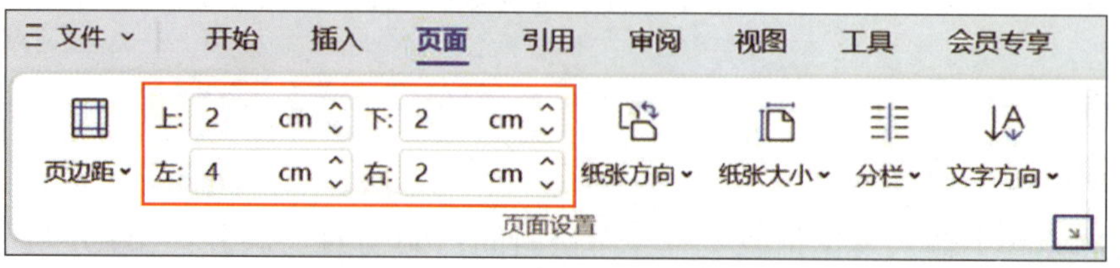

图 4-3-14 设置页边距参数

（2）设置分栏

打开“分栏”对话框，设置“栏数”为“2”、“间距”为“5 字符”，勾选“栏宽相等”复选框，单击“确定”按钮，如图 4-3-15 所示。

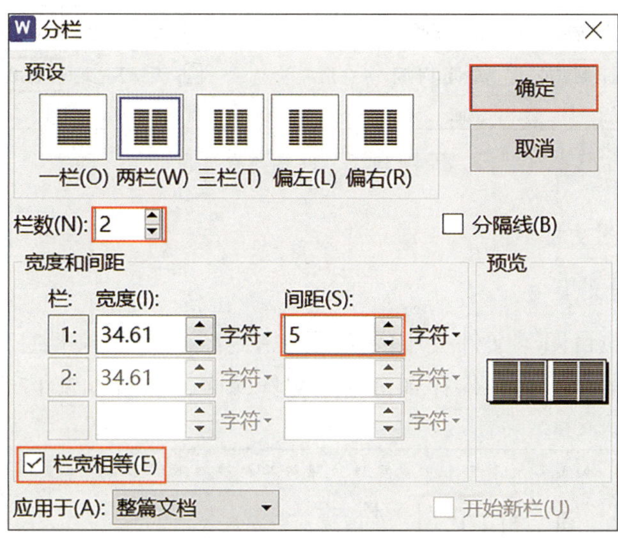

图 4-3-15 设置分栏

（3）设置格式

完成页面设置后，继续对文档内容进行格式设置，具体设置要求见表 4-3-1。

表 4-3-1 文档内容格式设置要求

<table>
<tr><th>序号</th><th>文档内容</th><th>字体格式</th><th>段落格式</th></tr>
<tr><td>1</td><td>标题</td><td>中文：宋体、四号、加粗
西文：Times New Roman、四号、加粗</td><td rowspan="3">居中对齐、单倍行距</td></tr>
<tr><td>2</td><td>考试信息</td><td>中文：宋体、小四
西文：Times New Roman、小四</td></tr>
<tr><td>3</td><td>总评分栏</td><td rowspan="2">中文：黑体、小四、加粗
西文：Times New Roman、小四、加粗</td></tr>
<tr><td>4</td><td>大题评分栏</td><td>第一列：分散对齐
第三列：两端对齐</td></tr>
<tr><td>5</td><td>试题正文</td><td>中文：宋体、小四
西文：Times New Roman、小四</td><td>两端对齐、1.2 倍行距</td></tr>
</table>

5. 添加页眉页脚

（1）设置页眉页脚

双击文档页面的顶部页眉区域，进入页眉页脚编辑状态后，自动切换到“页眉页脚”选项卡，取消勾选“选项”分组中的“首页不同”“奇偶页不同”复选框，在“位置”分组中设置“页眉上边距”为“1.75 厘米”、“页脚下边距”为“1.00 厘米”，如图 4-3-16 所示。

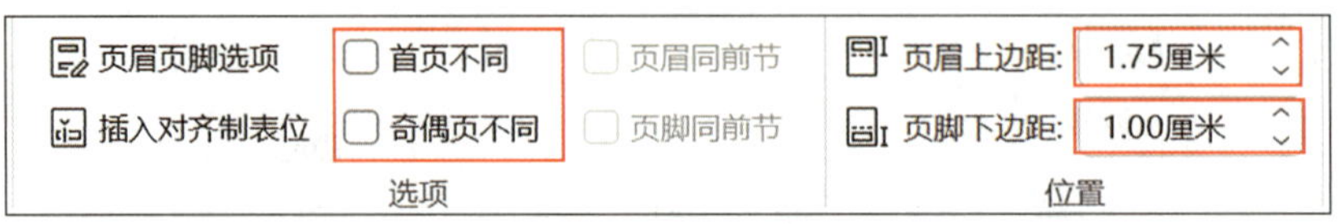

图 4-3-16 设置页眉页脚

（2）应用自动图文集

1）保存自动图文集

打开“素材\项目四”文件夹中的“试卷密封线 .docx”文档，选中绘制密封线的文本框，并将“试卷密封线”保存到自动图文集库中，如图 4-3-17 所示。

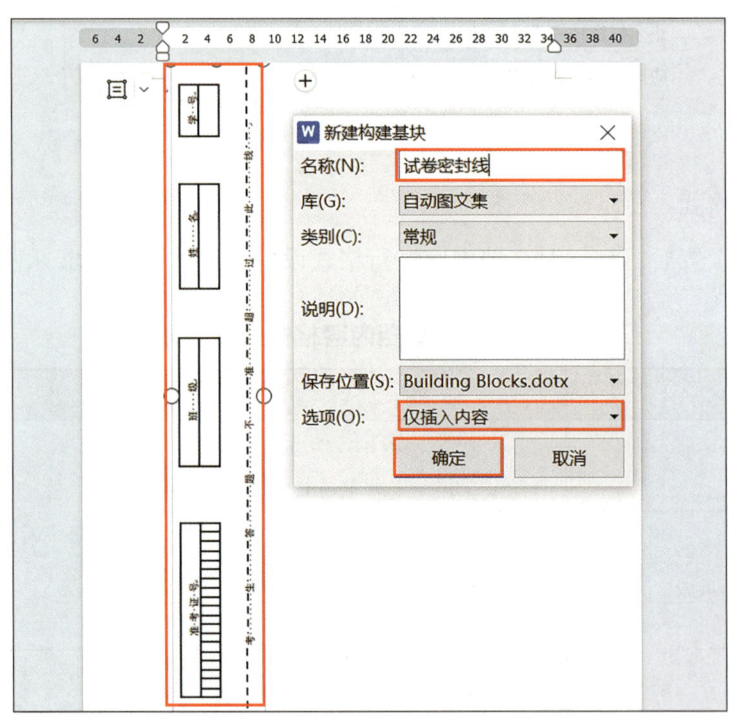

图 4-3-17 将“试卷密封线”保存到自动图文集库中

2）插入自动图文集

返回到“网络技术基础期末考试题 .docx”文档，进入页眉页脚编辑状态，通过自动图文集插入“试卷密封线”，如图 4-3-18 所示，将其拖动至左边距空白处，并调整好密封线位置。

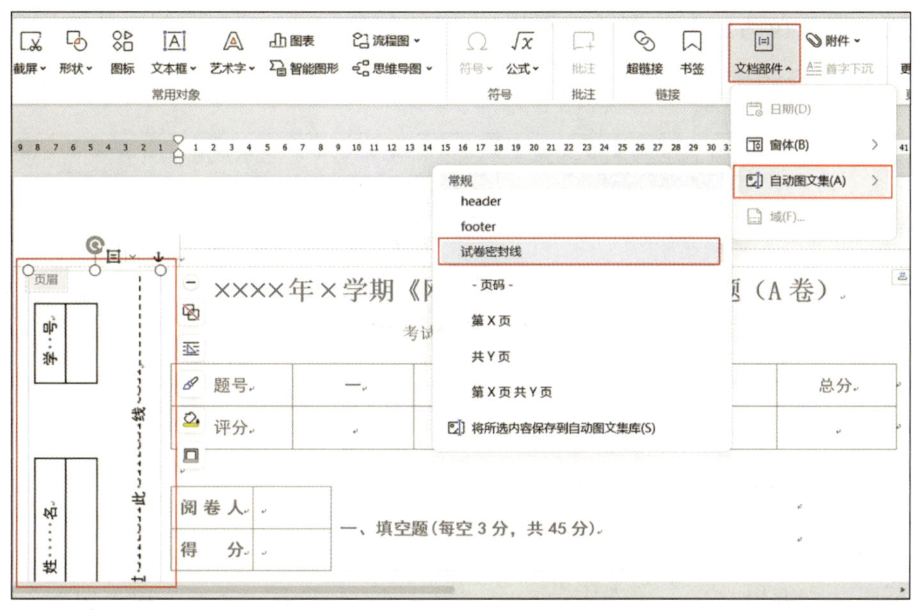

图 4-3-18　插入“试卷密封线”

（3）插入页码

在页眉页脚编辑状态下，单击“页眉页脚”选项卡中的“导航”分组中的“页眉页脚切换”按钮，或直接单击页脚编辑区，使光标定位在页脚编辑区。

打开“页码”对话框，在“样式”下拉列表中选择“第 1 页 共 × 页”，在“位置”下拉列表中选择“底端居左”，单击“确定”按钮，如图 4-3-19 所示。

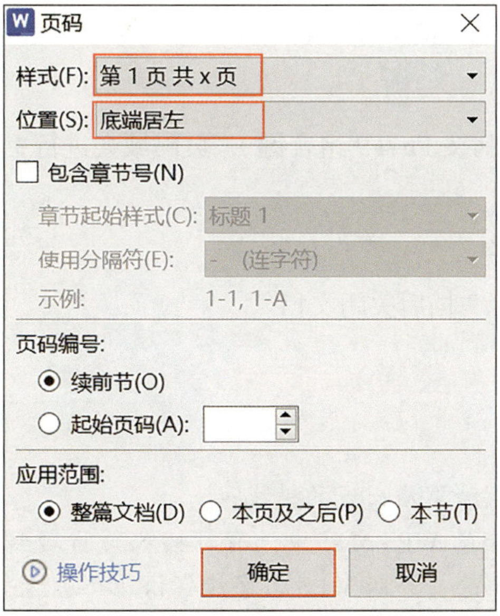

页码
样式(F): 第 1 页 共 x 页
位置(S): 底端居左
包含章节号(N)
章节起始样式(C): 标题 1
使用分隔符(E): - (连字符)
示例: 1-1, 1-A
页码编号:
续前节(O)
起始页码(A):
应用范围:
整篇文档(D)　本页及之后(P)　本节(T)
操作技巧　确定　取消

图 4-3-19　插入页码

在此，需要在两栏中分别插入页码，并通过插入居中对齐式制表位将页码对齐，如图 4-3-20 所示。

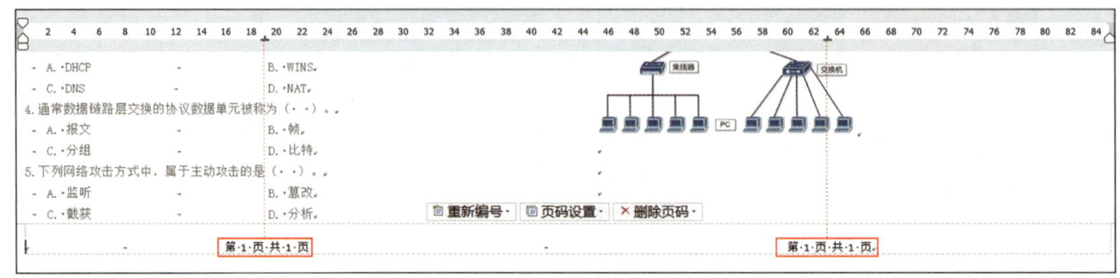

图 4-3-20　对齐页码

6. 编辑和更新域

（1）切换域代码

在页眉页脚编辑状态下，选中第一个“第 1 页 共 1 页”文本，单击鼠标右键，在弹出的快捷菜单中选择“切换域代码”命令，选中的文本会显示为域代码，即“第 { PAGE　* MERGAEFORMAT } 页 共 { NUMPAGES　* MERGAEFORMAT } 页”。

采用同样的方法，将第二个“第 1 页 共 1 页”文本切换为域代码。

（2）编辑域代码

将第一个页码域代码修改为“第 { ={PAGE}*2-1　* MERGAEFORMAT } 页 共 { ={NUMPAGES}*2　* MERGAEFORMAT } 页”。

将第二个页码域代码修改为“第 { ={PAGE}*2　* MERGAEFORMAT } 页 共 { ={NUMPAGES}*2　* MERGAEFORMAT } 页”。

（3）更新域

按 F9 键（笔记本电脑按 Fn+F9 组合键），页码域会进行更新显示，即“第 1 页 共 2 页”“第 2 页 共 2 页”。

7. 保存和关闭文档

按 Ctrl+S 组合键保存文档后关闭文档。

提示

如何删除页眉出现的横线？

在早期的 WPS 文字中，有时插入页眉后会自动添加页眉横线，而且难以删除，新版 WPS 文字能轻松地解决这个问题。

单击“页眉页脚”选项卡中的“页眉页脚”分组中的“页眉横线”下拉按钮，在弹出的下拉菜单中选择“无线型”命令，如图 4-3-21 所示，即可删除页眉横线。

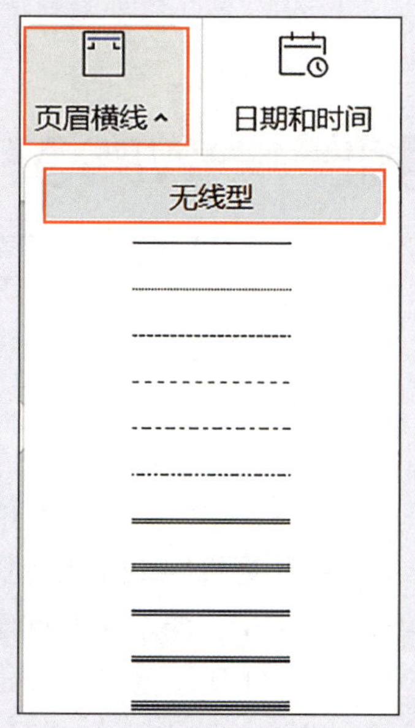

图 4-3-21　选择“无线型”命令

项目五
制作学生准考证——WPS 文字的邮件合并

学院技能鉴定中心准备组织计算机网络应用专业 ×××× 级学生进行网络安全管理员（三级）职业技能等级认定考试，要求小李同学使用 WPS 文字批量制作所有参考学生的准考证，最终效果如图 5-0-1 所示。

准 考 证

姓 名		罗婧	性 别	女	
身份证号		431002200706134563			
准考证号		202406250700202			
职业名称		网络安全管理员	级 别	三 级	
理论考试	考试时间	2024 年 12 月 27 日上午 9:00-11:00			
	考 场	教学楼 202	座位号	02	
实操考试	考试时间	2024 年 12 月 27 日下午 14:00-17:00			
	考 场	实训楼 507 机房	座位号	13	

注意事项：

1. 考前 15 分钟凭准考证和身份证入场，对号入座，并将证件放在桌面左上角。
2. 只准带墨水笔（圆珠笔）、2B 铅笔、直尺、橡皮、铅笔刀入座，将与考试无关的物品按规定存放在指定位置，通信设备应切断电源。
3. 开考 30 分钟内考生不得退场，开考 30 分钟后迟到的考生不得入场。
4. 遵守考场规则，考试时不准旁窥、交谈、吸烟、传递物品，严禁作弊，交卷后不得在考场附近逗留或谈论。
5. 如遇考试试卷分发错误、字迹模糊等问题可举手询问，不得要求监考人员解释试题。
6. 考试截止时间一到，立即停止答卷。不得将试卷、答题卡和草稿纸带出考场。
7. 服从考场工作人员管理、监督和检查，不得无理取闹，违者取消考试资格。

图 5-0-1　学生准考证的最终效果

小李同学准备使用 WPS 文字的邮件合并功能批量生成准考证文档，首先使用 WPS 文字创建一份主文档，再根据准考证的内容和格式要求进行编辑、排版，将含有考生报名信息、考试时间及考场安排等数据的表格进行处理，使其符合数据源的要求，然后在主文档预留的空白占位符中插入合并域，将数据源关联到主文档中，最后通过合并生成所有考生的准考证文档，大大提高了工作效率和准确性。完成本项目的思维导图如图 5-0-2 所示。

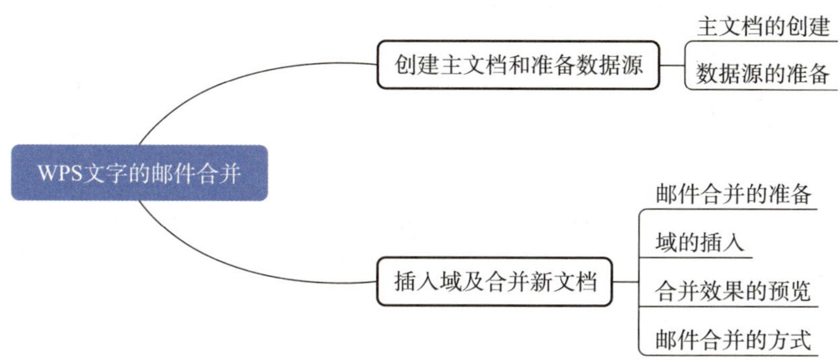

图 5-0-2　制作学生准考证的思维导图

任务 1　创建主文档和准备数据源

1. 能够创建符合输出文档内容和格式要求的主文档。
2. 能够准备和处理符合要求的数据源。

小李同学使用 WPS 文字制作准考证，要先创建一份用于邮件合并的主文档并处理相应的数据源。首先确定准考证需要显示的信息和格式要求，并根据准考证上的固定

文本元素和需预留空白占位符的动态数据设计并创建主文档，然后根据准考证上的变化内容准备对应的数据源，并达到制作准考证主文档的要求。

邮件合并的主文档包含固定内容和变化内容两部分，固定内容要在制作文档时输入，变化内容处要预留空白占位符，在邮件合并时插入合并域。

一、主文档的创建

1. 主文档的编辑

根据邮件合并输出文档的内容和格式要求创建和编辑主文档。

以批量制作学生成绩通知书为例，主文档中的固定内容是合并文档中不变的内容，如学生成绩通知书中已经输入的内容，即每一份通知书中相同的内容；主文档中的变化内容是合并文档中不相同的内容，如学生姓名、每门学科的成绩等，学生成绩通知书主文档如图 5-1-1 所示。

学生成绩通知书

尊敬的家长朋友:

您好!2023—2024 学年第一学期已结束，在您的大力支持和配合下，您的孩子在我校圆满地完成了本学期的学习任务，在此表示衷心的感谢！您的孩子本学期各学科情况通知如下:

学科	语文	思政	计算机应用基础	网络技术基础	计算机组装与维护	图像处理	总分
成绩							

我校 2024 年春季开学时间：2 月 26 日报到，2 月 27 日正式上课。谢谢您的合作！

XXXX 学院

2024 年 1 月 19 日

图 5-1-1　学生成绩通知书主文档

2. 主文档的排版

创建主文档时，输入固定内容后，要对文档的字体和段落格式进行设置，主文档的格式就是合并输出文档的格式。将学生成绩通知书主文档进行排版，分别在“尊敬的”和“家长朋友”之间以及表格中预留空白占位符，完成排版的主文档如图 5-1-2 所示。

二、数据源的准备

数据源通常是一个表格，可以是 Word 文档、WPS 表格文档、Excel 文档、Access 数据库等，用户可以根据需要选择相应的数据源类型，并确保数据的准确性、完整性和规范性。

学生成绩通知书

尊敬的···· 家长朋友：

您好！2023—2024 学年第一学期已结束，在您的大力支持和配合下，您的孩子在我校圆满地完成了本学期的学习任务，在此表示衷心的感谢！您的孩子本学期各学科情况通知如下：

学科	语文	思政	计算机应用基础	网络技术基础	计算机组装与维护	图像处理	总分
成绩							

我校 2024 年春季开学时间：2 月 26 日报到，2 月 27 日正式上课。谢谢您的合作！

××××学院

2024 年 1 月 19 日

图 5-1-2　完成排版的主文档

1. 数据源的组成

数据源的初始表格一般在最上方都有表格的总标题，表格的第一行称为标题行，每一列有一个列标题，也称为字段名，标题行下面的行都称为记录行，每一行代表一条记录，在邮件合并过程中，一条记录会产生一个输出。例如，在期末考试成绩表中，第一行是表格的总标题“计算网络应用 23501 班期末考试成绩”，将第二行和第三行合并为标题行，包含了“学号”“姓名”“语文”“计算机应用基础”等 8 个字段，其他行都是记录行，如图 5-1-3 所示。要将此表格作为数据源，还需要对表格进行规范化处理。

2. 数据源的处理

（1）数据源表格上方不能有总标题，如有则应删除，否则邮件合并时检测不到相应字段，无法插入合并域。

（2）数据源表格的标题行只能是单行，不能是多行，否则邮件合并时检测相应字段会出现错误，无法插入合并域。

（3）数据源表格的字段数目要完整，根据主文档需要增减字段，如删除“学号”列，增加“总分”列。

（4）每条记录的字段数目与字段顺序都必须与标题行中所定义的完全对应，否则邮件合并时会发生错误。

根据对主文档中变化内容的要求，处理后的数据源表格如图 5-1-4 所示。

学号	姓名	公共课			专业课		
		语文	思政	计算机应用基础	网络技术基础	计算机组装与维护	图像处理
1	罗雅丽	80	86	64	90	70	95
2	张梦洁	86	88	91	96	80	86
3	刘志中	87	85	86	84	86	88
4	欧美琦	90	99	86	87	87	85
5	郭金哲	90	95	64	84	90	99
6	何艳丽	75	87	60	80	90	95
7	雷金虎	72	82	92	95	75	87
8	唐松华	93	97	70	95	72	82
9	肖玉琴	63	80	80	86	93	97
10	胡雅文	92	94	86	88	63	80
11	侯兰	88	86	87	85	64	90
12	曹锦波	65	80	90	99	91	96
13	旷婵晴	64	90	90	95	86	84
14	谢云飞	91	96	75	87	86	87
15	李志强	86	84	72	82	64	84
16	罗花	86	87	93	97	60	80
17	廖义晗	64	84	63	80	92	95
18	邝倩倩	60	80	92	94	92	94
19	黎珊珊	92	95	88	86	88	86

计算机网络应用23501班期末考试成绩

图 5-1-3　数据源的初始表格

姓名	语文	思政	计算机应用基础	网络技术基础	计算机组装与维护	图像处理	总分
罗雅丽	80	86	64	90	70	95	485
张梦洁	86	88	91	96	80	86	527
刘志中	87	85	86	84	86	88	516
欧美琦	90	99	86	87	87	85	534
郭金哲	90	95	64	84	90	99	522
何艳丽	75	87	60	80	90	95	487
雷金虎	72	82	92	95	75	87	503
唐松华	93	97	70	95	72	82	509
肖玉琴	63	80	80	86	93	97	499
胡雅文	92	94	86	88	63	80	503
侯兰	88	86	87	85	64	90	500
曹锦波	65	80	90	99	91	96	521
旷婵晴	64	90	90	95	86	84	509
谢云飞	91	96	75	87	86	87	522
李志强	86	84	72	82	64	84	472

图 5-1-4　处理后的数据源表格

1. 创建主文档

在主文档中要输入固定内容即每位考生准考证上相同的内容，并给变化内容预留空白占位符。

（1）新建文档

启动 WPS 文字并新建一个空白文档，输入“准考证”标题和“注意事项”等文本。

（2）插入表格

在“准考证”文本的下方插入一个 8 行 6 列表格，输入相应的文本，如图 5-1-5 所示。

准考证

姓名			性别		
身份证号					
准考证号					
职业名称	网络安全管理员		级别	三级	
理论考试	考试时间	2024年12月27日上午9:00-11:00			
	考场		座位号		
实操考试	考试时间	2024年12月27日下午14:00-17:00			
	考场		座位号		

注意事项：

1.考前 15 分钟凭准考证和身份证入场，对号入座，并将证件放在桌面左上角。

2.只准带墨水笔（圆珠笔）、2B 铅笔、直尺、橡皮、铅笔刀入座，将与考试无关的物品按规定存放在指定位置，通信设备应切断电源。

3.开考 30 分钟内考生不得退场，开考 30 分钟后迟到的考生不得入场。

4.遵守考场规则，考试时不准旁窥、交谈、吸烟、传递物品，严禁作弊，交卷后不得在考场附近逗留或谈论。

5.如遇考试试卷分发错误、字迹模糊等问题可举手询问，不得要求监考人员解释试题。

6.考试截止时间一到，立即停止答卷。不得将试卷、答题卡和草稿纸带出考场。

7.服从考场工作人员管理、监督和检查，不得无理取闹，违者取消考试资格。

图 5-1-5　创建主文档

（3）主文档排版

根据格式要求设置主文档的字体、段落格式，对表格进行单元格合并、列宽调整等设置，空白单元格为准考证上的变化内容，排版后的主文档如图 5-1-6 所示。将主文档保存为“E:\ 素材 \ 项目五 \ 准考证 \ 准考证主文档 .docx”。

2. 准备数据源

（1）打开数据源

学院技能鉴定中心已对每位考生的考试时间、考场、座位号进行了安排，并制作了考试安排文档。打开“E:\ 素材 \ 项目五 \ 准考证”文件夹中的“2024 年网络安全管理员职业技能等级认定考试安排表 .docx”文档作为数据源，如图 5-1-7 所示。

准··考··证

<table>
<tr><td>姓····名</td><td colspan="2"></td><td>性··别</td><td></td><td rowspan="8"></td></tr>
<tr><td>身份证号</td><td colspan="4"></td></tr>
<tr><td>准考证号</td><td colspan="4"></td></tr>
<tr><td>职业名称</td><td colspan="2">网络安全管理员</td><td>级··别</td><td>三··级</td></tr>
<tr><td rowspan="2">理论考试</td><td>考试时间</td><td colspan="3">2024 年 12 月 27 日上午 9:00-11:00</td></tr>
<tr><td>考····场</td><td></td><td>座位号</td><td></td></tr>
<tr><td rowspan="2">实操考试</td><td>考试时间</td><td colspan="3">2024 年 12 月 27 日下午 14:00-17:00</td></tr>
<tr><td>考····场</td><td></td><td>座位号</td><td></td></tr>
</table>

注意事项：

1. 考前 15 分钟凭准考证和身份证入场，对号入座，并将证件放在桌面左上角。
2. 只准带墨水笔（圆珠笔）、2B 铅笔、直尺、橡皮、铅笔刀入座，将与考试无关的物品按规定存放在指定位置，通信设备应切断电源。
3. 开考 30 分钟内考生不得退场，开考 30 分钟后迟到的考生不得入场。
4. 遵守考场规则，考试时不准旁窥、交谈、吸烟、传递物品，严禁作弊，交卷后不得在考场附近逗留或谈论。
5. 如遇考试试卷分发错误、字迹模糊等问题可举手询问，不得要求监考人员解释试题。
6. 考试截止时间一到，立即停止答卷。不得将试卷、答题卡和草稿纸带出考场。
7. 服从考场工作人员管理、监督和检查，不得无理取闹，违者取消考试资格。

图 5-1-6　排版后的主文档

2024 年网络安全管理员职业技能等级认定考试安排表

考试时间:理论考试 2024 年 12 月 27 日上午 9:00-11:00，实操考试 2024 年 12 月 27 日下午 14:00-17:00

序号	姓名	性别	身份证号码	准考证号码	理论考试		实操考试	
					理论考场	理论座位	实操考场	实操座位
1	陈佳毅	男	432023200704051234	202406250700101	教学楼 201	01	实训楼 506 机房	14
2	罗婧	女	431002200706134563	202406250700202	教学楼 202	02	实训楼 507 机房	13
3	廖义晗	男	432012200709263693	202406250700213	教学楼 202	13	实训楼 507 机房	02
4	邝倩倩	女	432025200612151234	202406250700102	教学楼 201	02	实训楼 506 机房	13
5	黎珊珊	女	433201200708121234	202406250700212	教学楼 202	12	实训楼 507 机房	03
6	廖恒军	男	432023200702124569	202406250700103	教学楼 201	03	实训楼 506 机房	12
7	罗雅丽	女	432023200703182541	202406250700104	教学楼 201	04	实训楼 506 机房	11
8	张梦洁	女	430521200706157894	202406250700207	教学楼 202	07	实训楼 507 机房	08
9	刘志中	男	432802200705127456	202406250700105	教学楼 201	05	实训楼 506 机房	10
10	欧美琦	女	431003200708196542	202406250700209	教学楼 202	09	实训楼 507 机房	06
11	郭金哲	男	431521200706308745	202406250700106	教学楼 201	06	实训楼 506 机房	09
12	何艳丽	女	430801200612257536	202406250700204	教学楼 202	04	实训楼 507 机房	11
13	雷金虎	男	431003200705261256	202406250700109	教学楼 201	09	实训楼 506 机房	06
14	唐松华	女	431802200703093214	202406250700206	教学楼 202	06	实训楼 507 机房	09
15	肖玉琴	女	431002200612156393	202406250700110	教学楼 201	10	实训楼 506 机房	05
16	胡雅文	男	432022200704253256	202406250700211	教学楼 202	11	实训楼 507 机房	04

图 5-1-7　打开数据源

（2）处理数据源

根据考试安排表，思考分析如何优化完善，对数据源进行规范化处理，使其满足数据源的格式要求。利用前面所学知识，对数据源表格进行以下修改操作：删除表格上方的两行标题文本，将标题行整合成一行，修改相应的字段名，删除“序号”列，在表格最右侧增加“照片”列，修改后的数据源表格如图 5-1-8 所示。

姓名	性别	身份证号码	准考证号码	理论考场	理论座位	实操考场	实操座位	照片
陈佳毅	男	432023200704051234	202406250700101	教学楼 201	01	实训楼 506 机房	14	
罗婧	女	431002200706134563	202406250700202	教学楼 202	02	实训楼 507 机房	13	
廖义晗	男	432012200709263693	202406250700213	教学楼 202	13	实训楼 507 机房	02	
邝倩倩	女	432025200612151234	202406250700102	教学楼 201	02	实训楼 506 机房	13	
黎珊珊	女	433201200708121234	202406250700212	教学楼 202	12	实训楼 507 机房	03	
廖恒军	男	432023200702124569	202406250700103	教学楼 201	03	实训楼 506 机房	12	
罗雅丽	女	432023200703182541	202406250700104	教学楼 201	04	实训楼 506 机房	11	
张梦洁	女	430521200706157894	202406250700207	教学楼 202	07	实训楼 507 机房	08	
刘志中	男	432802200705127456	202406250700105	教学楼 201	05	实训楼 506 机房	10	
欧美琦	女	431003200708196542	202406250700209	教学楼 202	09	实训楼 507 机房	06	
郭金哲	男	431521200706308745	202406250700106	教学楼 201	06	实训楼 506 机房	09	
何艳丽	女	430801200612257536	202406250700204	教学楼 202	04	实训楼 507 机房	11	
雷金虎	男	431003200705261256	202406250700109	教学楼 201	09	实训楼 506 机房	06	
唐松华	女	431802200703093214	202406250700206	教学楼 202	06	实训楼 507 机房	09	
肖玉琴	女	431002200612156393	202406250700110	教学楼 201	10	实训楼 506 机房	05	
胡雅文	男	432022200704253256	202406250700211	教学楼 202	11	实训楼 507 机房	04	
侯兰	女	432021200707072632	202406250700111	教学楼 201	11	实训楼 506 机房	04	

图 5-1-8　修改后的数据源表格

（3）输入“照片”列的内容

将“姓名”列的内容复制到“照片”列中，证件照图片素材以考生姓名命名。输入“照片”列内容后的数据源表格如图 5-1-9 所示。

姓名	性别	身份证号码	准考证号码	理论考场	理论座位	实操考场	实操座位	照片
陈佳毅	男	432023200704051234	202406250700101	教学楼 201	01	实训楼 506 机房	14	陈佳毅
罗婧	女	431002200706134563	202406250700202	教学楼 202	02			罗婧
廖义晗	男	432012200709263693	202406250700213	教学楼 202	13			廖义晗
邝倩倩	女	432025200612151234	202406250700102	教学楼 201	02			邝倩倩
黎珊珊	女	433201200708121234	202406250700212	教学楼 202	12			黎珊珊
廖恒军	男	432023200702124569	202406250700103	教学楼 201	03			廖恒军
罗雅丽	女	432023200703182541	202406250700104	教学楼 201	04			罗雅丽
张梦洁	女	430521200706157894	202406250700207	教学楼 202	07			张梦洁
刘志中	男	432802200705127456	202406250700105	教学楼 201	05			刘志中
欧美琦	女	431003200708196542	202406250700209	教学楼 202	09			欧美琦
郭金哲	男	431521200706308745	202406250700106	教学楼 201	06			郭金哲
何艳丽	女	430801200612257536	202406250700204	教学楼 202	04			何艳丽
雷金虎	男	431003200705261256	202406250700109	教学楼 201	09			雷金虎
唐松华	女	431802200703093214	202406250700206	教学楼 202	06			唐松华
肖玉琴	女	431002200612156393	202406250700110	教学楼 201	10	实训楼 506 机房	05	肖玉琴
胡雅文	男	432022200704253256	202406250700211	教学楼 202	11	实训楼 507 机房	04	胡雅文

曹锦波.jpg	廖恒军.jpg
曹立秋.jpg	廖义晗.jpg
陈佳毅.jpg	刘雅琪.jpg
郭金哲.jpg	刘志中.jpg
何艳丽.jpg	罗婧.jpg
侯兰.jpg	罗康杰.jpg
胡雅文.jpg	罗雅丽.jpg
邝倩倩.jpg	欧美琦.jpg
旷婵晴.jpg	唐松华.jpg
雷金虎.jpg	吴添凯.jpg
黎漫.jpg	肖玉琴.jpg
黎珊珊.jpg	谢云飞.jpg
李娟.jpg	张梦洁.jpg
李湘君.jpg	周小莉.jpg

图 5-1-9　输入“照片”列内容后的数据源表格

3. 保存数据源

将修改好的数据源另存为“E:\ 素材 \ 项目五 \ 准考证 \ 准考证数据源 .docx”。

任务 2　插入域及合并新文档

1. 能够准确地在主文档中插入合并域。
2. 能够预览邮件合并的效果。
3. 能够熟练选择邮件合并的方式。

在创建准考证主文档和准备数据源后，小李同学在主文档中启动邮件合并功能，打开数据源并将其中的字段以合并域的方式插入主文档，同时，将证件照以图片域的方式插入主文档，最后合并生成新文档，即可批量完成所有考生的准考证文档的制作。

一、邮件合并的准备

1. 邮件合并功能的启动

打开主文档，单击“引用”选项卡中的“邮件合并”分组中的“邮件”按钮，如图 5-2-1 所示，WPS 文字将自动切换到“邮件合并”选项卡，用户可以开始进行邮件合并的操作。

2. 数据源的打开

启动邮件合并功能后，单击“邮件合并”选项卡中的“开始邮件合并”分组中的“打开数据源”下拉按钮，在下拉菜单中选择“打开数据源”命令，在打开的“选取数据源”对话框中选择素材“学生成绩通知书数据源 .xlsx”文档，单击“打开”按钮，如图 5-2-2 所示，即可把主文档与数据源关联起来。

3. 收件人的选择

打开数据源后，单击“邮件合并”选项卡中的“开始邮件合并”分组中的“收件人”按钮，打开“邮件合并收件人”对话框，该对话框中显示了所有收件人（即数据源中所有记录），勾选“姓名”字段中的复选框可以选择要合并的收件人，完成选择后单击“确定”按钮，如图 5-2-3 所示。

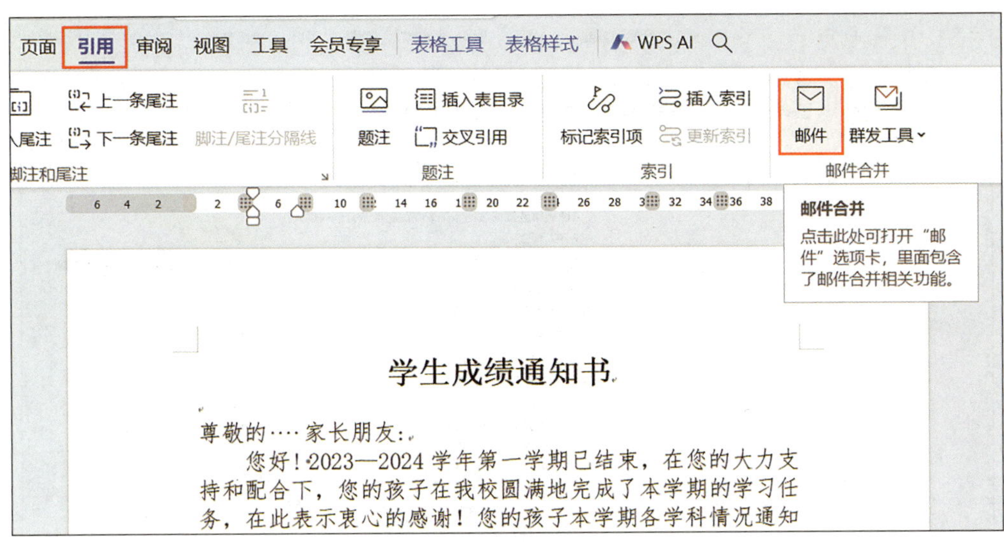

图 5-2-1　单击“邮件”按钮

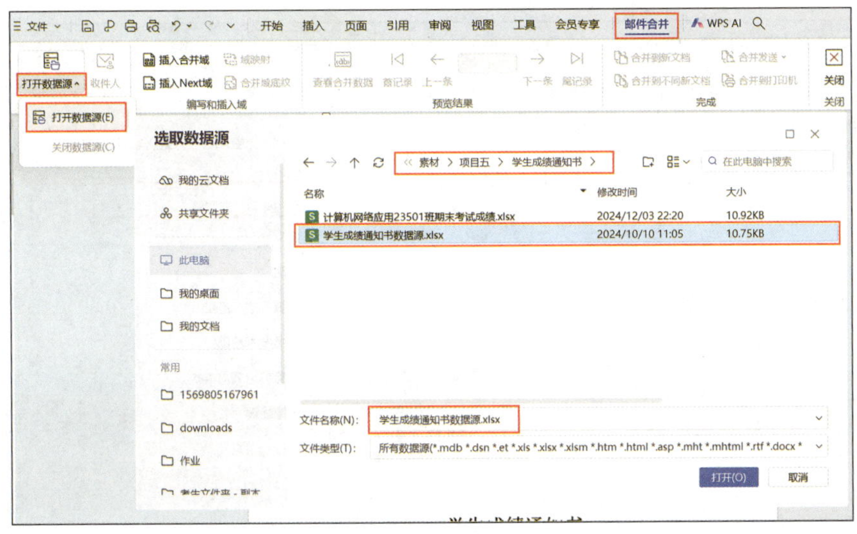

图 5-2-2　打开数据源

二、域的插入

1. 插入合并域的设置

将主文档与数据源关联好后，就可以将数据源中的相关字段信息以合并域的形式逐条插入到主文档预留的空白占位符中。

将光标定位在主文档“尊敬的”后面的空白占位符中，单击“邮件合并”选项卡中的“编写和插入域”分组中的“插入合并域”按钮，打开“插入域”对话框，在“域”中选择“姓名”，单击“插入”按钮，如图 5-2-4 所示，即可完成“姓名”域的插入，关闭“插入域”对话框。

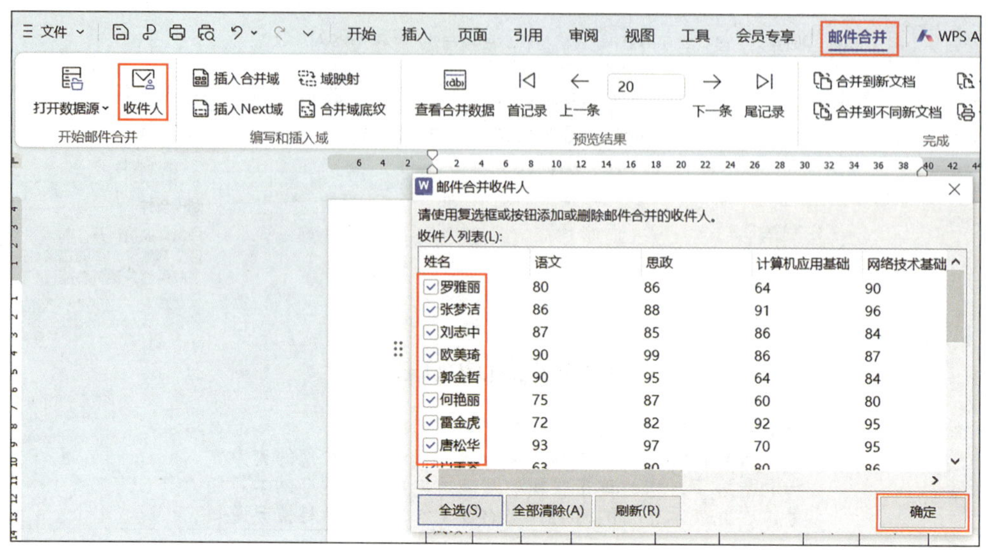

图 5-2-3　选择收件人

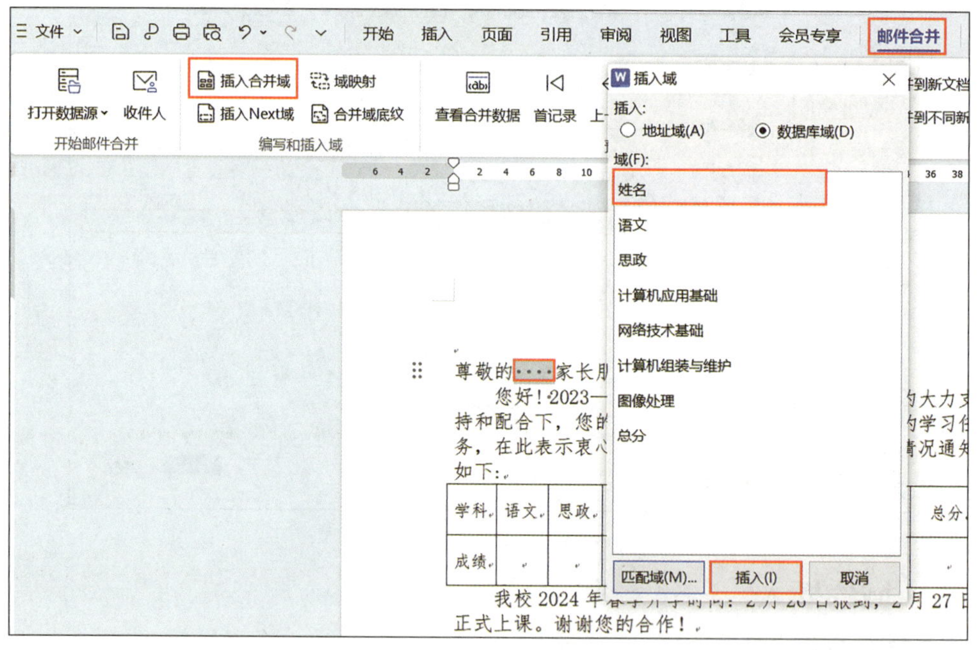

图 5-2-4　插入“姓名”域

按照同样的方法插入其他学科分数的合并域及“总分”域，插入合并域后的主文档如图 5-2-5 所示。

2. 插入 Next 域的设置

通常情况下，邮件合并后得到的输出文档都是分页显示。为了节约纸张，有时会把多个邮件文档排版在同一页面上进行打印。

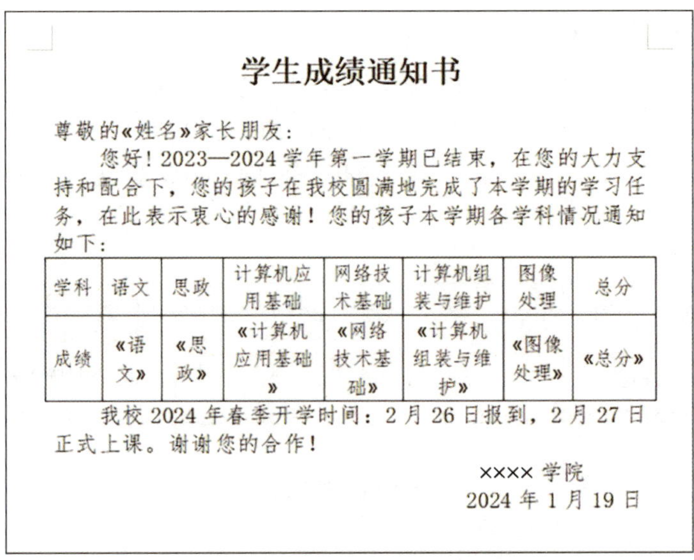

学生成绩通知书

尊敬的«姓名»家长朋友：

您好！2023—2024 学年第一学期已结束，在您的大力支持和配合下，您的孩子在我校圆满地完成了本学期的学习任务，在此表示衷心的感谢！您的孩子本学期各学科情况通知如下：

学科	语文	思政	计算机应用基础	网络技术基础	计算机组装与维护	图像处理	总分
成绩	«语文»	«思政»	«计算机应用基础»	«网络技术基础»	«计算机组装与维护»	«图像处理»	«总分»

我校 2024 年春季开学时间：2 月 26 日报到，2 月 27 日正式上课。谢谢您的合作！

××××学院
2024 年 1 月 19 日

图 5-2-5　插入合并域后的主文档

将光标移至主文档的末尾位置，单击“邮件合并”选项卡中的“编写和插入域”分组中的“插入 Next 域”按钮，在光标位置出现“Next Record”域，将主文档原有内容复制一份放置在“Next Record”域的下方，如图 5-2-6 所示，即可完成 Next 域的插入。

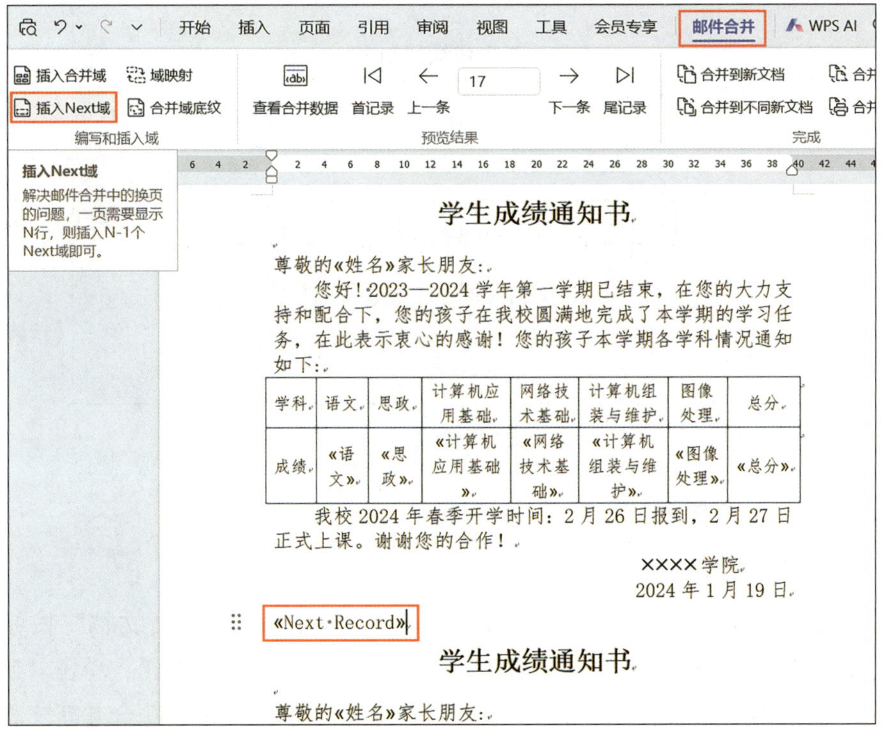

图 5-2-6　插入 Next 域

三、合并效果的预览

插入域后，可以在主文档中预览合并效果。单击“邮件合并”选项卡中的“预览结果”分组中的“查看合并数据”按钮即可预览合并效果，如图 5–2–7 所示。单击“首记录”“上一条”“下一条”“尾记录”按钮即可导航并预览相关记录的合并效果。

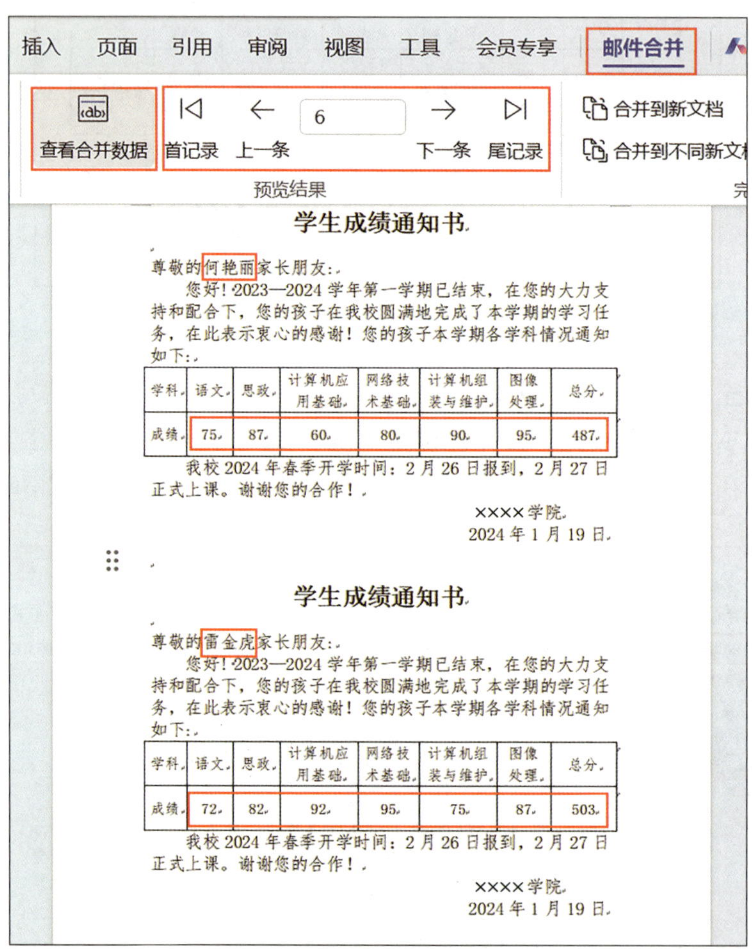

学生成绩通知书

尊敬的何艳丽家长朋友：

您好！2023—2024 学年第一学期已结束，在您的大力支持和配合下，您的孩子在我校圆满地完成了本学期的学习任务，在此表示衷心的感谢！您的孩子本学期各学科情况通知如下：

学科	语文	思政	计算机应用基础	网络技术基础	计算机组装与维护	图像处理	总分
成绩	75	87	60	80	90	95	487

我校 2024 年春季开学时间：2 月 26 日报到，2 月 27 日正式上课。谢谢您的合作！

××××学院

2024 年 1 月 19 日

学生成绩通知书

尊敬的雷金虎家长朋友：

您好！2023—2024 学年第一学期已结束，在您的大力支持和配合下，您的孩子在我校圆满地完成了本学期的学习任务，在此表示衷心的感谢！您的孩子本学期各学科情况通知如下：

学科	语文	思政	计算机应用基础	网络技术基础	计算机组装与维护	图像处理	总分
成绩	72	82	92	95	75	87	503

我校 2024 年春季开学时间：2 月 26 日报到，2 月 27 日正式上课。谢谢您的合作！

××××学院

2024 年 1 月 19 日

图 5–2–7　预览合并效果

四、邮件合并的方式

1. 合并到新文档

单击“邮件合并”选项卡中的“完成”分组中的“合并到新文档”按钮，打开“合并到新文档”对话框，在“合并记录”中选中“全部”单选按钮，单击“确定”按钮，如图 5–2–8 所示，会自动新建并打开一个包含所有记录的邮件合并新文档“文字文稿 1”，将其另存为“学生成绩通知书 .docx”。

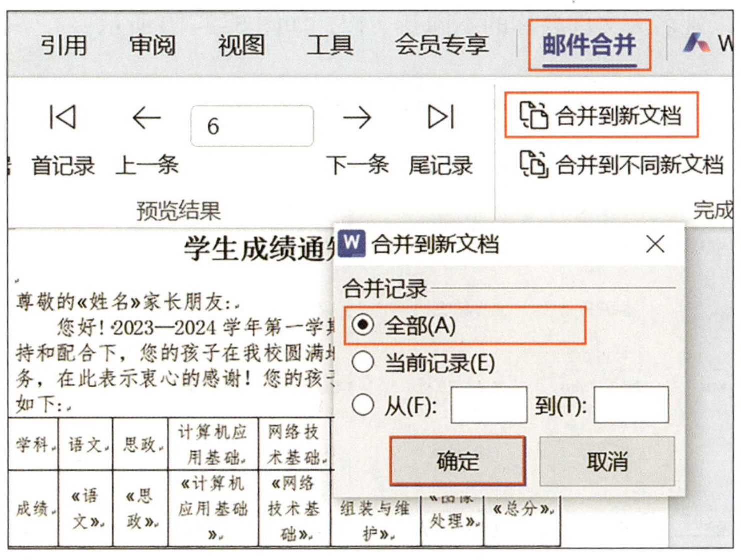

图 5-2-8　合并到新文档

2. 合并到不同新文档

合并到不同新文档是指一条记录生成一个文档，这样可以将邮件文档以电子文档形式单独发给个人。

单击“邮件合并”选项卡中的“完成”分组中的“合并到不同新文档”按钮，打开“合并到不同新文档”对话框，在“以域名”下拉列表中选择“姓名”作为新文档的文件名称，在“保存类型”下拉列表中选择保存类型，单击“修改”按钮选择文件保存的位置，在“合并记录”中选中“全部”单选按钮，单击“确定”按钮，如图 5-2-9 所示。

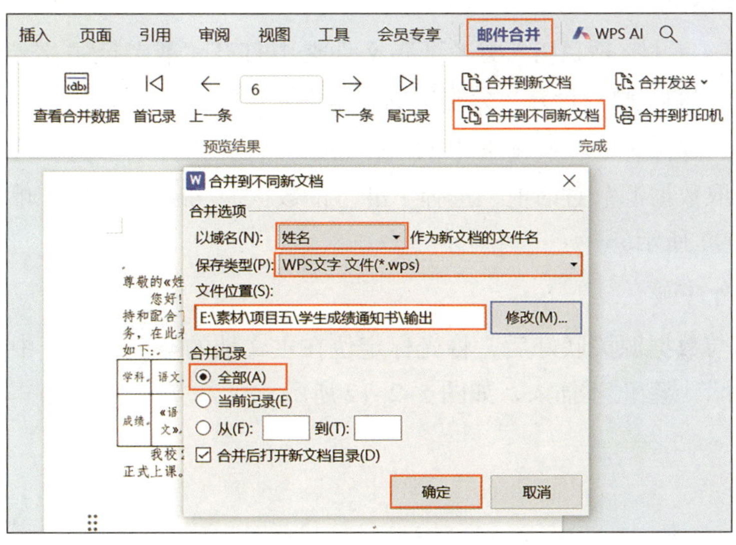

图 5-2-9　合并到不同新文档

生成多个以姓名为文件名称的不同新文档，如图 5-2-10 所示。

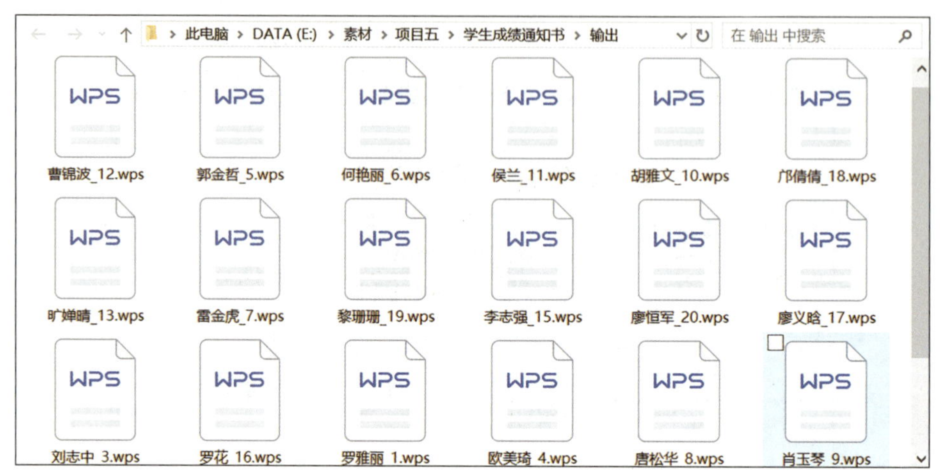

图 5-2-10　生成以姓名为文件名称的新文档

3. 合并发送

将邮件合并的内容通过电子邮件、微信等发送。

4. 合并到打印机

将邮件合并的内容输出到打印机并打印出来。

1. 打开数据源

（1）在“E:\素材\项目五\准考证”文件夹中打开“准考证主文档.docx”，单击“引用”选项卡中的“邮件合并”分组中的“邮件”按钮。

（2）单击“邮件合并”选项卡中的“开始邮件合并”分组中的“打开数据源”按钮，打开“选取数据源”对话框，选择“准考证数据源.docx”文档，单击“打开”按钮，如图 5-2-11 所示。

2. 插入合并域

将主文档与数据源关联好后，将光标定位在主文档的空白占位符中，插入相应的合并域，“照片”域暂时不插入，如图 5-2-12 所示。

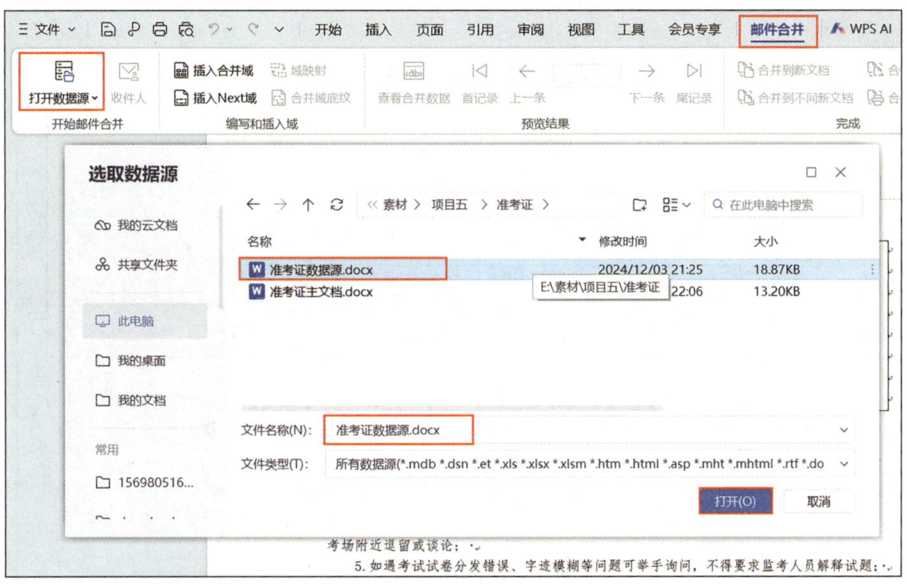

图 5-2-11　打开“准考证数据源 .docx”文档

准　考　证

姓　　名		«姓名»	性　别	«性别»	
身份证号		«身份证号码»			
准考证号		«准考证号码»			
职业名称		网络安全管理员	级　别	三　级	
理论考试	考试时间	2024 年 12 月 27 日上午 9:00-11:00			
	考　　场	«理论考场»	座位号	«理论座位»	
实操考试	考试时间	2024 年 12 月 27 日下午 14:00-17:00			
	考　　场	«实操考场»	座位号	«实操座位»	

注意事项：

1. 考前 15 分钟凭准考证和身份证入场，对号入座，并将证件放在桌面左上角。

图 5-2-12　插入合并域后的准考证主文档

3. 预览准考证合并效果

插入合并域后，可以在主文档中预览合并效果。单击“邮件合并”选项卡中的“预览结果”分组中的“查看合并数据”按钮，可以预览准考证合并效果，如图 5-2-13 所示。

4. 插入图片域

在前面的任务中讲解了插入图片的方法，如果要更换图片，就得删除原图，重新插入图片。在本任务中，每位考生准考证上的证件照图片是不一样的，可通过插入图片域、修改域代码实现。

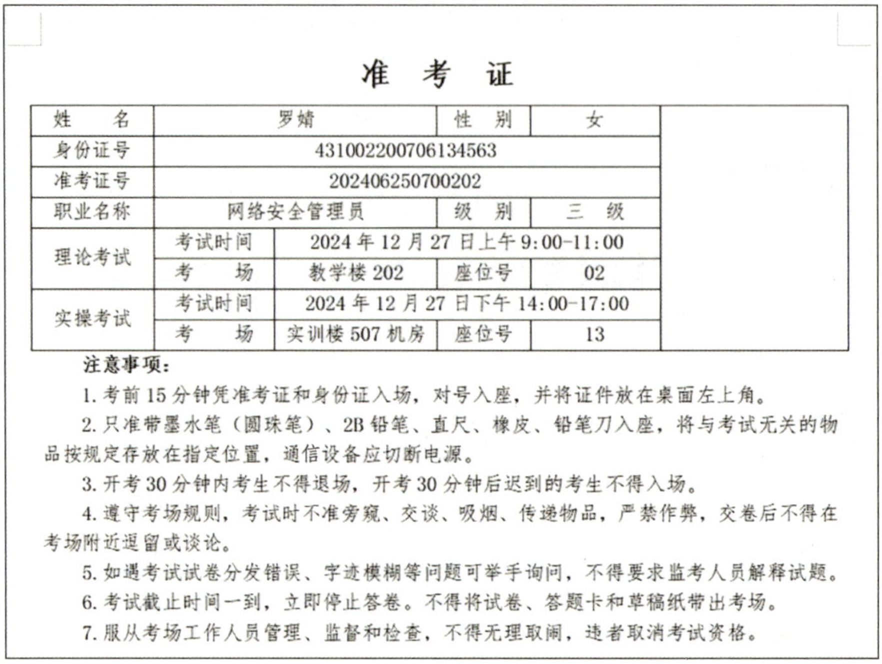

准　考　证

姓　　名	罗婧		性　别	女	
身份证号	431002200706134563				
准考证号	202406250700202				
职业名称	网络安全管理员		级　别	三　级	
理论考试	考试时间	2024 年 12 月 27 日上午 9:00-11:00			
	考　　场	教学楼 202	座位号	02	
实操考试	考试时间	2024 年 12 月 27 日下午 14:00-17:00			
	考　　场	实训楼 507 机房	座位号	13	

注意事项：

1. 考前 15 分钟凭准考证和身份证入场，对号入座，并将证件放在桌面左上角。
2. 只准带墨水笔（圆珠笔）、2B 铅笔、直尺、橡皮、铅笔刀入座，将与考试无关的物品按规定存放在指定位置，通信设备应切断电源。
3. 开考 30 分钟内考生不得退场，开考 30 分钟后迟到的考生不得入场。
4. 遵守考场规则，考试时不准旁窥、交谈、吸烟、传递物品，严禁作弊，交卷后不得在考场附近逗留或谈论。
5. 如遇考试试卷分发错误、字迹模糊等问题可举手询问，不得要求监考人员解释试题。
6. 考试截止时间一到，立即停止答卷。不得将试卷、答题卡和草稿纸带出考场。
7. 服从考场工作人员管理、监督和检查，不得无理取闹，违者取消考试资格。

图 5-2-13　预览准考证合并效果

（1）插入图片域

将光标定位在主文档中要插入图片的单元格中，单击“插入”选项卡中的“部件”分组中的“文档部件”下拉按钮，在下拉菜单中选择“域”命令，如图 5-2-14 所示，弹出“域”对话框。

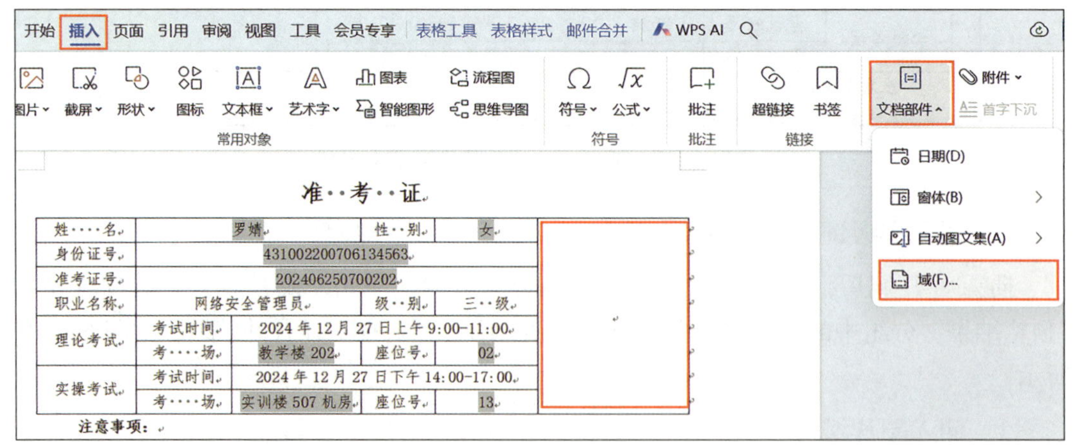

图 5-2-14　插入域

在“域”对话框中的“域名”列表框中选择“插入图片”，在“域代码”文本框中会自动出现“INCLUDEPICTURE”，在后面加上代码“E:\\寸照图片\\ 罗婧.jpg”（“E:\\寸照图片\\"是指寸照图片在计算机中存放的位置，“罗婧.jpg”是指寸照图片的名称，任选一张图片的名称均可），单击“确定”按钮，如图 5-2-15 所示。

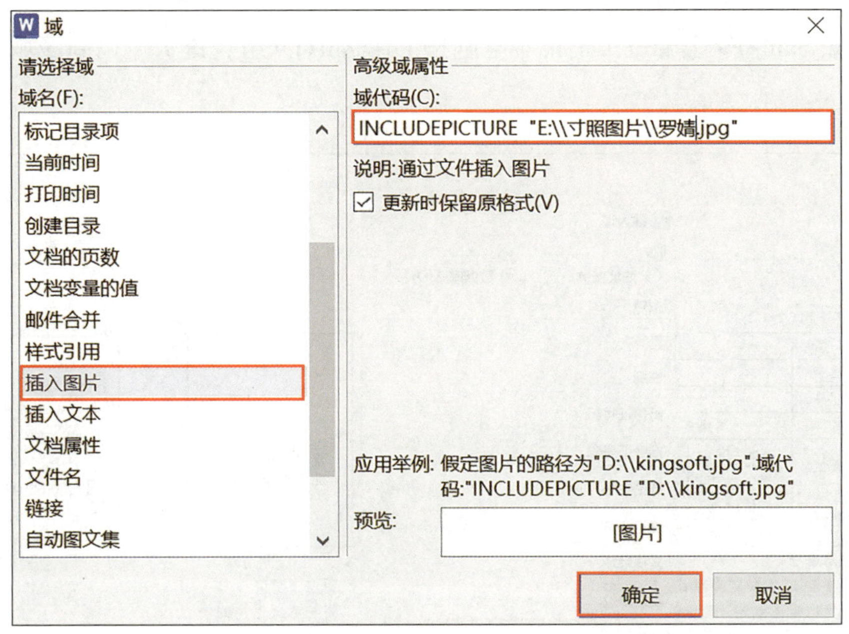

图 5-2-15　插入图片域

插入图片域后，通过预览效果发现，所有准考证的照片都是罗婧同学的寸照，如图 5-2-16 所示，还需做进一步修改。

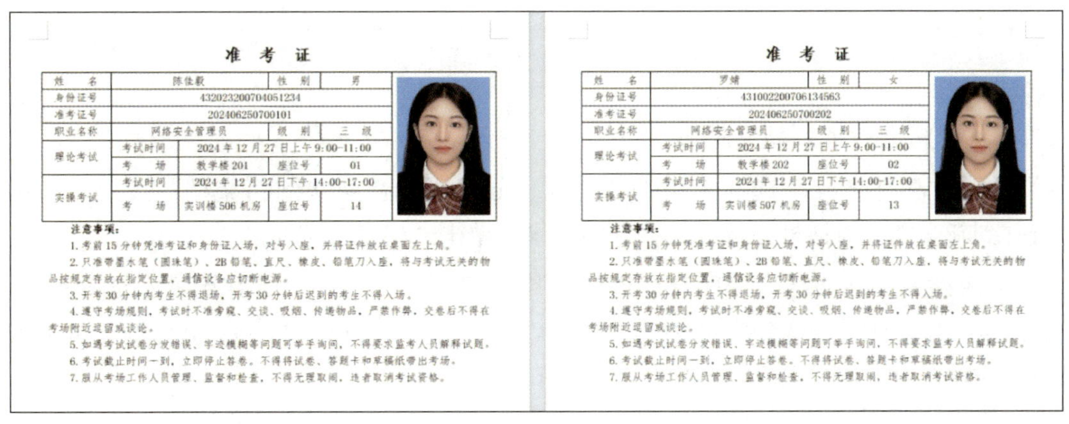

准　考　证

姓　　名	陈佳毅		性　别	男
身份证号	432023200704051234			
准考证号	202406250700101			
职业名称	网络安全管理员		级　别	三　级
理论考试	考试时间	2024 年 12 月 27 日上午 9:00-11:00		
	考　　场	教学楼 201	座位号	01
实操考试	考试时间	2024 年 12 月 27 日下午 14:00-17:00		
	考　　场	实训楼 506 机房	座位号	14

注意事项：

1. 考前 15 分钟凭准考证和身份证入场，对号入座，并将证件放在桌面左上角。
2. 只准带墨水笔（圆珠笔）、2B 铅笔、直尺、橡皮、铅笔刀入座，将与考试无关的物品按规定存放在指定位置，通信设备应切断电源。
3. 开考 30 分钟内考生不得退场，开考 30 分钟后迟到的考生不得入场。
4. 遵守考场规则，考试时不准旁窥、交谈、吸烟、传递物品，严禁作弊，交卷后不得在考场附近逗留或谈论。
5. 如遇考试试卷分发错误、字迹模糊等问题可举手询问，不得要求监考人员解释试题。
6. 考试截止时间一到，立即停止答卷。不得将试卷、答题卡和草稿纸带出考场。
7. 服从考场工作人员管理、监督和检查，不得无理取闹，违者取消考试资格。

准　考　证

姓　　名	罗婧		性　别	女
身份证号	431002200706134563			
准考证号	202406250700202			
职业名称	网络安全管理员		级　别	三　级
理论考试	考试时间	2024 年 12 月 27 日上午 9:00-11:00		
	考　　场	教学楼 202	座位号	02
实操考试	考试时间	2024 年 12 月 27 日下午 14:00-17:00		
	考　　场	实训楼 507 机房	座位号	13

注意事项：

1. 考前 15 分钟凭准考证和身份证入场，对号入座，并将证件放在桌面左上角。
2. 只准带墨水笔（圆珠笔）、2B 铅笔、直尺、橡皮、铅笔刀入座，将与考试无关的物品按规定存放在指定位置，通信设备应切断电源。
3. 开考 30 分钟内考生不得退场，开考 30 分钟后迟到的考生不得入场。
4. 遵守考场规则，考试时不准旁窥、交谈、吸烟、传递物品，严禁作弊，交卷后不得在考场附近逗留或谈论。
5. 如遇考试试卷分发错误、字迹模糊等问题可举手询问，不得要求监考人员解释试题。
6. 考试截止时间一到，立即停止答卷。不得将试卷、答题卡和草稿纸带出考场。
7. 服从考场工作人员管理、监督和检查，不得无理取闹，违者取消考试资格。

图 5-2-16　插入图片域后的准考证预览效果

（2）修改图片域代码

在主文档中选中图片，按 Shift+F9 组合键（笔记本电脑按 Fn+Shift+F9 组合键），选中的图片会以域代码的形式显示。在图片域代码中选中文本“罗婧”，单击“邮件合并”选项卡中的“编写和插入域”分组中的“插入合并域”按钮，在弹出的“插入域”对话框中的“域”列表框中选择“照片”，单击“插入”按钮，这样就用数据源中的“照片”域替换了图片域代码中的图片名称“罗婧”，如图 5-2-17 所示。

再次按 Shift+F9 组合键（笔记本电脑按 Fn+Shift+F9 组合键）可以隐藏域代码，显示图片。

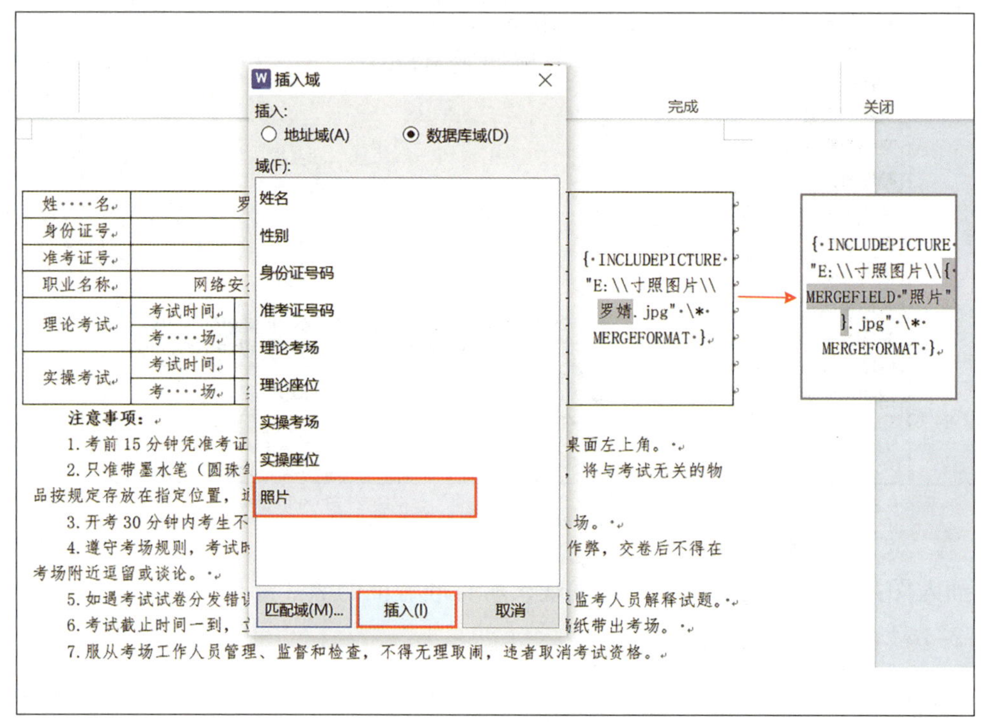

图 5-2-17 修改图片域代码

5. 合并准考证到新文档

单击“邮件合并”选项卡中的“完成”分组中的“合并到新文档”按钮，弹出“合并到新文档”对话框，选择要合并的记录，单击“确定”按钮。

生成准考证新文档后，所有证件照图片还都是罗婧的，需要更新域才能替换掉。按 Ctrl+A 组合键，全选新文档内容，按 F9 键（笔记本电脑按 Fn+F9 组合键）更新域即可。合并后的准考证新文档部分内容如图 5-2-18 所示。

准　考　证

姓　名	陈佳毅		性　别	男	
身份证号	432023200704051234				
准考证号	202406250700101				
职业名称	网络安全管理员		级　别	三　级	
理论考试	考试时间	2024 年 12 月 27 日上午 9:00-11:00			
	考　场	教学楼 201	座位号	01	
实操考试	考试时间	2024 年 12 月 27 日下午 14:00-17:00			
	考　场	实训楼 506 机房	座位号	14	

注意事项：

1. 考前 15 分钟凭准考证和身份证入场，对号入座，并将证件放在桌面左上角。
2. 只准带墨水笔（圆珠笔）、2B 铅笔、直尺、橡皮、铅笔刀入座，将与考试无关的物品按规定存放在指定位置，通信设备应切断电源。
3. 开考 30 分钟内考生不得退场，开考 30 分钟后迟到的考生不得入场。
4. 遵守考场规则，考试时不准旁窥、交谈、吸烟、传递物品，严禁作弊，交卷后不得在考场附近逗留或谈论。
5. 如遇考试试卷分发错误、字迹模糊等问题可举手询问，不得要求监考人员解释试题。
6. 考试截止时间一到，立即停止答卷。不得将试卷、答题卡和草稿纸带出考场。
7. 服从考场工作人员管理、监督和检查，不得无理取闹，违者取消考试资格。

准　考　证

姓　名	罗婧		性　别	女	
身份证号	431002200706134563				
准考证号	202406250700202				
职业名称	网络安全管理员		级　别	三　级	
理论考试	考试时间	2024 年 12 月 27 日上午 9:00-11:00			
	考　场	教学楼 202	座位号	02	
实操考试	考试时间	2024 年 12 月 27 日下午 14:00-17:00			
	考　场	实训楼 507 机房	座位号	13	

注意事项：

1. 考前 15 分钟凭准考证和身份证入场，对号入座，并将证件放在桌面左上角。
2. 只准带墨水笔（圆珠笔）、2B 铅笔、直尺、橡皮、铅笔刀入座，将与考试无关的物品按规定存放在指定位置，通信设备应切断电源。
3. 开考 30 分钟内考生不得退场，开考 30 分钟后迟到的考生不得入场。
4. 遵守考场规则，考试时不准旁窥、交谈、吸烟、传递物品，严禁作弊，交卷后不得在考场附近逗留或谈论。
5. 如遇考试试卷分发错误、字迹模糊等问题可举手询问，不得要求监考人员解释试题。
6. 考试截止时间一到，立即停止答卷。不得将试卷、答题卡和草稿纸带出考场。
7. 服从考场工作人员管理、监督和检查，不得无理取闹，违者取消考试资格。

准　考　证

姓　名	廖义晗		性　别	男	
身份证号	432012200709263693				
准考证号	202406250700213				
职业名称	网络安全管理员		级　别	三　级	
理论考试	考试时间	2024 年 12 月 27 日上午 9:00-11:00			
	考　场	教学楼 202	座位号	13	
实操考试	考试时间	2024 年 12 月 27 日下午 14:00-17:00			
	考　场	实训楼 507 机房	座位号	02	

注意事项：

1. 考前 15 分钟凭准考证和身份证入场，对号入座，并将证件放在桌面左上角。
2. 只准带墨水笔（圆珠笔）、2B 铅笔、直尺、橡皮、铅笔刀入座，将与考试无关的物品按规定存放在指定位置，通信设备应切断电源。
3. 开考 30 分钟内考生不得退场，开考 30 分钟后迟到的考生不得入场。
4. 遵守考场规则，考试时不准旁窥、交谈、吸烟、传递物品，严禁作弊，交卷后不得在考场附近逗留或谈论。
5. 如遇考试试卷分发错误、字迹模糊等问题可举手询问，不得要求监考人员解释试题。
6. 考试截止时间一到，立即停止答卷。不得将试卷、答题卡和草稿纸带出考场。
7. 服从考场工作人员管理、监督和检查，不得无理取闹，违者取消考试资格。

准　考　证

姓　名	邝倩倩		性　别	女	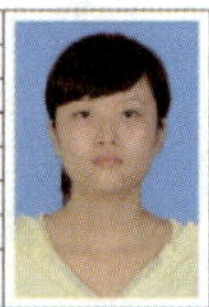
身份证号	432025200612151234				
准考证号	202406250700102				
职业名称	网络安全管理员		级　别	三　级	
理论考试	考试时间	2024 年 12 月 27 日上午 9:00-11:00			
	考　场	教学楼 201	座位号	02	
实操考试	考试时间	2024 年 12 月 27 日下午 14:00-17:00			
	考　场	实训楼 506 机房	座位号	13	

注意事项：

1. 考前 15 分钟凭准考证和身份证入场，对号入座，并将证件放在桌面左上角。
2. 只准带墨水笔（圆珠笔）、2B 铅笔、直尺、橡皮、铅笔刀入座，将与考试无关的物品按规定存放在指定位置，通信设备应切断电源。
3. 开考 30 分钟内考生不得退场，开考 30 分钟后迟到的考生不得入场。
4. 遵守考场规则，考试时不准旁窥、交谈、吸烟、传递物品，严禁作弊，交卷后不得在考场附近逗留或谈论。
5. 如遇考试试卷分发错误、字迹模糊等问题可举手询问，不得要求监考人员解释试题。
6. 考试截止时间一到，立即停止答卷。不得将试卷、答题卡和草稿纸带出考场。
7. 服从考场工作人员管理、监督和检查，不得无理取闹，违者取消考试资格。

图 5-2-18　准考证新文档部分内容

项目六

编排项目技术方案——WPS 文字的长文档编辑

学院需要进行校园监控项目建设，拟定了一份校园监控建设项目技术方案的初稿。现要求小张同学使用 WPS 文字对该项目技术方案按要求重新编排，并生成目录和制作封面，最终效果如图 6-0-1 所示。

目　录

一、 项目概况……1
（一） 校园安全需求……1
（二） 教育教学支持……1
（三） 符合法规要求……1
（四） 提高管理效率……2
（五） 预防和解决纠纷……2
（六） 提升学生和教师安全感……2
二、 系统架构……3
（一） 学校监控系统概述……3
（二） 突发事件快速应急需求……3
三、 相关的国家标准设计……4
（一） 视频监控系统……4
1． 前端监控点设计……4
2． 监控中心设计……5
（二） 传输系统……5
1． 网络的总体设计……5
2． 网络的详细设计……7
3． VLAN 规划……7
4． IP 地址规划……8
四、 系统功能优势……9
（一） 总体设计……9
1． 开放性……9
2． 融合性……9
（二） 平台特点……10
1． 全面的网络传输策略……10
2． 合理的服务架设……10
3． 灵活的用户管理……10
4． 完善的设备支持……11
5． 丰富的技术设计……11
（三） 平台软件功能……11
1． 视频监控业务……11
2． 系统管理……12
3． 监控指挥……13
4． 校园管理应用……15
5． 运维统计……16

图 6-0-1　项目技术方案的最终效果

小张同学首先对长文档进行页面设置，根据要求修改并应用各级标题等样式，文档各级标题采用多级编号，使文档结构图更加清晰，然后为文档内容插入注释，如为文本插入脚注等，或为图片等插入题注，并交叉引用文档内容，利用分节符为文档分节，在文档的不同节中插入不同的页眉或页脚，最后根据文档标题级别生成目录和快速制作封面，并对文档进行审阅和修订，确保文档内容的准确性和完整性。完成本项目的思维导图如图 6-0-2 所示。

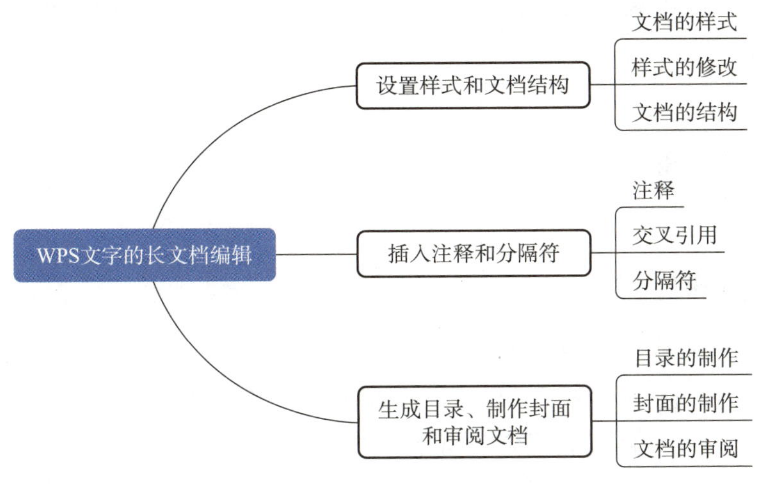

图 6-0-2　编排项目技术方案的思维导图

任务 1　设置样式和文档结构

1. 能够根据文档结构要求新建、修改及应用样式。
2. 能够设置多级编号规范文档结构并快速浏览、定位文档内容。

小张同学要使用 WPS 文字对项目技术方案文档进行编排，首先根据长文档的结构要求，设置相应的段落样式、字符样式，并将样式应用到文档中，然后设置多级编号并应用到文档中的各级标题，最后在导航窗格中清晰地显示文档结构，并快速浏览、定位文档内容。

一、文档的样式

1. “样式和格式”窗格

单击“开始”选项卡中的“样式”分组右下角的按钮↘，或在任务窗格中单击“样式”按钮，打开“样式和格式”窗格，可以查看并设置当前文档的所有样式，如图 6-1-1 所示。

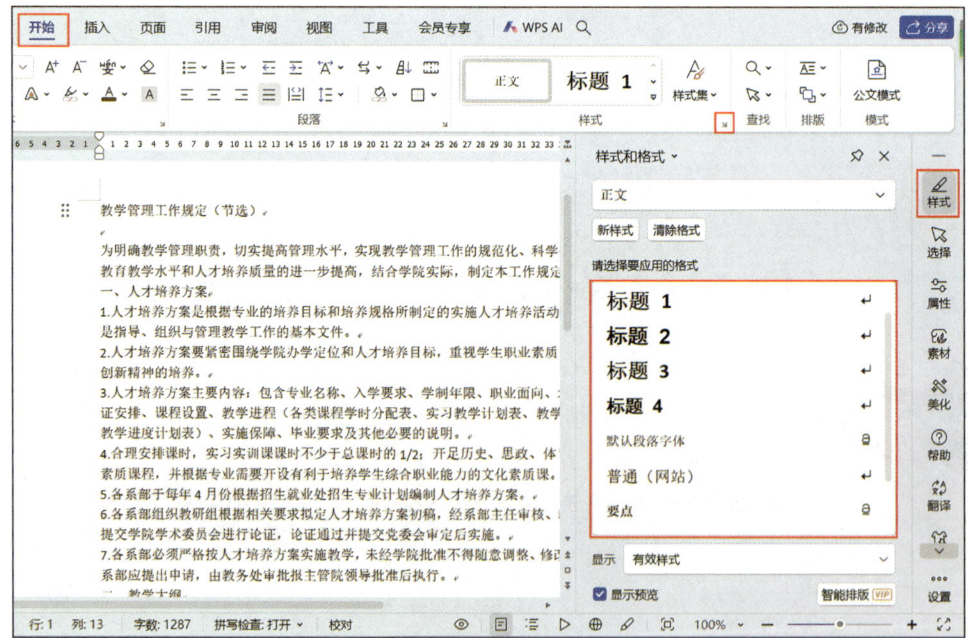

图 6-1-1 “样式和格式”窗格

2. 样式的分类

（1）字符样式和段落样式

字符样式仅适用于选中的文本，可以提供文本的字体、字号、字符间距和特殊效果等设置效果，在样式名称后面会有标记a。段落样式适用于一个段落，可以提供字体、制表位、边框、段落格式等设置效果，在样式名称后面会有标记↵，如图 6–1–2 所示。

（2）内置样式和自定义样式

WPS 文字自带的样式称为内置样式。如果内置样式不能满足用户的要求，则用户可以新建样式，这类样式称为自定义样式。在使用上内置样式和自定义样式没有区别，但自定义样式可以删除，而内置样式无法删除。例如，在“样式和格式”窗格中单击“普通（网站）”下拉按钮，在弹出的下拉菜单中选择“删除”命令，如图 6–1–3 所示，即可删除“普通（网站）”自定义样式。

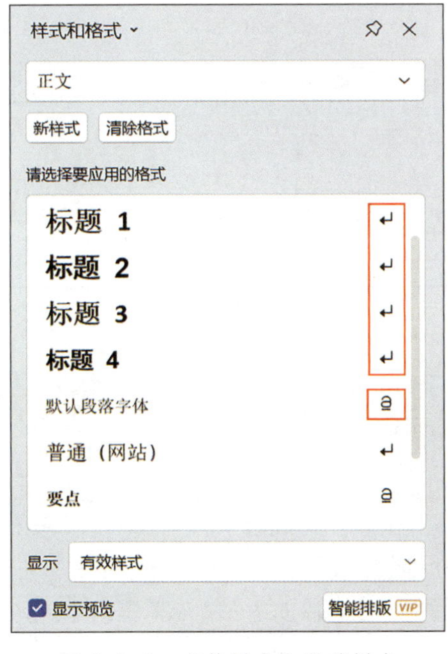

图 6–1–2　字符样式和段落样式

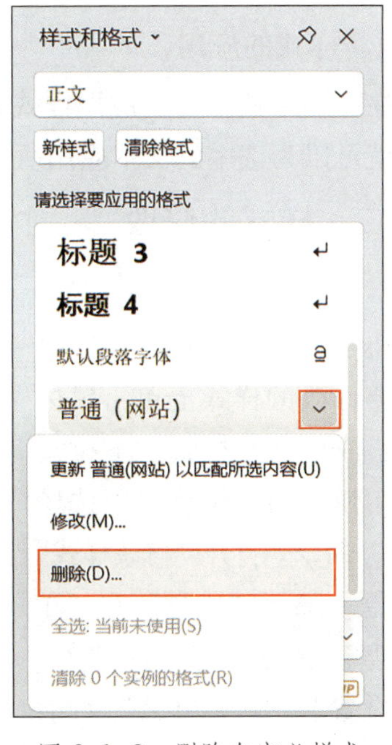

图 6–1–3　删除自定义样式

3. 样式的新建

单击“样式和格式”窗格中的“新样式”按钮，打开“新建样式”对话框，在“属性”中可以设置样式名称、样式类型等，在“格式”中可以快速设置常用的字体和段落格式。当然，还可以单击“格式”下拉按钮，在弹出的下拉列表中选择相应命令进行更多格式设置，设置完成后单击“确定”按钮，如图 6–1–4 所示，即可新建自定义样式。

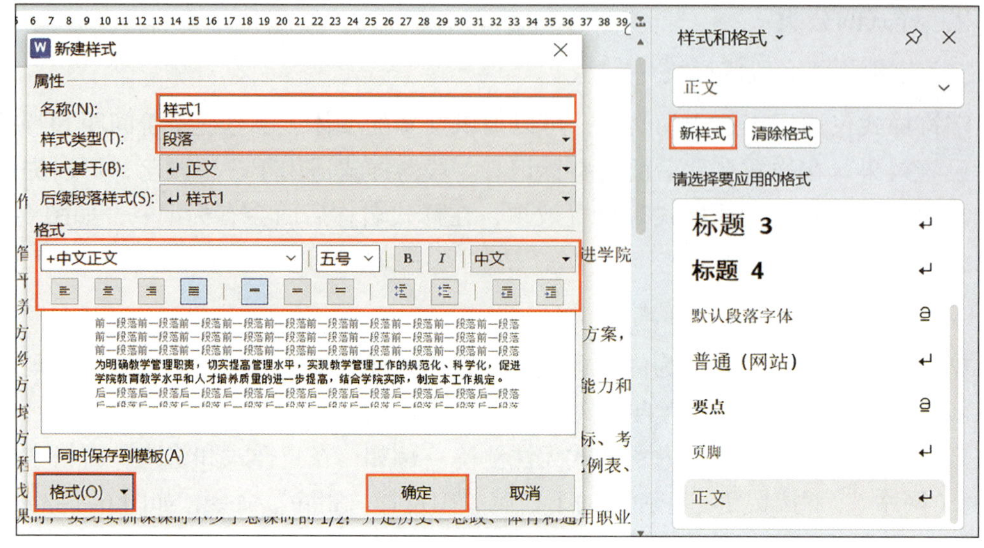

图 6-1-4 “新建样式”对话框

4. 样式的应用

在文档中选中需要应用样式的文本，在“样式和格式”窗格中选择要应用的样式，这样就可以为选中的文本应用所选样式。

二、样式的修改

1. “修改样式”对话框

在“样式和格式”窗格中的需要修改的样式上单击鼠标右键，或单击该样式的下拉按钮，在弹出的下拉菜单中选择“修改”命令，打开“修改样式”对话框。除了“名称”和“样式类型”中的内容不能修改，其他设置与“新建样式”对话框类似。如果需要进行更多格式设置，则需要单击“格式”下拉按钮，如图 6-1-5 所示。

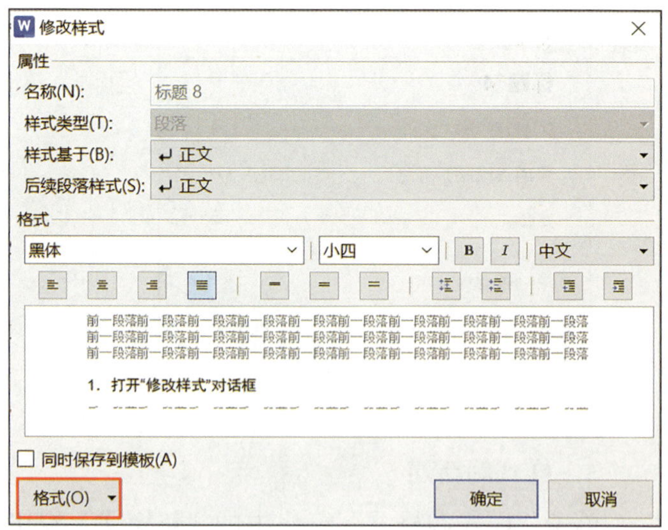

图 6-1-5 “修改样式”对话框

2. 格式的修改

在弹出的“格式”下拉列表中，可以进行字体、段落、制表位、边框、编号、快捷键和文本效果等设置，如图 6-1-6 所示，选择相应的命令后会弹出对应的对话框，设置完成后返回“修改样式”

对话框，单击“确定”按钮，即可完成格式的修改。

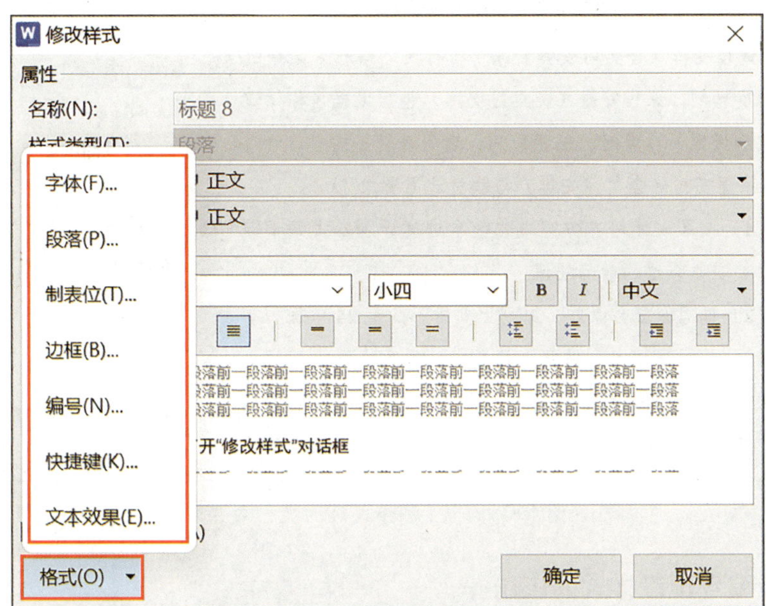

图 6-1-6　“格式”下拉列表

例如，可以将文档中的样式进行设置并应用到相应的文本或段落中去。修改或新建样式和格式要求见表 6-1-1。

表 6-1-1　修改或新建样式和格式要求

序号	样式名称	样式应用	字体格式	段落格式
1	标题 1（修改）	文档中标有“一、”“二、”“三、”的段落	黑体、小二、加粗	居中对齐、段前间距 0.5 行、段后间距 0.5 行、单倍行距
2	标题 2（修改）	文档中标有“1.”“2.”“3.”的段落	仿宋、三号	两端对齐、首行缩进 2 字符、单倍行距，取消勾选“段中不分页”和“与下段同页”复选框
3	标题 3（修改）	文档中标有“(1)”“(2)”“(3)”的段落		
4	我的正文（新建）	文档中其他所有段落		

应用样式后的文档效果如图 6-1-7 所示。

三、文档的结构

在撰写、阅读长文档时，用户可借助导航窗格快速地查阅文档结构。通过自定义多级编号的应用，可为文档不同层级的标题文本添加对应的编号。当标题文本发生变更时，编号能够自动更新，避免了手动修改编号的烦琐和错误。

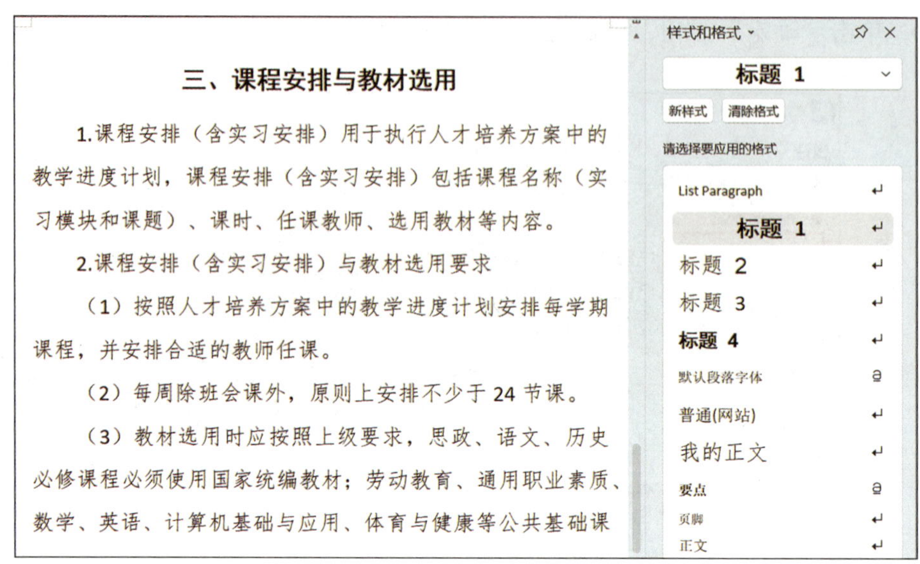

图 6-1-7　应用样式后的文档效果

1. 多级编号预设样式的应用

将光标移至需要设置编号的标题文本中，单击“开始”选项卡中的“段落”分组中的“编号”下拉按钮，在下拉菜单中的“多级编号”中选择一款预设样式即可，如图 6-1-8 所示。

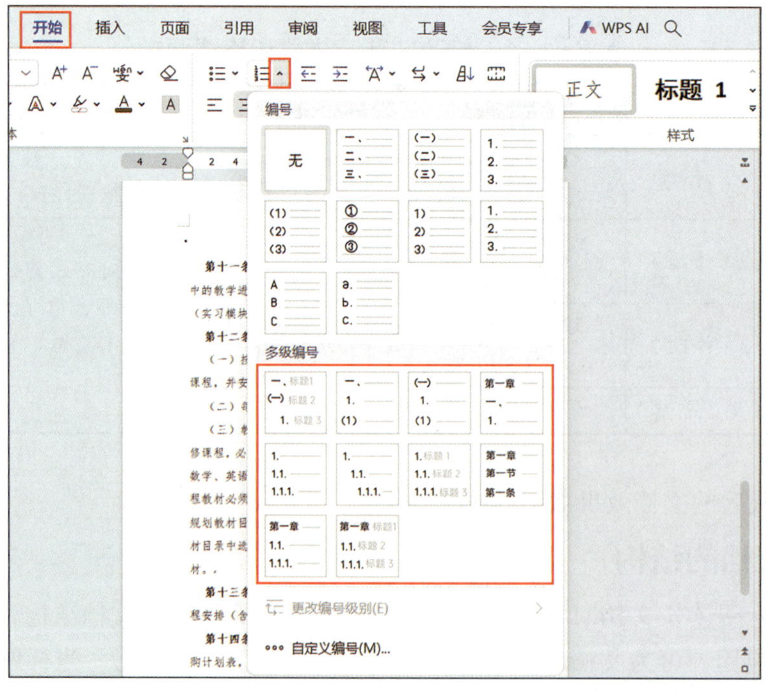

图 6-1-8　多级编号预设样式

2. 多级编号的自定义设置

（1）“项目符号和编号”对话框

将光标移至需要设置编号的标题文本中，单击“开始”选项卡中的“段落”分组中的“编号”下拉按钮，在下拉菜单中选择“自定义编号”命令，打开“项目符号和编号”对话框，切换至“多级编号”选项卡，选择第二行第一列的预设多级编号样式，单击“自定义”按钮，如图 6-1-9 所示，打开“自定义多级编号列表”对话框。

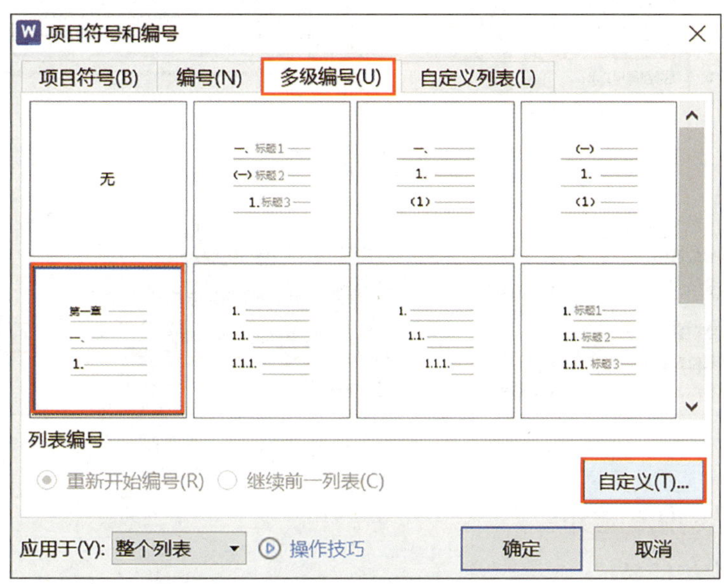

图 6-1-9 “项目符号和编号”对话框

（2）“自定义多级编号列表”对话框

在“自定义多级编号列表”对话框（见图 6-1-10）中，各设置项的含义如下。

1）“级别”列表框：用于选择要设置的编号级别。

2）“编号格式”文本框：用于设置编号的格式，带圈的编号不能修改，其他可以修改成用户想要的格式。

3）“编号样式”下拉列表：可选择编号样式，如“一，二，三 ...”“1,2,3...”。

4）“起始编号”文本框：用于设置编号的起始数字，一般设置为“1”。

5）“字体”按钮：可打开“字体设置”对话框，用于设置编号的字符格式。

6）“将级别链接到样式”下拉列表：可设置该编号级别对应的标题样式。

7）“编号之后”下拉列表：可设置编号与标题之间的内容，如“制表符”“空格”“无特别提示”。

8）“在其后重新开始编号”复选框：对 1 级编号不能设置此功能，从 2 级编号开始，一般都要勾选此复选框并设置上一级编号，这样可以设置从当前级别重新开始编号。

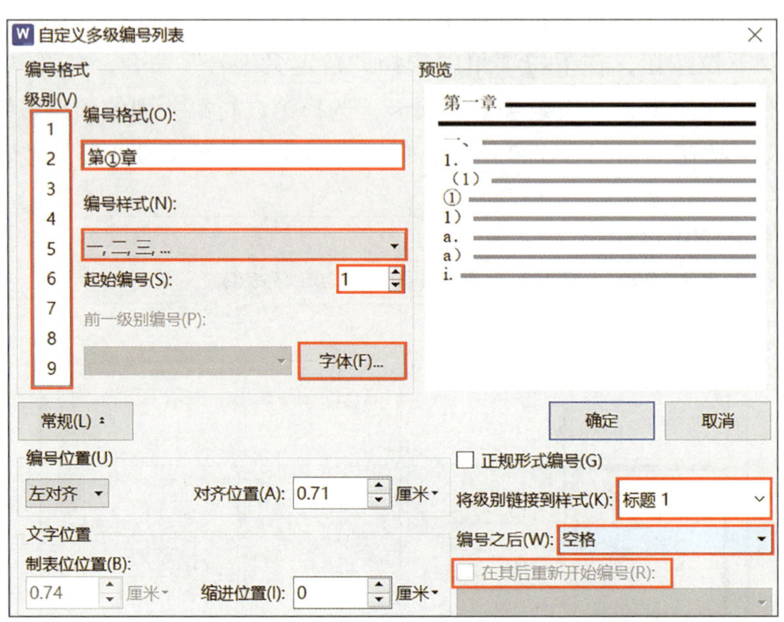

图 6-1-10 “自定义多级编号列表”对话框

3. 文档结构图的应用

（1）导航窗格的显示

文档结构图是一种非常有用的工具，它可以帮助读者快速了解文档的组织结构和主要内容。单击“视图”选项卡中的“显示”分组中的“导航窗格”下拉按钮，在下拉菜单中选择“靠左”命令，则在文档左侧显示导航窗格，如图 6–1–11 所示，其中包含“目录”“章节”“书签”和“查找和替换”等 4 个选项卡。

（2）文档内容的快速浏览和定位

在导航窗格中的“目录”选项卡中可以显示整个文档的目录结构。单击各级标题左侧的三角形按钮可以展开或折叠相应的子标题，单击导航窗格中的标题可以快速定位到文档中的相应标题位置并浏览文档内容，如图 6–1–12 所示。

1. 设置页面

打开“素材\项目六”文件夹中的“校园监控建设项目技术方案.docx”文档，通过“页面设置”对话框进行以下设置。

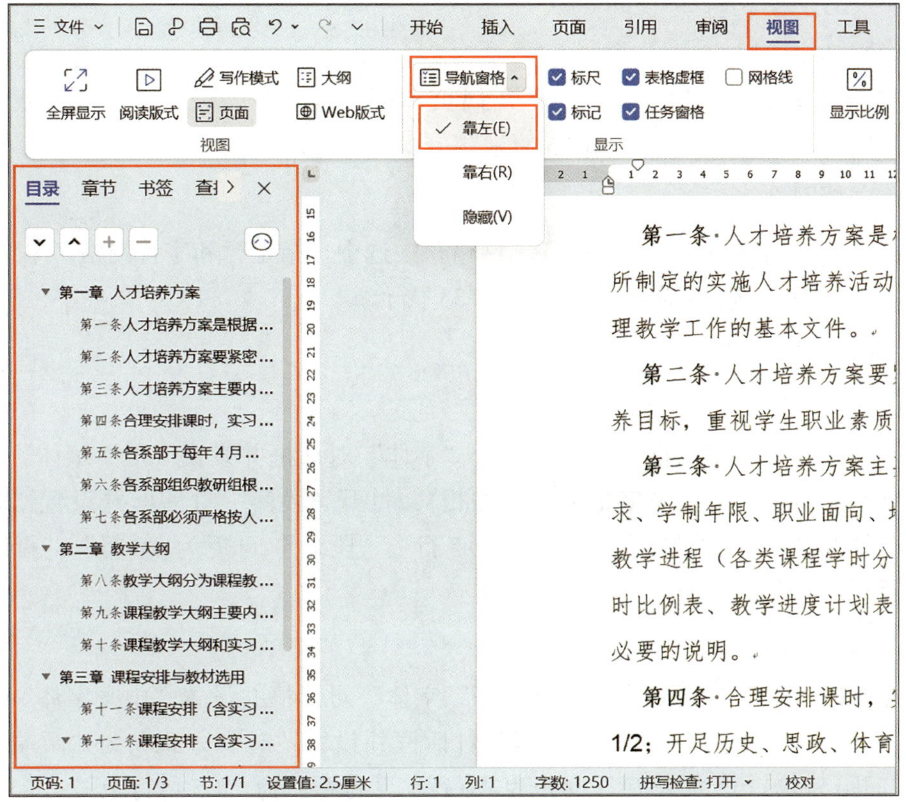

图 6-1-11　导航窗格

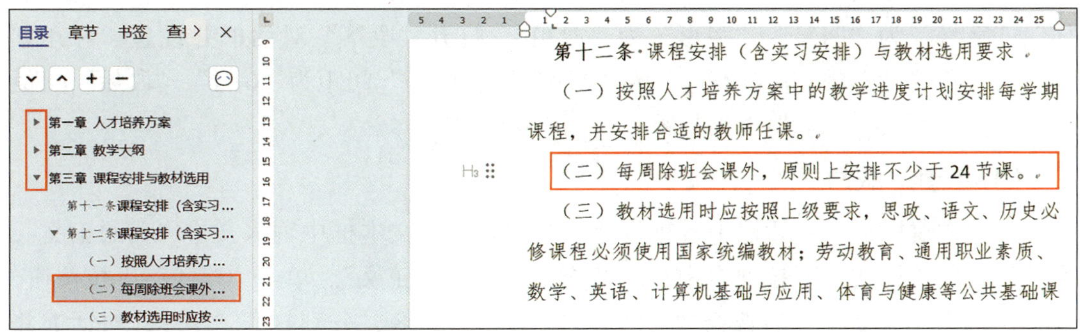

图 6-1-12　文档内容的快速浏览和定位

（1）页边距

在“页边距”选项卡中，设置“上”边距和“下”边距均为“3 厘米”、“左”边距和“右”边距均为“2.5 厘米”、“装订线位置”为“左”、“装订线宽”为“0.5 厘米”、“方向”为“纵向”。

（2）纸张

切换至“纸张”选项卡，在“纸张大小”下拉列表中选择“A4”。

（3）版式

切换至“版式”选项卡，勾选“奇偶页不同”复选框，设置“页眉”距边界为“1.5 厘米”、“页脚”距边界为“1.75 厘米”。

（4）文档网格

切换至“文档网格”选项卡，在“网格”中选中“指定行和字符网格”单选按钮，设置“每行”为“32”字符、“每页”为“35”行。

2．修改和新建样式

（1）修改“标题 1”样式

在“修改样式”对话框中，分别打开“字体”对话框并设置“中文字体”为“宋体”、“字号”为“小二”、“字形”为“加粗”，打开“段落”对话框并设置“对齐方式”为“居中对齐”、“段前”间距为“0.5 行”、“段后”间距为“0 行”、“行距”为“单倍行距”。

（2）修改“标题 2”样式

在“修改样式”对话框中，分别打开“字体”对话框并设置“中文字体”为“黑体”、“字号”为“小三”，打开“段落”对话框并设置“对齐方式”为“两端对齐”、“段前”间距为“0 行”、“段后”间距为“0 行”、“行距”为“1.5 倍行距”。

（3）修改“标题 3”样式

在“修改样式”对话框中，分别打开“字体”对话框并设置“中文字体”为“宋体”、“字号”为“四号”、“字形”为“加粗”，打开“段落”对话框并设置“对齐方式”为“两端对齐”、“首行缩进”为“2 字符”、“段前”间距为“0 行”、“段后”间距为“0 行”、“行距”为“1.5 倍行距”。

（4）新建“我的正文”样式

在“新建样式”对话框中进行设置。在“名称”文本框中输入文本“我的正文”，在“后续段落样式”下拉列表中自动填充文本“我的正文”。单击“格式”下拉按钮，在弹出的下拉列表中先后选择“字体”和“段落”命令，分别打开“字体”对话框并设置“中文字体”为“宋体”、“字号”为“四号”，打开“段落”对话框并设置“对齐方式”为“两端对齐”、“首行缩进”为“2 字符”、“行距”为“1.5 倍行距”，取消勾选“如果定义了文档网格，则与网格对齐”复选框，设置完成后返回“新建样式”对话框，单击“确定”按钮，如图 6–1–13 所示，即可新建“我的正文”样式。

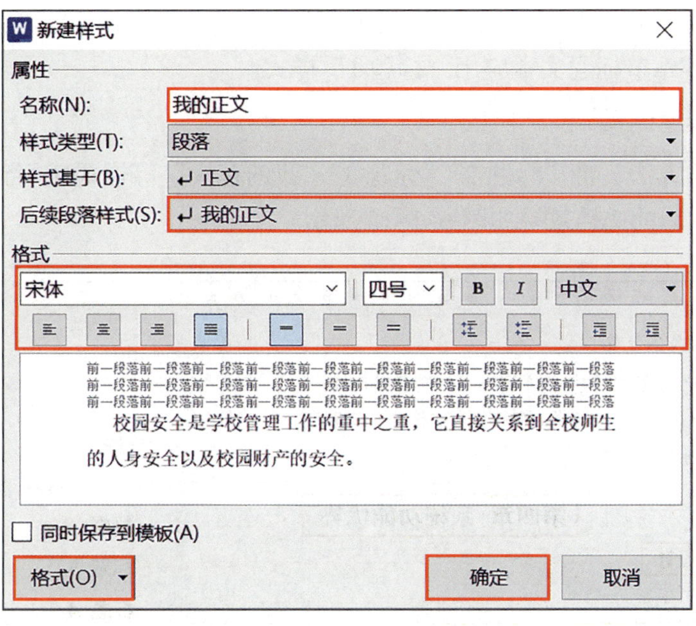

图 6-1-13 新建“我的正文”样式

3. 应用样式

（1）应用“标题 1”样式

在文档中选中“第一章 项目概况”标题文本，单击“开始”选项卡中的“查找”分组中的“选择”下拉按钮 ，在弹出的下拉菜单中选择“选择格式相似的文本”命令，如图 6-1-14 所示，即可将格式相似的章节标题文本全部选中。

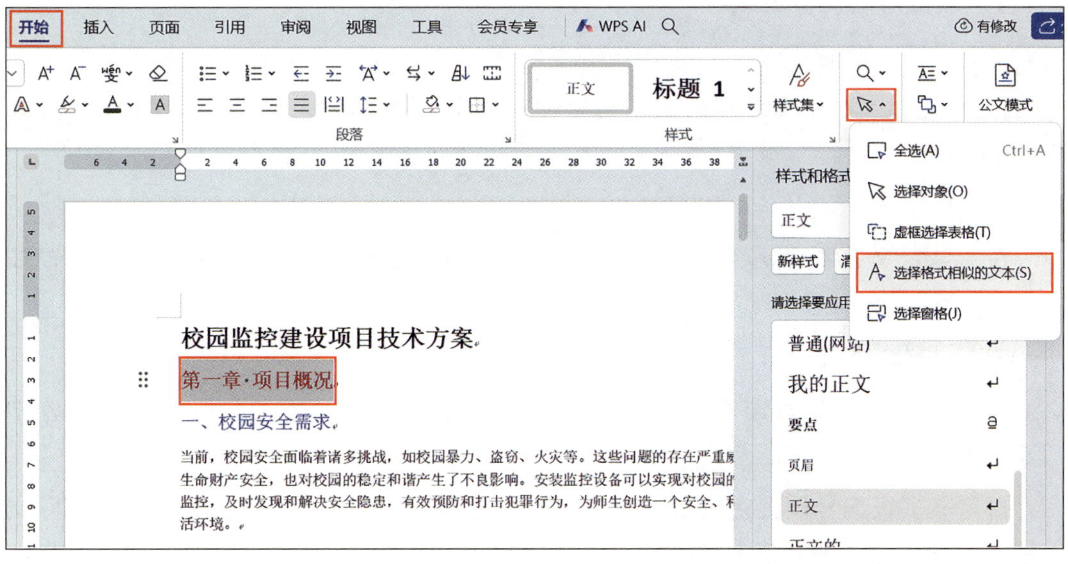

图 6-1-14 选择格式相似的文本

接下来，继续在“样式和格式”窗格中选择“标题 1”样式，即可为所选的“第一章 项目概况”等章节标题文本应用“标题 1”样式。

（2）应用其他样式

使用相同的方法，将“标题 2”“标题 3”“我的正文”等样式应用到其他标题和正文中。应用样式后的文档效果如图 6-1-15 所示。

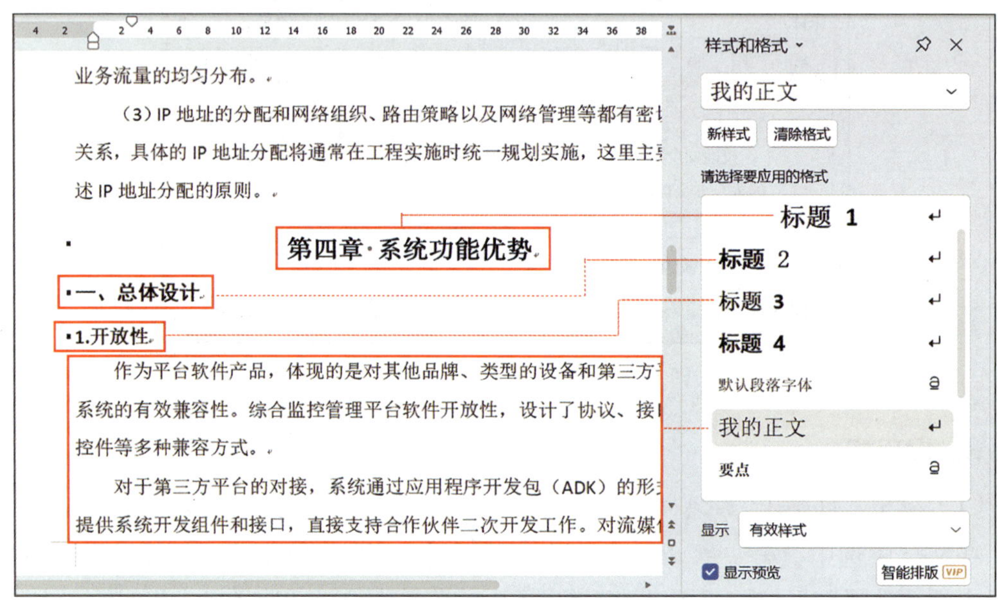

图 6-1-15　应用样式后的文档效果

4. 设置自定义多级编号

（1）设置 1 级编号

打开“自定义多级编号列表”对话框，选择“级别”为“1”级，其他设置如图 6-1-16 所示。

（2）设置 2 级编号

在“自定义多级编号列表”对话框中，选择“级别”为“2”级，其他设置如图 6-1-17 所示。

（3）设置 3 级编号

在“自定义多级编号列表”对话框中，选择“级别”为“3”级，其他设置如图 6-1-18 所示。

自定义多级编号设置完成后，导航窗格中可以显示文档的 3 级目录结构。删除文档中原有的编号（如“第一章”“一、”“1.”等），多级编号设置完成后的文档效果如图 6-1-19 所示。

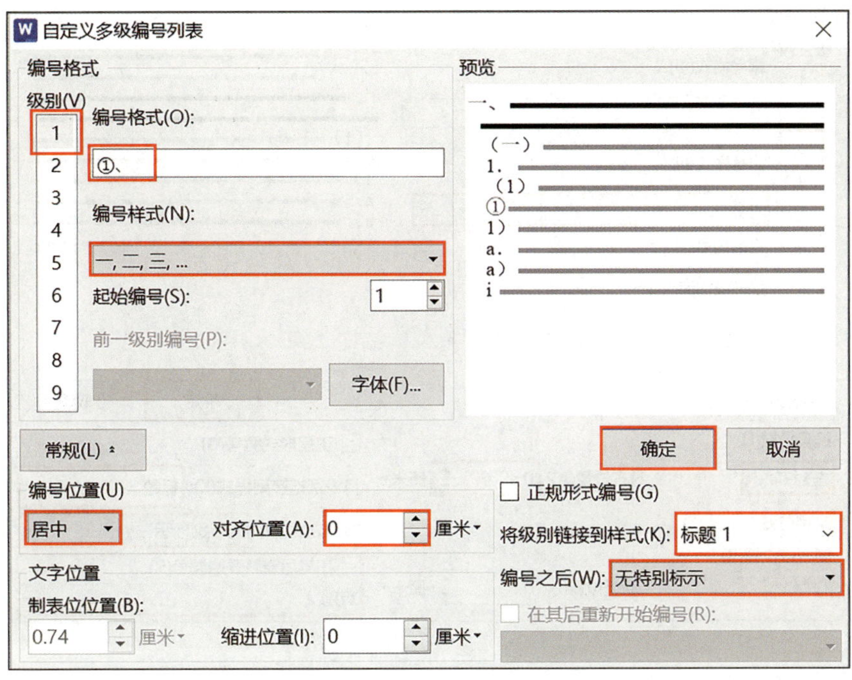

图 6-1-16　设置 1 级编号

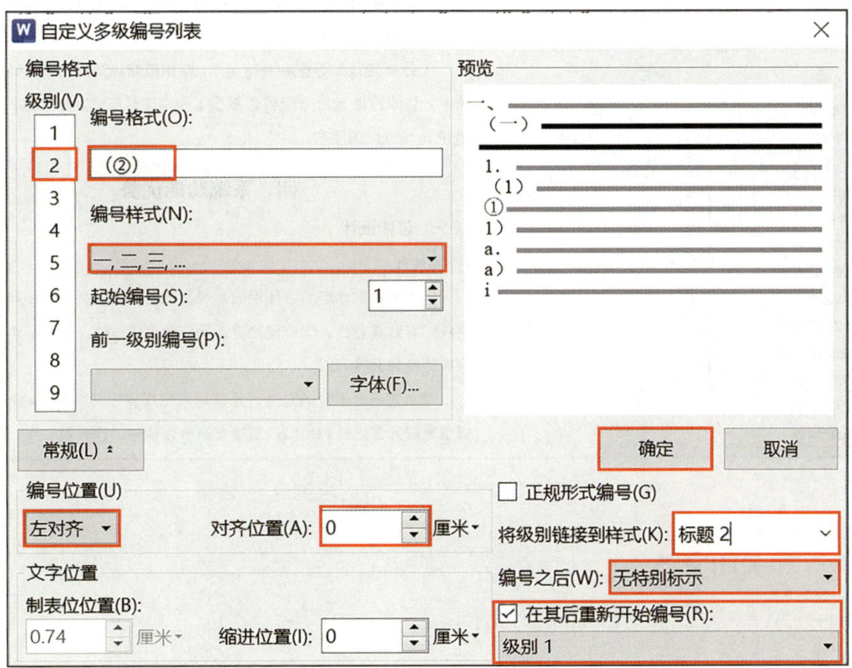

图 6-1-17　设置 2 级编号

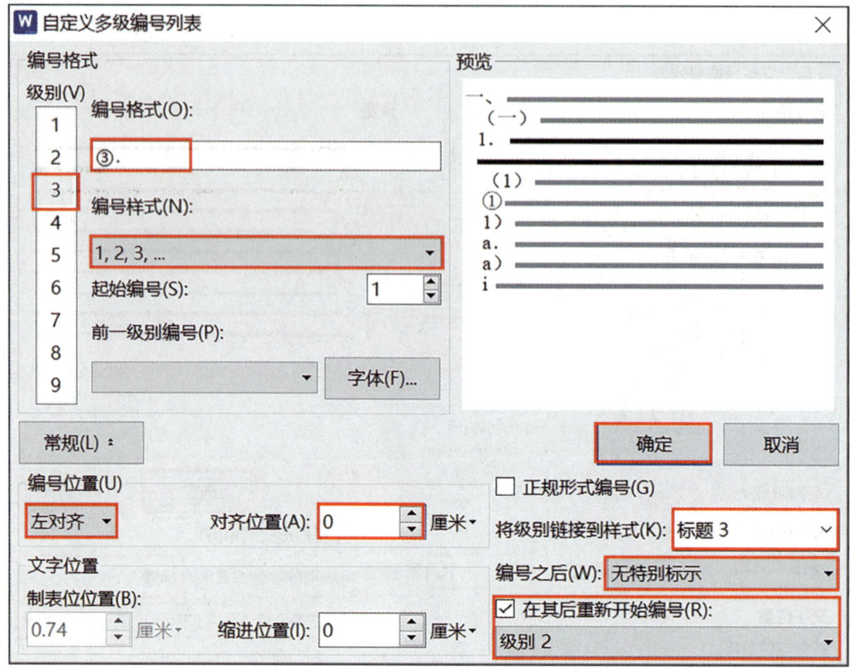

图 6-1-18　设置 3 级编号

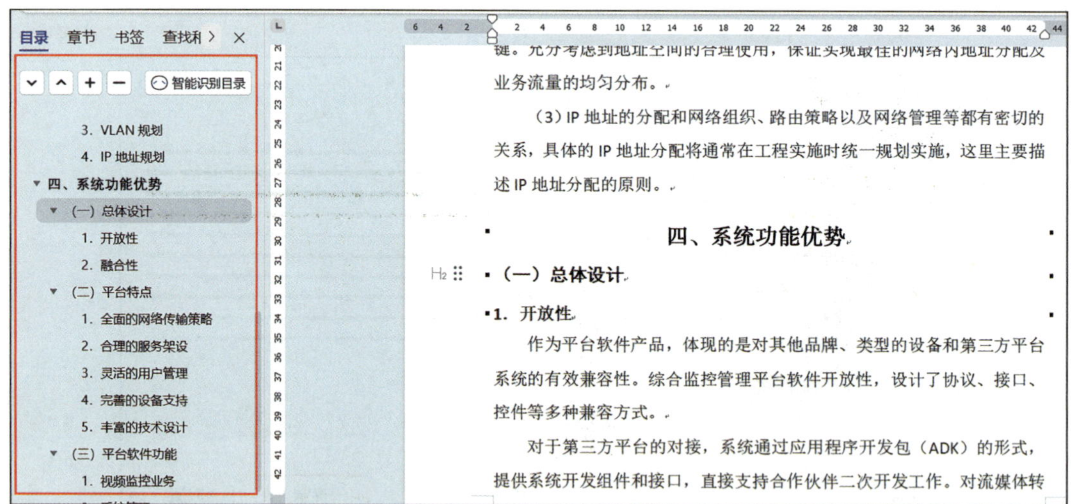

图 6-1-19　多级编号设置完成后的文档效果

5. 保存和关闭文档

按 Ctrl+S 组合键保存文档后关闭文档。

任务 2 插入注释和分隔符

1. 能够在文档中插入脚注、尾注和题注等注释内容。
2. 能够在文档中为题注插入交叉引用。
3. 能够根据需要插入分隔符，完成较复杂的排版操作。

小张同学在完成文档样式应用并统一格式后，继续在文档中添加文本注释内容，为文档中的图片等对象插入题注并插入交叉引用。同时，需要在文档中插入分节符，设置不同节的格式，并为各节设置特定的页眉和页脚，以提升文档的可读性和美观度。

一、注释

1. 脚注和尾注

脚注和尾注用于对正文中的某些内容进行注释或说明，通常脚注默认位于页面底端，尾注默认位于文档结尾。

（1）脚注的插入

将光标移至需要插入脚注的文本之后，单击“引用”选项卡中的“脚注和尾注”分组中的“插入脚注”按钮，要注释的文本后方会自动添加脚注编号，光标自动跳转到页面底端脚注编号后面，输入脚注内容。单击“脚注 / 尾注分隔线”按钮，可显示或隐藏正文和脚注之间的分隔线，如图 6-2-1 所示。

（2）尾注的插入

将光标移至需要插入尾注的文本之后，单击“引用”选项卡中的“脚注和尾注”分组中的“插入尾注”按钮，与插入脚注的方法相同。

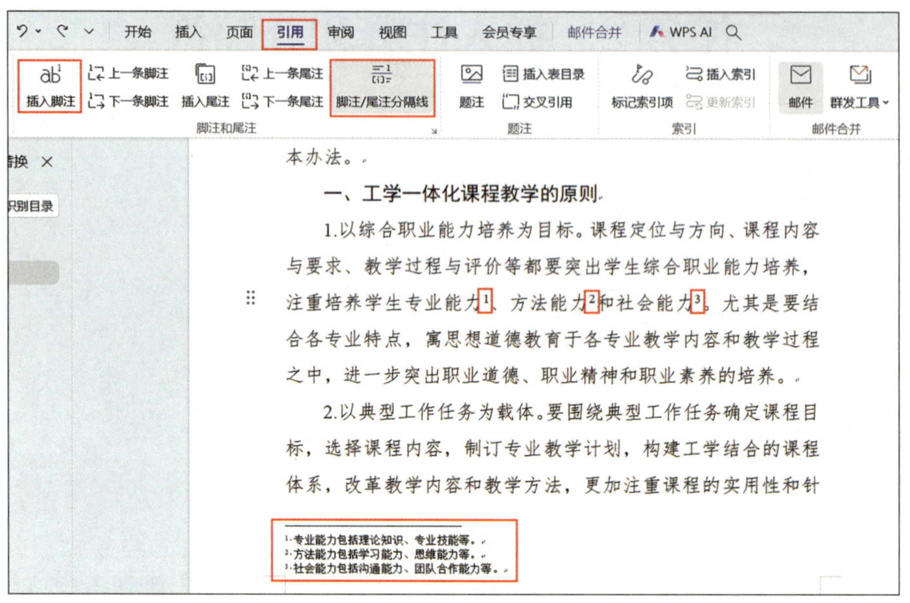

图 6-2-1　插入脚注

（3）“脚注和尾注”对话框

将光标移至需要插入脚注或尾注的文本之后，单击“引用”选项卡中的“脚注和尾注”分组右下角的按钮↘，在弹出的“脚注和尾注”对话框中可以分别设置脚注或尾注的插入位置，其中，脚注位置可在“脚注”下拉列表中选择“页面底端”或“文字下方”，尾注位置可在“尾注”下拉列表中选择“文档结尾”或“节的结尾”，将编号格式、起始编号和编号方式等属性设置完成后，单击“插入”按钮，如图 6-2-2a 所示，完成脚注或尾注的插入。同时，脚注与尾注也可以互相转换，单击“转换”按钮，如图 6-2-2b 所示，可以实现脚注全部转换成尾注、尾注全部转换成脚注、脚注和尾注相互转换等功能。

（4）脚注和尾注的删除

选中注释内容后面的脚注和尾注编号，按 Delete 键删除即可。

2. 题注

题注用于为插入的图片、表格、图表、公式等对象添加一段简短描述或编号。当移动、插入或删除带题注的对象后，题注编号会自动更新。

选中要插入题注的图片或表格等对象，单击“引用”选项卡中的“题注”分组中的“题注”按钮，打开“题注”对话框，在“标签”下拉列表中选择“表”，也可以单击“新建标签”按钮新建自定义标签，在“位置”下拉列表中选择“所选项目上方”，通过单击“编号”按钮可以打开“题注编号”对话框进行设置，在“题注”文本框中输入题注内容，单击“确定”按钮，即可完成题注的插入，如图 6-2-3 所示。

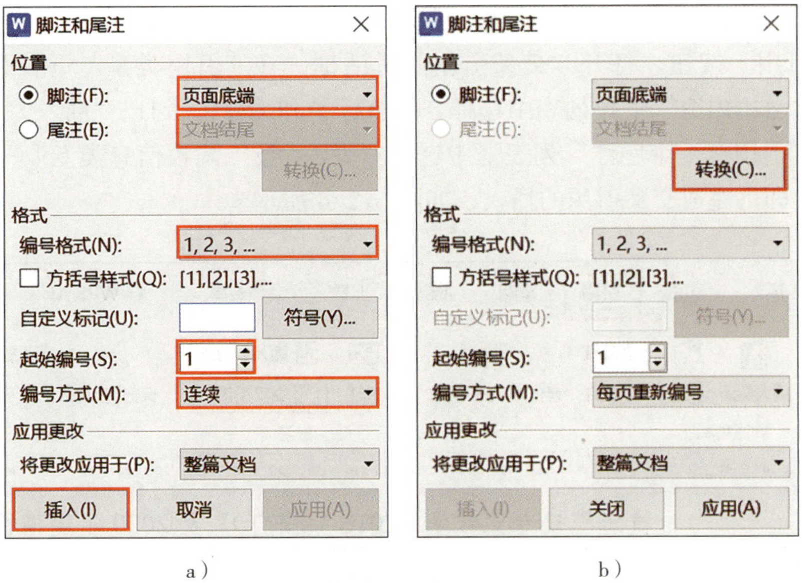

a）　　　　b）

图 6-2-2　“脚注和尾注”对话框

a）插入脚注或尾注　b）转换脚注与尾注

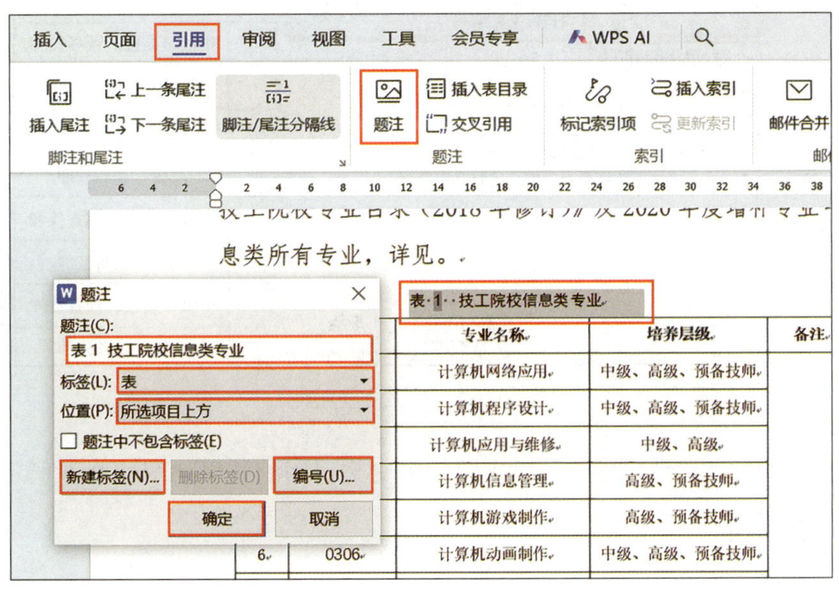

图 6-2-3　插入题注

二、交叉引用

交叉引用是指在文档中某个位置对另一个位置的内容进行引用的方式。交叉引用不仅可以帮助用户尽快找到所需信息，还能使整个文档的结构更有条理。在 WPS 文字中可以为标题、脚注、书签、题注、编号项等创建交叉引用。

将光标移至需要插入交叉引用的位置，单击“引用”选项卡中的“题注”分组中的“交叉引用”按钮，打开“交叉引用”对话框，在“引用类型”下拉列表中选择“表”，在“引用内容”下拉列表中选择“只有标签和编号”，勾选“插入为超链接”复选框，在“引用哪一个题注”列表框中选择“表 1　技工院校信息类专业”，单击“插入”按钮，即可完成交叉引用的插入，如图 6–2–4 所示。

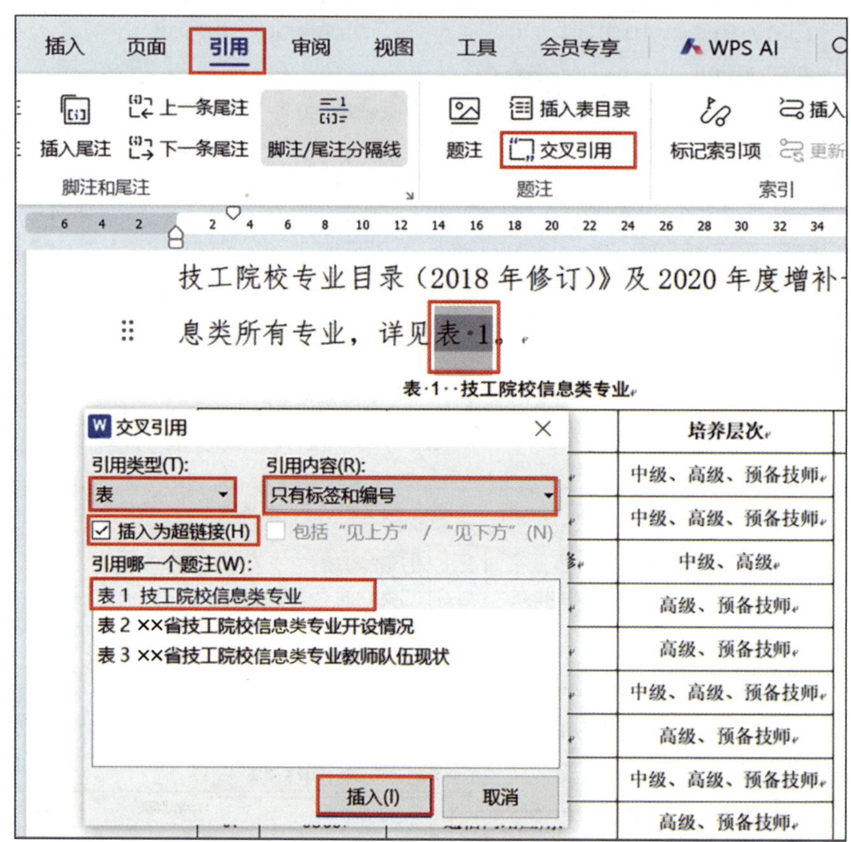

图 6–2–4　插入交叉引用

使用相同的方法，为“表 2”插入题注和交叉引用的效果如图 6–2–5 所示。

三、分隔符

1. 分隔符的类型

将光标定位在要插入分隔符的位置，单击“插入”选项卡中的“页”分组中的“分页”下拉按钮，在下拉菜单中可以选择要插入的分隔符类型，如图 6–2–6 所示。

（1）分页符

将光标之后的内容强制换到下一页的起始位置显示，分页之后的内容与之前的内容仍属于同一节，保持节内的一致性，可按 Ctrl+Enter 组合键实现。

进行调查，根据被调查的技工院校近三年的招生简章进行统计和分析，全省技工院校信息类专业开设情况见表 2。

表 2 ××省技工院校信息类专业开设情况

序号	专业编码	专业名称	学校数	占比	备注
1	0301	计算机网络应用	10	52.63%	
2	0302	计算机程序设计	2	10.53%	
3	0303	计算机应用与维修	7	36.84%	含计算机应用技术
4	0304	计算机信息管理	1	5.26%	
5	0305	计算机游戏制作	1	5.26%	
6	0306	计算机动画制作	2	10.53%	
7	0307	计算机广告制作	10	52.63%	含平面设计

图 6-2-5 插入题注和交叉引用

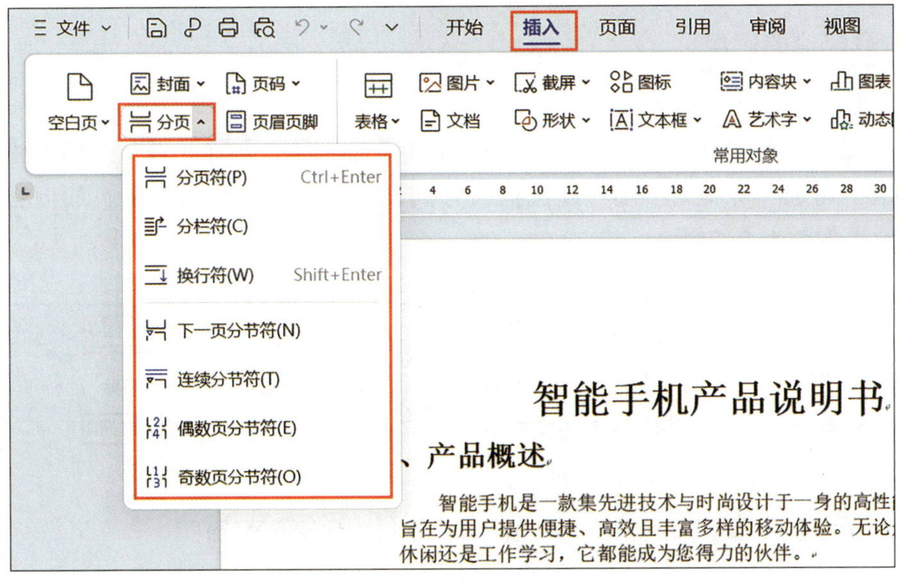

图 6-2-6 分隔符的类型

（2）分栏符

对于分栏的段落，将当前栏光标之后的内容强制换到下一栏的起始位置显示。

（3）换行符

将光标之后的内容强制换到下一行的起始位置显示，换行之后的内容与之前的内容仍属于同一段落，可按 Shift+Enter 组合键实现。

（4）下一页分节符

将光标之后的内容强制换到下一页的起始位置显示。分节之后的内容与之前的内容分属不同的节，便于节内独立格式设置。

（5）连续分节符

将光标之后的内容强制换到下一段落的起始位置显示（不分页），分节之后的内容与之前的内容分属不同的节，便于节内独立格式设置。

（6）偶数页分节符

将光标之后的内容强制换到下一个偶数页的起始位置显示。分节之后的内容与之前的内容分属不同的节，且新节从下一个偶数页开始。若当前页为偶数页，则文档中间可能留有空白页。

（7）奇数页分节符

将光标之后的内容强制换到下一个奇数页的起始位置显示。分节之后的内容与之前的内容分属不同的节，且新节从下一个奇数页开始。若当前页为奇数页，则文档中间可能留有空白页。

2. 分隔符的应用

（1）插入多个页眉的设置

双击文档顶部的页眉区域，进入页眉编辑状态，在“页眉页脚”选项卡中的“选项”分组中勾选“奇偶页不同”复选框，分别设置奇数页和偶数页的页眉内容，设置完成的效果如图 6–2–7 所示。

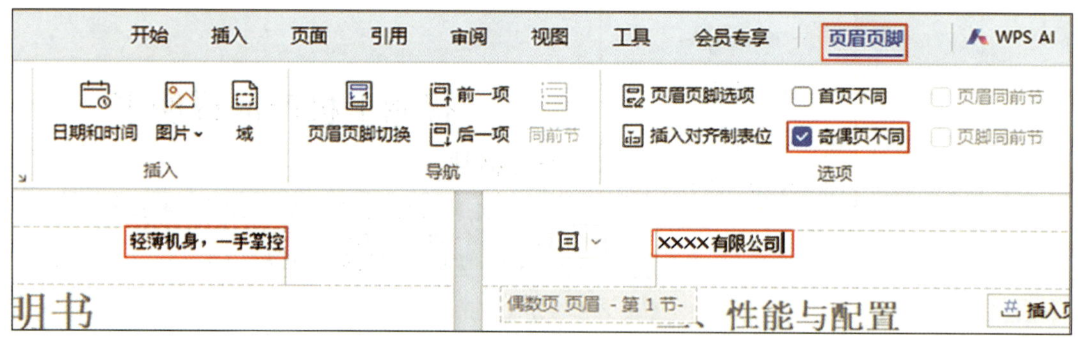

图 6–2–7　奇偶页不同页眉设置完成的效果

插入分节符后，将光标定位到第二节的奇数页页眉处，单击并取消选中“页眉页脚”选项卡中的“导航”分组中的“同前节”按钮，使本节页眉内容与前一节页眉内容不同，修改页眉内容，如图 6–2–8 所示。

使用同样的方法可以修改其他节的奇数页页眉内容，实现为不同的节设置不同的页眉，最终效果如图 6–2–9 所示。

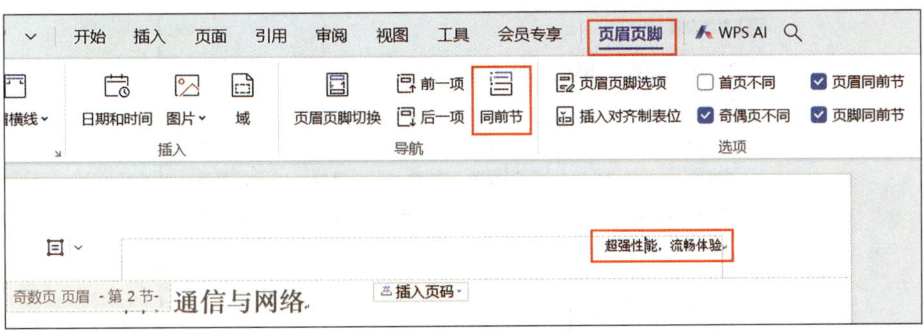

图 6-2-8 修改页眉内容

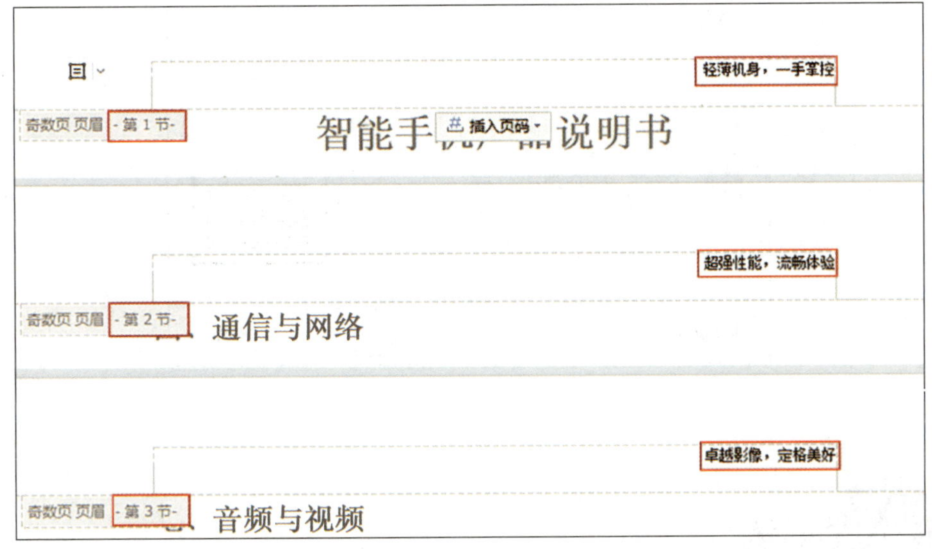

图 6-2-9 不同节的奇数页页眉效果

（2）纵横混排的设置

在长文档排版过程中处理大型表格或宽幅内容时，需要在纸张方向为纵向的文档中插入纸张方向为横向的页面。此时，可以通过插入分节符将文档分成 3 节实现纵横混排效果。

将光标移至文档的第二节文本中，打开“页面设置”对话框，在“页边距”选项卡中设置“方向”为“横向”，在“应用于”下拉列表中选择“本节”，如图 6-2-10 所示，就可以改变文档中本节的纸张方向，实现纵横混排。

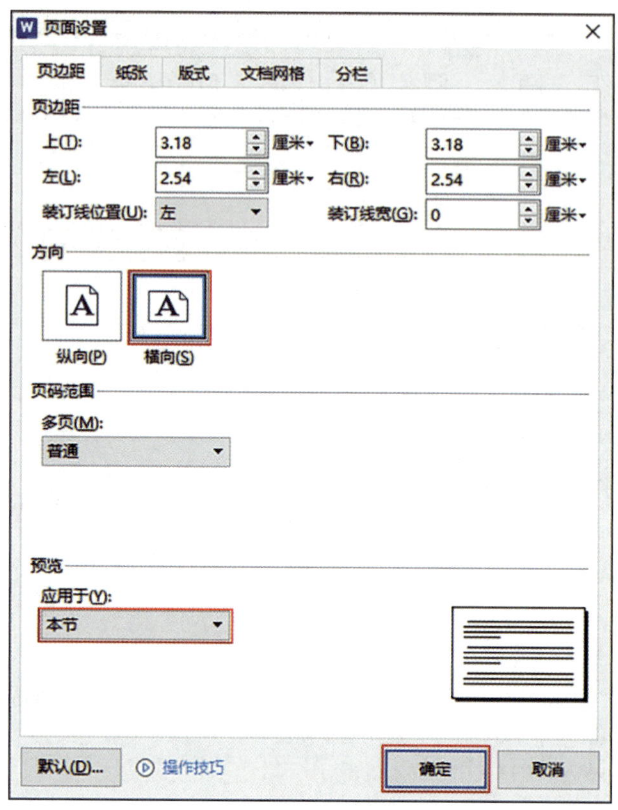

图 6-2-10　将页面设置应用于本节

1. 插入脚注

打开“素材\项目六”文件夹中的“校园监控建设项目技术方案 . docx”文档，为文档中第四页的文本“GB 50348—2018”“GB 50395—2007”插入脚注，如图 6-2-11 所示。

2. 插入题注

选中文档中第三章的第一张图片，单击“引用”选项卡中的“题注”分组中的“题注”按钮，打开“题注”对话框，单击“新建标签”按钮，在“新建标签”对话框中的“标签”文本框中输入文本“图 3 –”，单击“确定”按钮，返回“题注”对话框，在“标签”下拉列表中选择“图 3 –”标签，在“位置”下拉列表中选择“所选项目下方”，在“题注”文本框中输入“校园二层网络架构”，单击“确定”按钮，如图 6-2-12 所示。

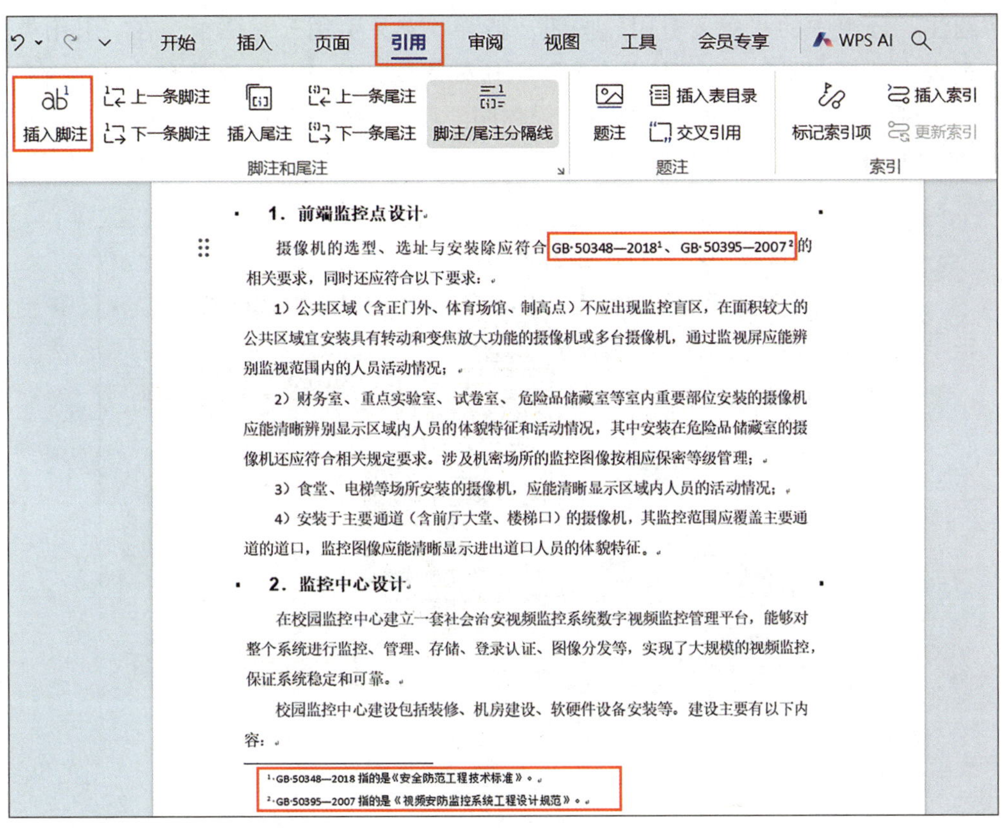

图 6-2-11　插入脚注

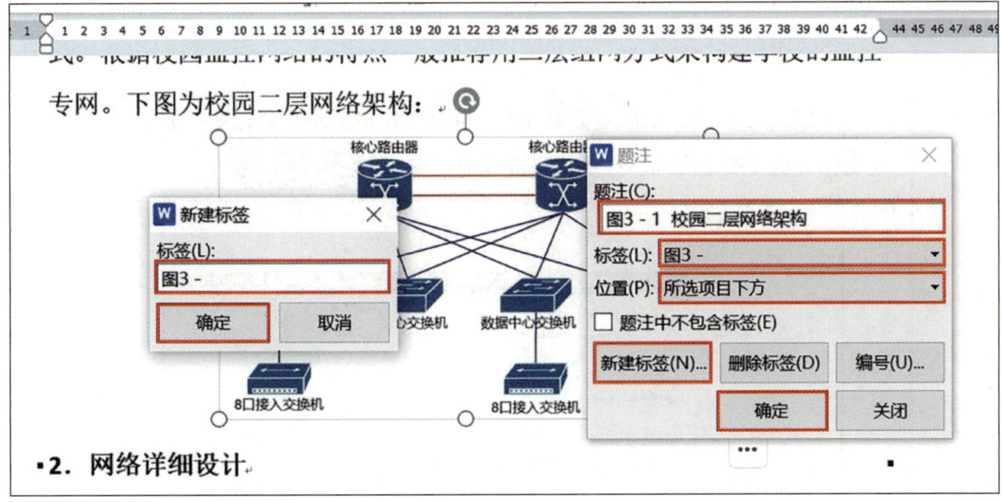

图 6-2-12　插入题注

3．插入交叉引用

修改文档内容描述，将光标移至要插入交叉引用的位置，单击“引用”选项卡中的“题注”分组中的“交叉引用”按钮，打开“交叉引用”对话框，在“引用类型”下拉列表中选择“图”，在“引用内容”下拉列表中选择“只有标签和编号”，在“引用哪一个题注”列表框中选择“图 3–1　校园二层网络架构”，单击“插入”按钮，如图 6–2–13 所示。

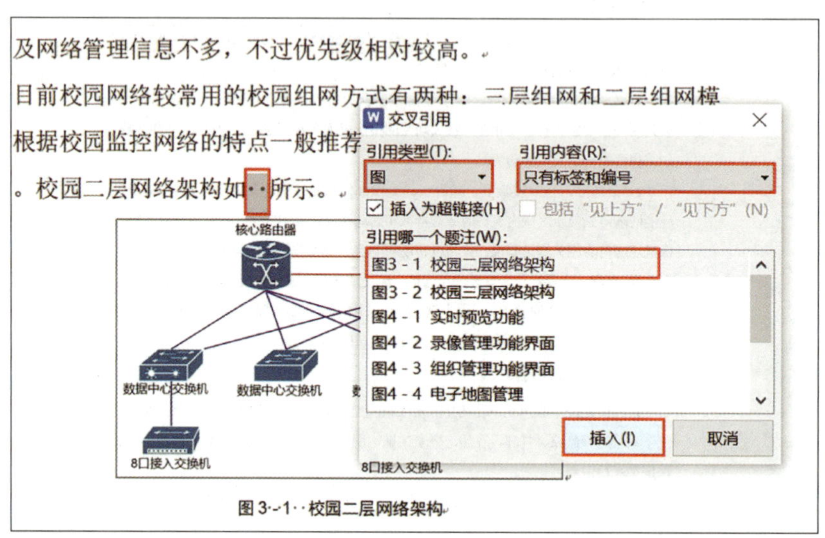

图 6–2–13　插入交叉引用

为此文档第四章的图片插入题注和交叉引用，示例如图 6–2–14 所示。如果此文档中的图片增减，图片的题注编号就会自动更新，题注的交叉引用可以采用更新域的方法自动更新。

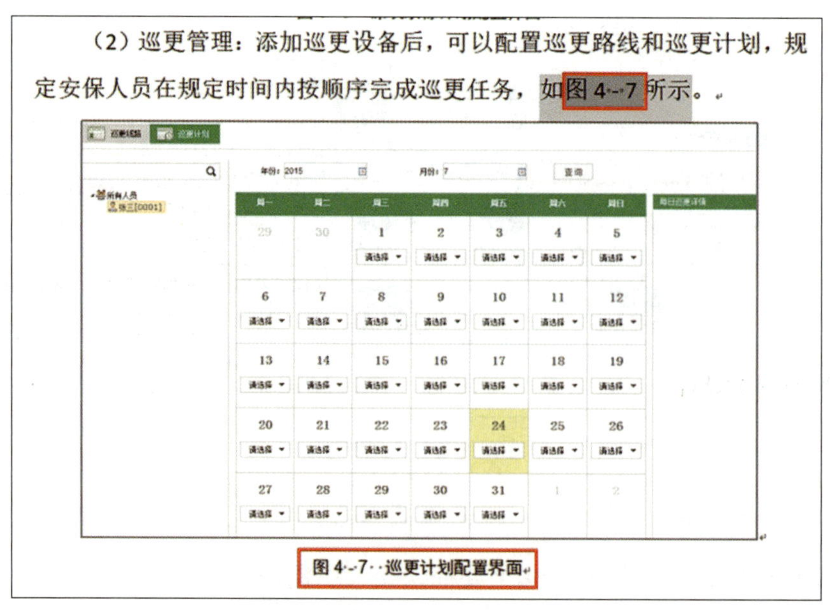

图 6–2–14　第四章的图片示例

4. 插入“下一页分节符”

将光标定位在需要分节的 1 级标题前面，插入“下一页分节符”，使文档分成 4 节，每一章从一个新的页面开始，如图 6-2-15 所示。

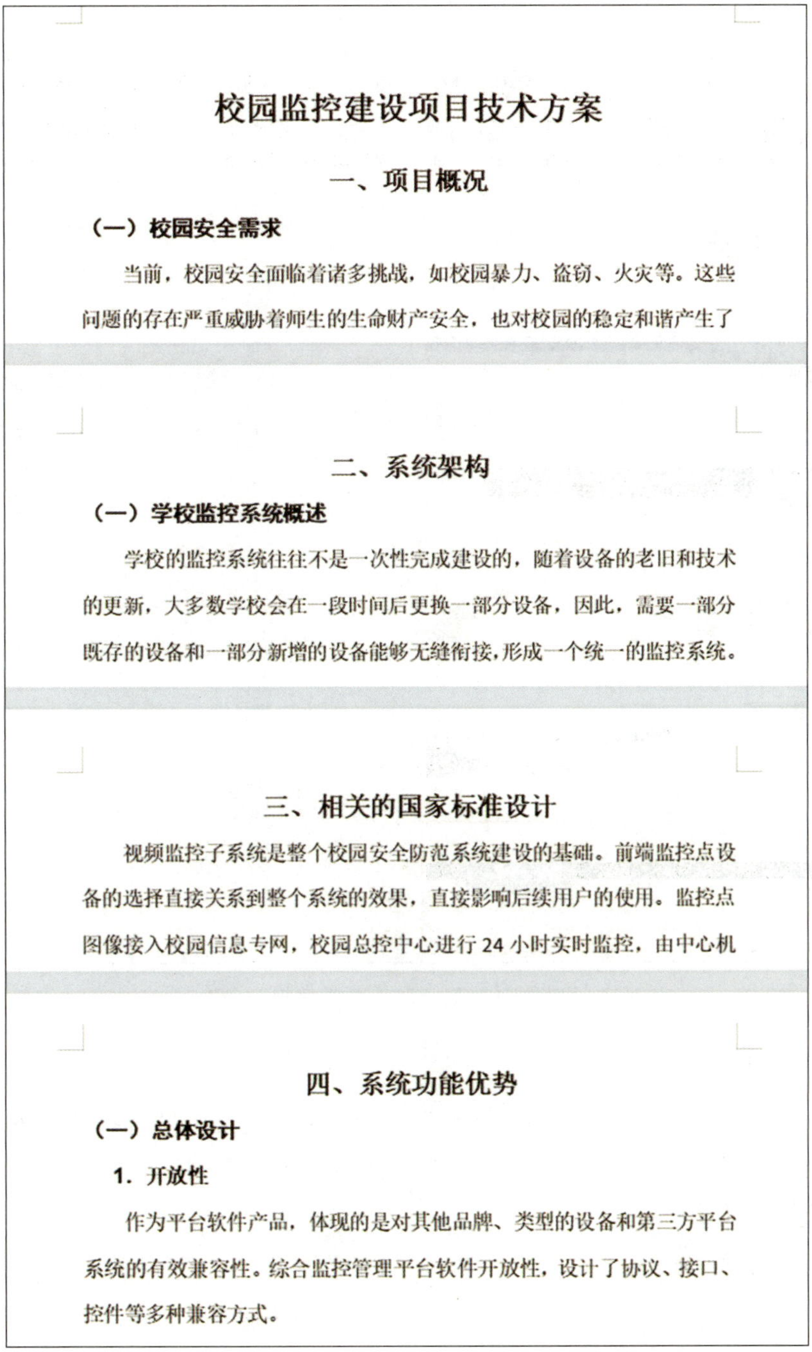

校园监控建设项目技术方案

一、项目概况

（一）校园安全需求

当前，校园安全面临着诸多挑战，如校园暴力、盗窃、火灾等。这些问题的存在严重威胁着师生的生命财产安全，也对校园的稳定和谐产生了

二、系统架构

（一）学校监控系统概述

学校的监控系统往往不是一次性完成建设的，随着设备的老旧和技术的更新，大多数学校会在一段时间后更换一部分设备，因此，需要一部分既存的设备和一部分新增的设备能够无缝衔接，形成一个统一的监控系统。

三、相关的国家标准设计

视频监控子系统是整个校园安全防范系统建设的基础。前端监控点设备的选择直接关系到整个系统的效果，直接影响后续用户的使用。监控点图像接入校园信息专网，校园总控中心进行 24 小时实时监控，由中心机

四、系统功能优势

（一）总体设计

1. 开放性

作为平台软件产品，体现的是对其他品牌、类型的设备和第三方平台系统的有效兼容性。综合监控管理平台软件开放性，设计了协议、接口、控件等多种兼容方式。

图 6-2-15　将文档分节

5. 插入页眉页脚

（1）选择页眉模板

单击“页眉页脚”选项卡中的“页眉页脚”分组中的“页眉”下拉按钮，在下拉菜单中选择“简约风”中的“蓝黑商务简约页眉”，如图 6–2–16 所示。

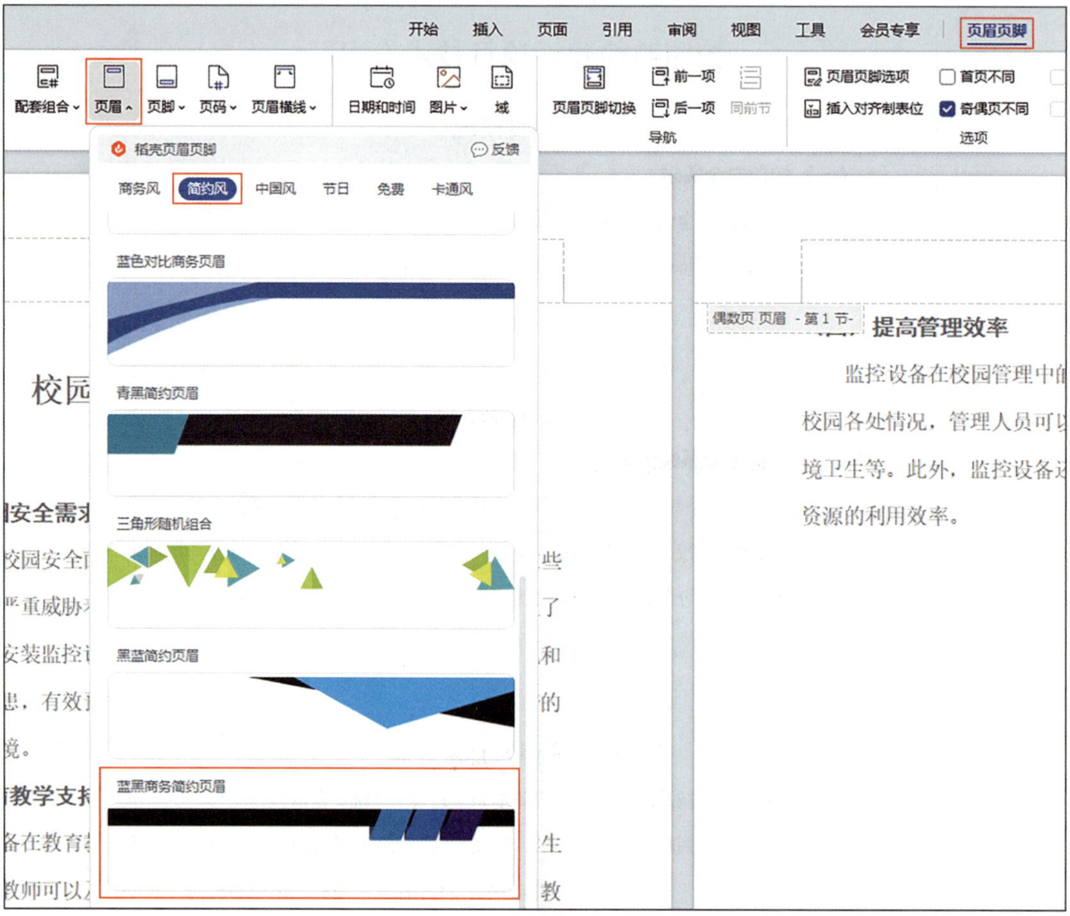

图 6–2–16　选择页眉模板

（2）设置图形填充

选择页眉上的长方形图形，单击鼠标右键，在快捷菜单中选择“设置对象格式”命令，打开“属性”窗格，在“填充”中选中“渐变填充”单选按钮，按默认的渐变样式填充图形，如图 6–2–17 所示。

（3）插入奇数页页眉文本

单击“插入”选项卡中的“部件”分组中的“文档部件”下拉按钮，在下拉菜单中选择“域”命令，打开“域”对话框，在“域名”列表框中选择“样式引用”，在

“样式名”下拉列表中选择“标题 1”，单击“确定”按钮，如图 6-2-18 所示。设置页眉文本对齐方式为“左对齐”，所有奇数页页眉显示当前页面所在的“标题 1”名称。

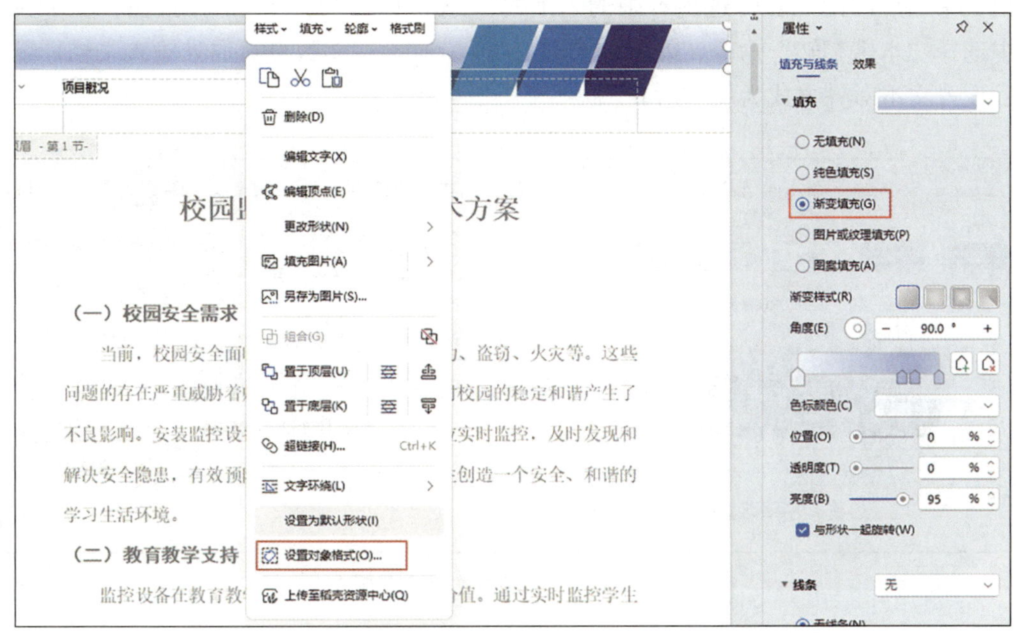

图 6-2-17　设置图形填充

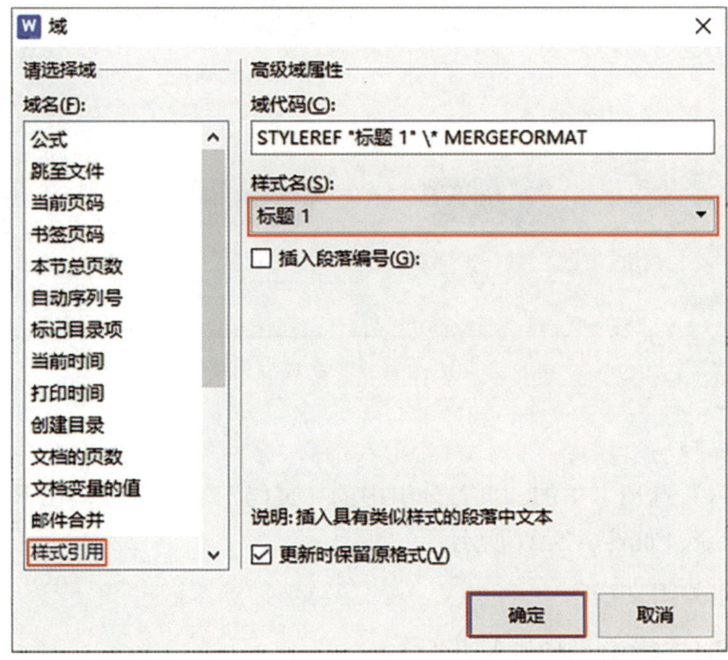

图 6-2-18　插入奇数页页眉文本

（4）设置偶数页页眉

使用同样的方法在偶数页中插入页眉图形，设置图形填充格式。选择页眉上整个图形，单击“绘图工具”选项卡中的“排列”分组中的“旋转”下拉按钮，在下拉菜单中选择“水平翻转”命令，效果如图 6–2–19 所示。在偶数页页眉处输入文档标题文本，设置文本对齐方式为“右对齐”。

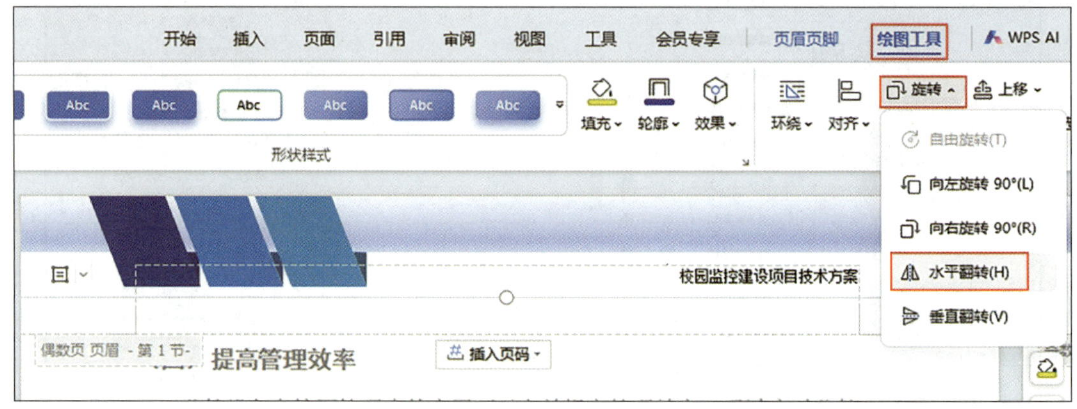

图 6–2–19　水平翻转页眉图形

页眉设置完成后的效果如图 6–2–20 所示。

图 6–2–20　页眉设置完成后的效果

（5）插入页码

单击“插入”选项卡中的“页”分组中的“页码”下拉按钮，在下拉菜单中选择“页脚外侧”命令，如图 6–2–21 所示。

6. 保存和关闭文档

按 Ctrl+S 组合键保存文档后关闭文档。

图 6-2-21　插入页码

任务 3　生成目录、制作封面和审阅文档

1. 能够为长文档生成目录和制作封面。
2. 能够使用批注、修订对文档进行审阅。

小张同学在完成项目技术方案的排版后，首先根据文档的样式自动生成目录，使文档的结构能够清晰地展现，然后完善封面设计，使其能够精准地传达文档的核心主题，最后对文档进行审阅，对文中的一些内容进行批注、修订，提出具体且具有建设

性的修订建议。

一、目录的制作

1. 预设目录的生成

单击“引用”选项卡中的“目录”分组中的“目录”下拉按钮，在下拉菜单中有预设的 1 级目录、2 级目录、3 级目录 3 种目录样式，根据文档结构图的需要选择一种预设目录样式，即可自动生成目录，如图 6-3-1 所示。

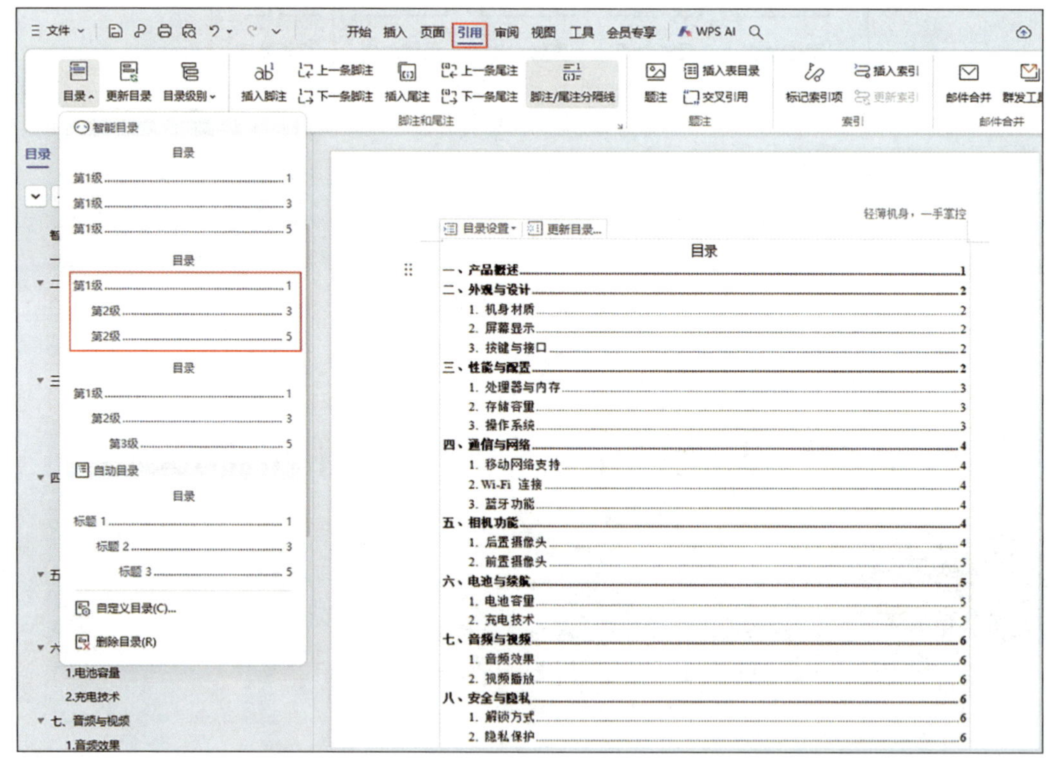

图 6-3-1 生成目录

2. 自定义目录的生成

单击“引用”选项卡中的“目录”分组中的“目录”下拉按钮，在下拉菜单中选择“自定义目录”命令，打开“目录”对话框，在“显示级别”文本框中设置目录级别，其他保持默认值，单击“确定”按钮，如图 6-3-2 所示，自定义的多级目录就会自动生成。

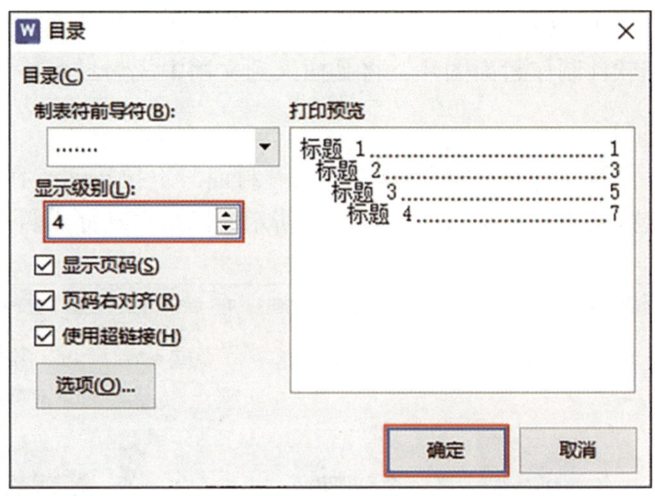

图 6-3-2　自定义目录

3. 目录的更新

目录生成后，若对文档内容进行了修改，则需要对目录进行更新，如果目录的级别标题有变化，需更新整个目录，否则只更新页码。将光标定位在目录中，单击目录上方的“更新目录”按钮，打开“更新目录”对话框，选择更新选项，单击“确定”按钮，如图 6-3-3 所示。

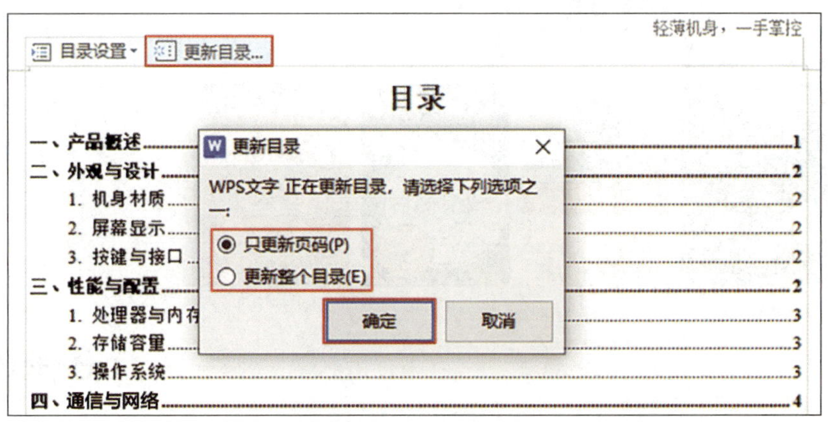

图 6-3-3　更新目录

4. 目录的删除

单击“引用”选项卡中的“目录”分组中的“目录”下拉按钮，在下拉菜单中选择“删除目录”命令，即可删除已经生成的目录。

二、封面的制作

WPS 文字自带一些封面，用户如果是会员，则可以选择多种类型的封面，否则只能选择免费封面。也可以利用前面所学的图形、文本框、表格等功能自行制作封面，或者利用图片处理软件制作封面图片，将其插入到文档中成为封面。

1. 封面的插入

单击“插入”选项卡中的“页”分组中的“封面”下拉按钮，在下拉菜单中选择预设封面页或免费的稻壳封面页，如图 6–3–4 所示，即可自动插入封面。

图 6-3-4　选择封面页

2. 封面的编辑

插入封面后，封面上的文字都以文本框的形式呈现，可以对文本框中的内容、格式进行修改设置，还可以插入文本框并输入内容，达到想要的效果。

3. 封面的删除

单击“插入”选项卡中的“页”分组中的“封面”下拉按钮，在下拉菜单中选择“删除封面页”命令，即可删除文档封面。

三、文档的审阅

文档的审阅有批注和修订两种方式。批注是一种对文档进行注释的方法，常用于提出修改意见、提出点评、做出评论。修订保留了修改过程，可以清晰地看出文档所经历的修改，常用于协作式文档修改，如媒体领域的多轮多人改稿返稿等。

1. 批注

（1）批注的插入

选中要注释的文字，单击“审阅”选项卡中的“批注”分组中的“插入批注”按钮，出现“批注”编辑框，输入批注内容即可，如图 6-3-5 所示。

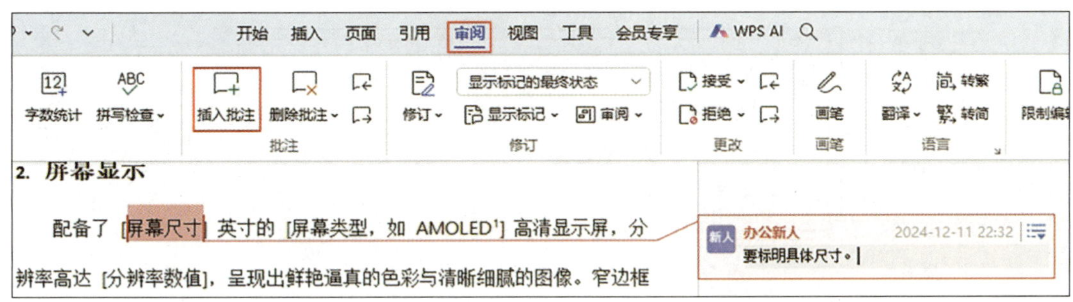

图 6-3-5　插入批注

（2）批注的删除

将光标定位在被注释的文本上或“批注”编辑框中，单击“审阅”选项卡中的“批注”分组中的“删除批注”下拉按钮，在下拉菜单中选择“删除批注”命令可删除当前批注，选择“删除文档中的所有批注”命令可删除文档中的所有批注，如图 6-3-6 所示。

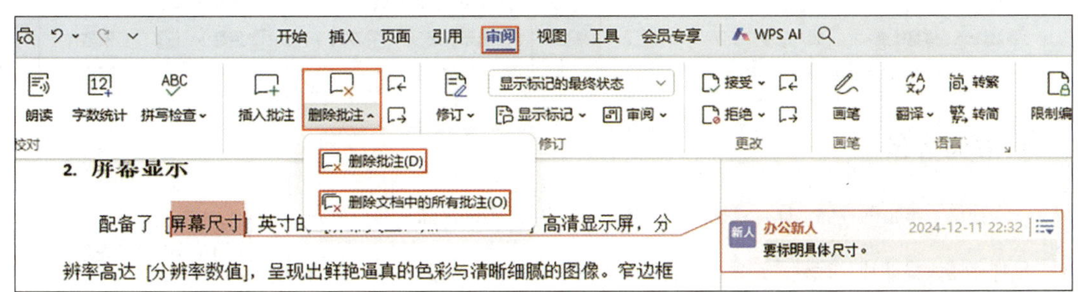

图 6-3-6　“删除批注”下拉菜单

（3）批注的处理

批注的处理有答复、解决、删除 3 种方式，单击“批注”编辑框标题栏右侧的“编辑批注”下拉按钮，可在下拉菜单中选择处理方式，如图 6-3-7 所示。

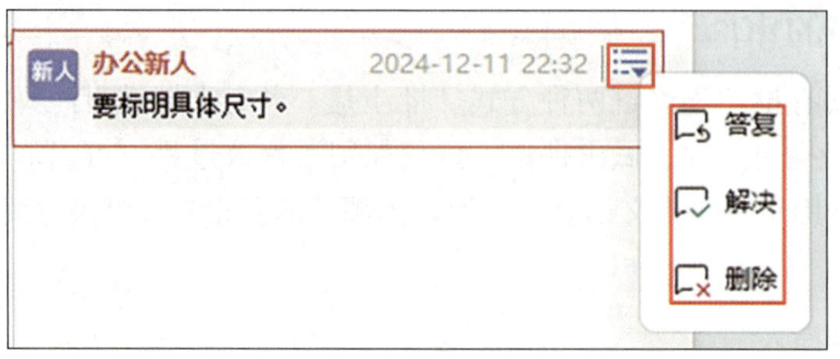

图 6-3-7　批注的处理方式

答复、解决批注的处理效果如图 6-3-8 所示。

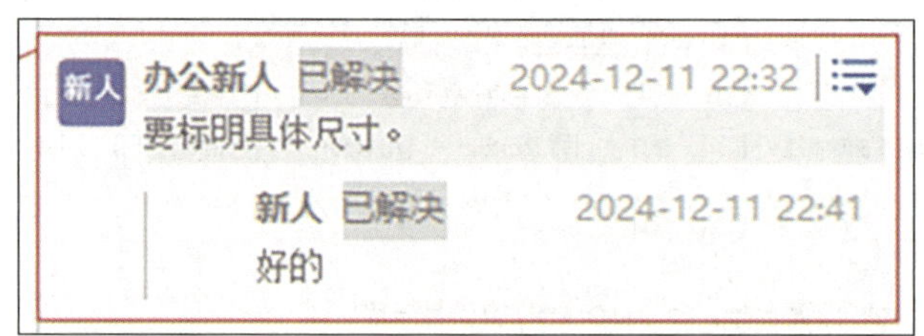

图 6-3-8　答复、解决批注的处理效果

2. 修订

（1）修订操作

单击“审阅”选项卡中的“修订”分组中的“修订”按钮，此时文档处于修订编辑状态，可以对文档中的内容进行添加、删除、修改等修订操作，如图 6-3-9 所示。

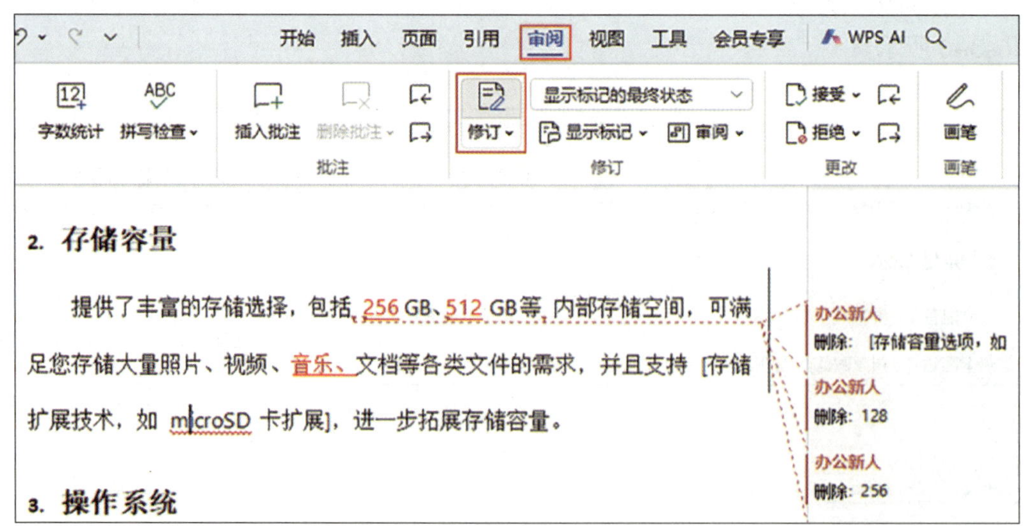

图 6-3-9　文档的修订

1）添加内容：添加的内容会以红色显示。

2）删除内容：删除的内容会以“修订”编辑框的形式显示在文档右侧。

3）修改内容：修改内容是删除内容与添加内容的结合。

（2）修订的处理

修订的处理有接受和拒绝两种方式。可以单击“修订”编辑框标题栏中的“接受修订”按钮✓接受所选修订，单击“拒绝修订”按钮✕拒绝所选修订。还可以单击“审阅”选项卡中的“更改”分组中的“接受”下拉按钮，在下拉菜单中选择“接受修订”或“接受对文档所做的所有修订”命令接受修订，如图 6–3–10 所示，单击“审阅”选项卡中的“更改”分组中的“拒绝”下拉按钮，在下拉菜单中选择“拒绝对文档所做的所有修订”命令拒绝所有修订。

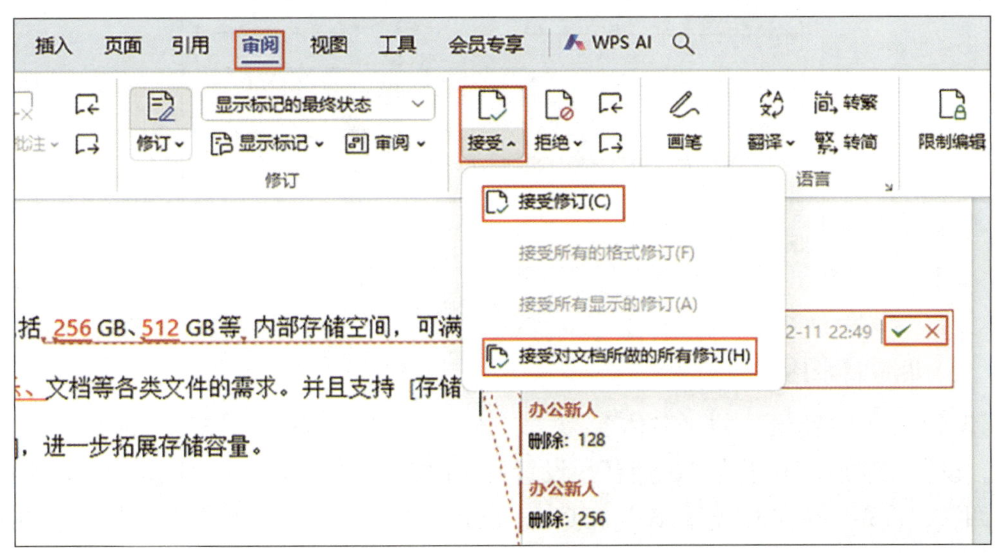

图 6–3–10　处理修订

1. 生成目录

（1）创建目录

打开“素材\项目六”文件夹中的“校园监控建设项目技术方案.docx”文档，将光标移至文档的起始位置，单击“引用”选项卡中的“目录”分组中的“目录”下拉按钮，在下拉菜单中选择一个 3 级目录，如图 6–3–11 所示。

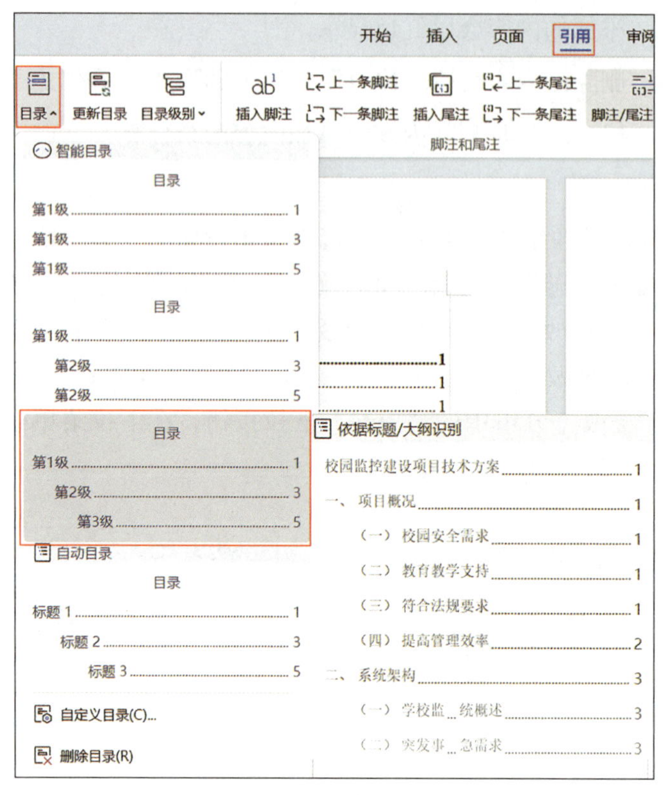

图 6-3-11　选择 3 级目录

（2）设置目录格式

设置文本“目录”的“字体”为“宋体”、“字号”为“二号”、“字形”为“加粗”，设置“段后”间距为“0.5 行”，设置目录内容的“字体”为“宋体”、“字号”为“小四”、“行距”为“1.1 倍行距”，其中，设置 1 级目录的“字形”为“加粗”，格式设置完成后的目录如图 6-3-12 所示。

2. 制作封面

（1）插入封面

将光标移至文档的起始位置，单击“插入”选项卡中的“页”分组中的“封面”下拉按钮，在下拉菜单中选择“免费”选项卡中的封面，如图 6-3-13 所示，即可插入封面。

（2）编辑封面

修改封面模板中的文本，设置文本“× × × × 学院”、日期文本的“字体”为“微软雅黑”、“字号”为“一号”、“字形”为“加粗”，文本“校园监控建设项目技术方案”的“字体”为“微软雅黑”、“字号”为“小初”、“字形”为“加粗”，文本“项目概况”等的“字体”为“微软雅黑”、“字号”为“四号”、“行距”为“1.5 倍行距”，封面编辑效果如图 6-3-14 所示。

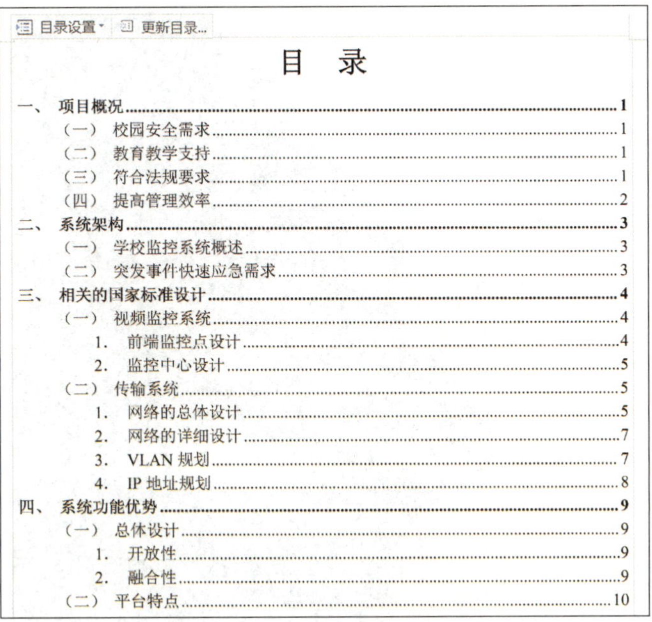

目录设置　更新目录...

目　录

一、　项目概况 1
（一）　校园安全需求 1
（二）　教育教学支持 1
（三）　符合法规要求 1
（四）　提高管理效率 2
二、　系统架构 3
（一）　学校监控系统概述 3
（二）　突发事件快速应急需求 3
三、　相关的国家标准设计 4
（一）　视频监控系统 4
1.　前端监控点设计 4
2.　监控中心设计 5
（二）　传输系统 5
1.　网络的总体设计 5
2.　网络的详细设计 7
3.　VLAN 规划 7
4.　IP 地址规划 8
四、　系统功能优势 9
（一）　总体设计 9
1.　开放性 9
2.　融合性 9
（二）　平台特点 10

图 6-3-12　格式设置完成后的目录

图 6-3-13　选择封面

图 6-3-14　封面编辑效果

3. 修改页眉页脚

生成目录和制作封面后，目录和封面所在的页面也有页眉内容和页脚页码，需要将其删除。

（1）插入分节符

将光标定位在目录页的最下方，插入“下一页分节符”，使封面页、目录页与正文处在不同的节，如图 6-3-15 所示。

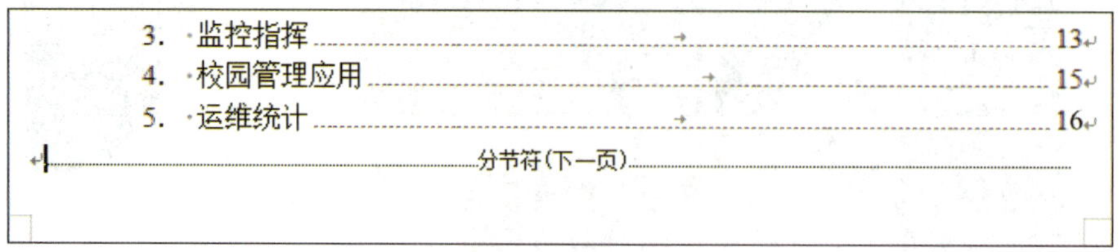

图 6-3-15　插入分节符

（2）删除页眉内容

在文档页眉处双击，进入页眉编辑状态，将光标定位在第三页页眉区域，单击并取消选中“页眉页脚”选项卡中的“导航”分组中的“同前节”按钮，使当前节与上一节页眉不同，删除封面、目录所在页面的页眉，后面的页面不会被影响。

（3）删除页脚页码

将光标定位在封面页的页脚区域，单击上方的“删除页码”下拉按钮，在下拉菜单中选择“本节”命令，如图 6–3–16 所示，即可删除本节的页脚页码。

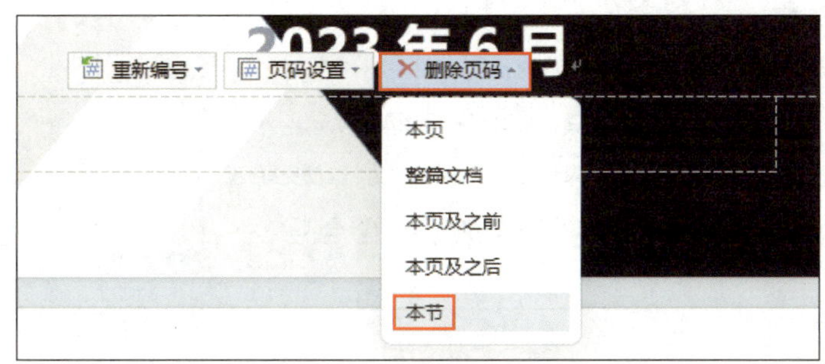

图 6–3–16　删除页脚页码

将封面页、目录页的页脚页码删除后，剩下的页码要重新编号。将光标定位在第三页的页脚区域，单击上方的“重新编号”下拉按钮，在“页码编号设为”文本框中设置“1”，即当前页从“1”开始重新编号，如图 6–3–17 所示。

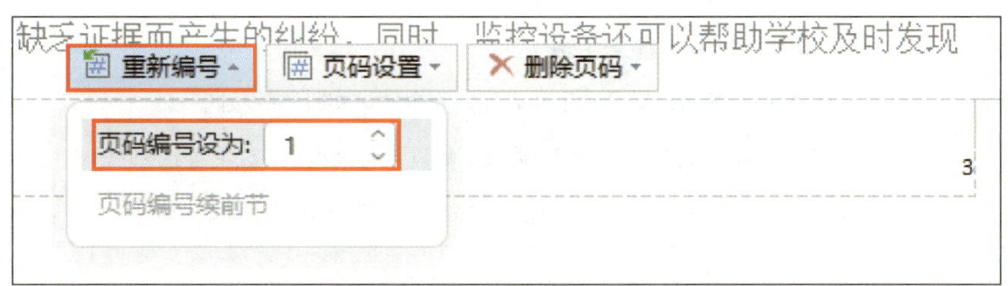

图 6–3–17　页码重新编号

4. 审阅文档

在编排项目设计方案时，如果发现文档中存在不合理或者有错误的地方，则可以进行批注和修订并返回给文档作者修改。为文档第一章进行批注和修订，如图 6–3–18 所示。

文档作者接受了文档中的所有修订，并对项目概况内容进行了补充，如图 6–3–19 所示。

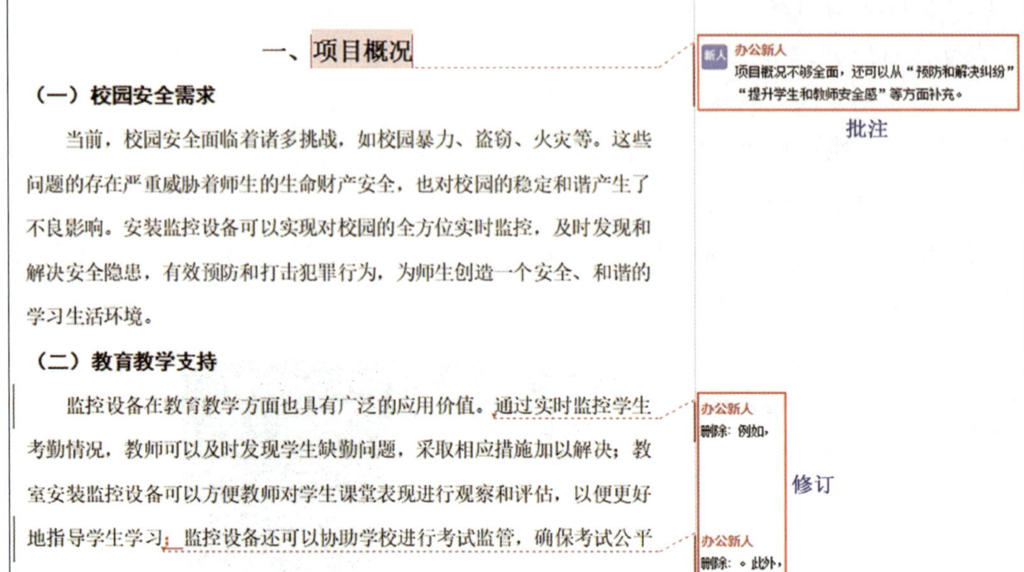

一、项目概况

（一）校园安全需求

当前，校园安全面临着诸多挑战，如校园暴力、盗窃、火灾等。这些问题的存在严重威胁着师生的生命财产安全，也对校园的稳定和谐产生了不良影响。安装监控设备可以实现对校园的全方位实时监控，及时发现和解决安全隐患，有效预防和打击犯罪行为，为师生创造一个安全、和谐的学习生活环境。

（二）教育教学支持

监控设备在教育教学方面也具有广泛的应用价值。通过实时监控学生考勤情况，教师可以及时发现学生缺勤问题，采取相应措施加以解决；教室安装监控设备可以方便教师对学生课堂表现进行观察和评估，以便更好地指导学生学习；监控设备还可以协助学校进行考试监管，确保考试公平公正。

图 6-3-18　批注和修订

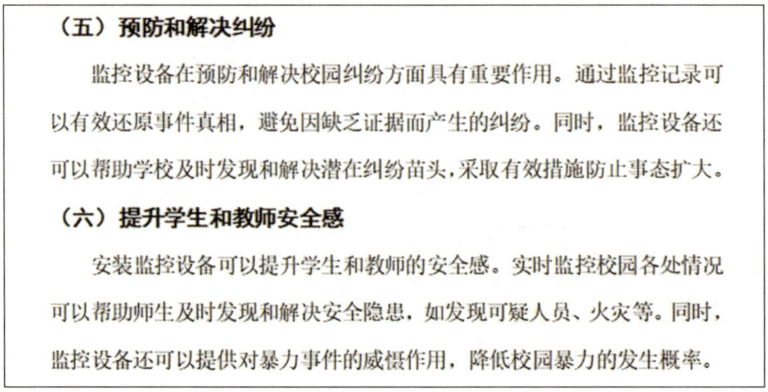

（五）预防和解决纠纷

监控设备在预防和解决校园纠纷方面具有重要作用。通过监控记录可以有效还原事件真相，避免因缺乏证据而产生的纠纷。同时，监控设备还可以帮助学校及时发现和解决潜在纠纷苗头，采取有效措施防止事态扩大。

（六）提升学生和教师安全感

安装监控设备可以提升学生和教师的安全感。实时监控校园各处情况可以帮助师生及时发现和解决安全隐患，如发现可疑人员、火灾等。同时，监控设备还可以提供对暴力事件的威慑作用，降低校园暴力的发生概率。

图 6-3-19　补充内容

5. 更新目录

按照文档审阅意见对文档内容进行补充修改后，目录的级别标题也需要相应的修改，需要更新整个目录。

“校园监控建设项目技术方案”长文档（节选）最终编排效果如图 6-3-20 所示。

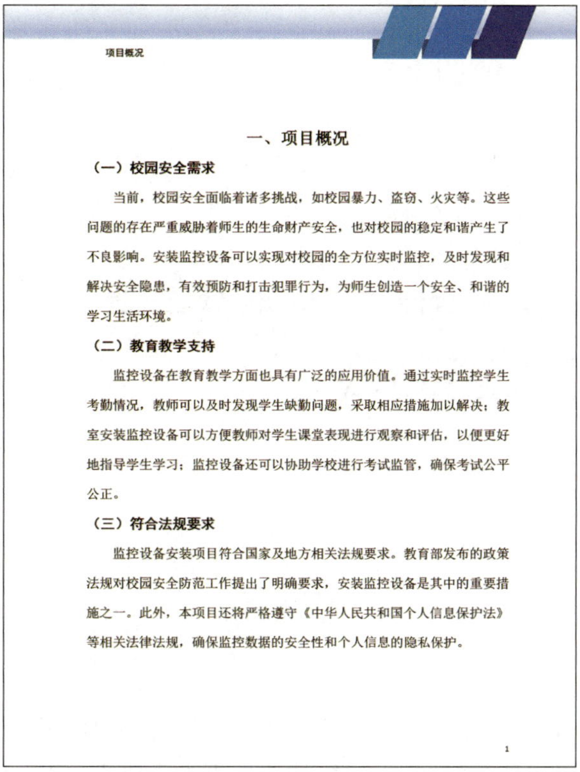

项目概况

一、项目概况

（一）校园安全需求

当前，校园安全面临着诸多挑战，如校园暴力、盗窃、火灾等。这些问题的存在严重威胁着师生的生命财产安全，也对校园的稳定和谐产生了不良影响。安装监控设备可以实现对校园的全方位实时监控，及时发现和解决安全隐患，有效预防和打击犯罪行为，为师生创造一个安全、和谐的学习生活环境。

（二）教育教学支持

监控设备在教育教学方面也具有广泛的应用价值。通过实时监控学生考勤情况，教师可以及时发现学生缺勤问题，采取相应措施加以解决；教室安装监控设备可以方便教师对学生课堂表现进行观察和评估，以便更好地指导学生学习；监控设备还可以协助学校进行考试监管，确保考试公平公正。

（三）符合法规要求

监控设备安装项目符合国家及地方相关法规要求。教育部发布的政策法规对校园安全防范工作提出了明确要求，安装监控设备是其中的重要措施之一。此外，本项目还将严格遵守《中华人民共和国个人信息保护法》等相关法律法规，确保监控数据的安全性和个人信息的隐私保护。

1

图 6-3-20　“校园监控建设项目技术方案”长文档（节选）最终编排效果

项目七

制作技能人才需求调查报告——WPS 文字的智能办公

为了更好地服务地方经济发展，学院招生就业处拟制作一份技能人才需求调查报告，为学院动态设置专业提供参考。招生就业处肖老师借助 WPS AI 技术，快速生成技能人才需求调查报告的大纲及全文，并通过多人协作的方式实现文档的实时共享编辑，最终效果如图 7-0-1 所示。

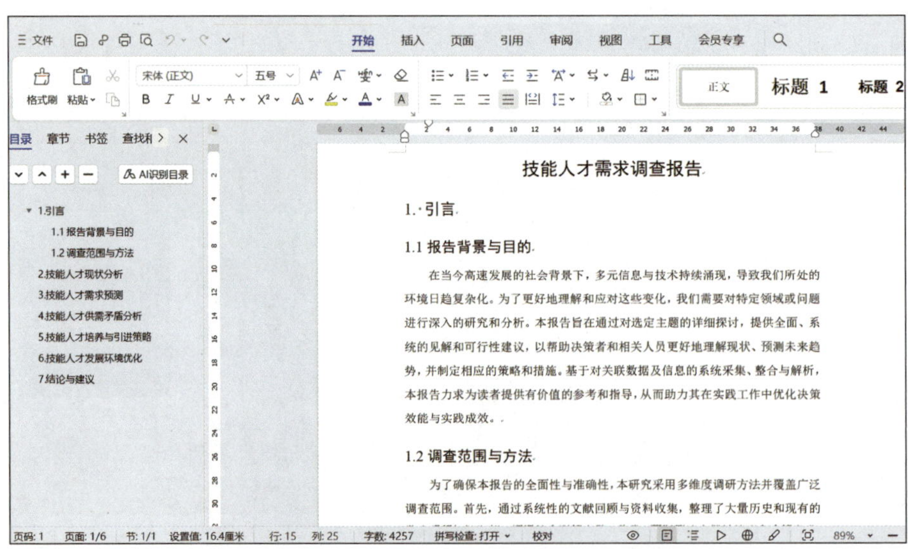

图 7-0-1　技能人才需求调查报告的最终效果

使用 WPS AI 制作技能人才需求调查报告，首先需要申请并获取 WPS AI 会员，熟悉 WPS AI 的主要功能和使用指南，然后通过 WPS AI 写作助手的“AI 帮我写”和“AI 帮我改”等功能生成技能人才需求调查报告的大纲及全文，并完成各部分内容的优化，再通过 WPS AI 设计助手的“AI 排版”功能完成文档格式整理和排版，最后借助 WPS Office 的文档云同步功能实现团队协作编辑，实现高效办公及创作。完成本项目的思维导图如图 7-0-2 所示。

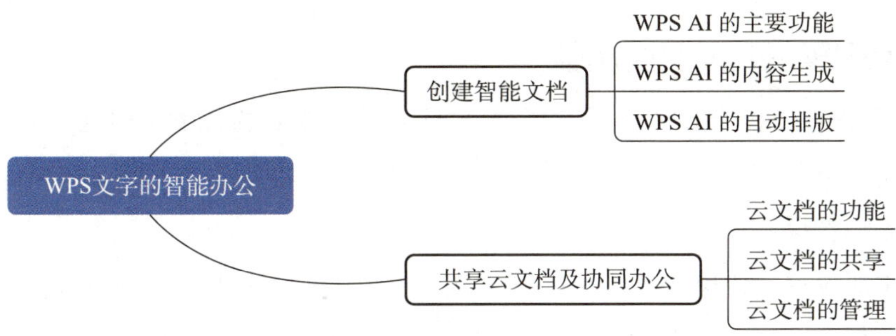

图 7-0-2　制作技能人才需求调查报告的思维导图

任务 1　创建智能文档

1. 能够查看并熟悉 WPS AI 的主要功能。
2. 能够唤起 WPS AI 并按文档需求生成文章大纲及全文等内容。
3. 能够运用 WPS AI 优化文档格式及排版。

肖老师为了快速完成技能人才需求调查报告的撰写，首先在官网申请了 15 天免费 WPS AI 会员，然后通过在线查阅熟悉 WPS AI 的主要功能，再通过 WPS AI 写作助手的“AI 帮我写”功能生成技能人才需求调查报告的大纲，继续使用“AI 帮我改”等功能

进行扩写、润色并生成全文，最后利用 WPS AI 设计助手的“AI 排版”功能完成技能人才需求调查报告的格式整理和排版。

一、WPS AI 的主要功能

WPS AI 是人工智能办公助手，已嵌入至 WPS Office 的各大组件中。WPS AI 具有 AI 写作助手、AI 阅读助手、AI 数据助手、AI 设计助手四种主要功能。

1. AI 写作助手

（1）AI 帮我写：快速起草，可一键生成公文、通知、证明等多种格式文档。

（2）AI 帮我改：当文档内容简短或过长时，可一键润色或继续写，进一步改写内容。

（3）AI 伴写：持续保持清晰的思路，辅助生成优质内容，可实现不同身份与文风的切换。

2. AI 阅读助手

（1）AI 文档问答：当文档内容冗长、相关问题难定位时，可快速解答文档问题并跳转至问题出处，重点更清晰。

（2）AI 全文总结：可做全文总结，使用户快速掌握文档内容，生成的内容易复制。

3. AI 设计助手

（1）AI 排版：可全文排版，论文、公文、合同等固定格式文档可自动套用模板，实现智能排版。

（2）文档生成 PPT：可根据输入主题一键生成 PPT，兼顾效率和美观性。

4. AI 数据助手

（1）AI 写公式：可根据用户需要的结果直接生成表格中的复杂公式。

（2）AI 数据问答：用户像聊天一样讲出需求后，即可实现统计数据、检查数据、洞察表格内容、生成可视化图表、预测分析等功能。

二、WPS AI 的内容生成

1. WPS AI 的唤起

（1）使用快捷键唤起

新建 WPS 文字空白文档后，连续按两次 Ctrl 键就能唤起 WPS AI，如图 7-1-1 所示。

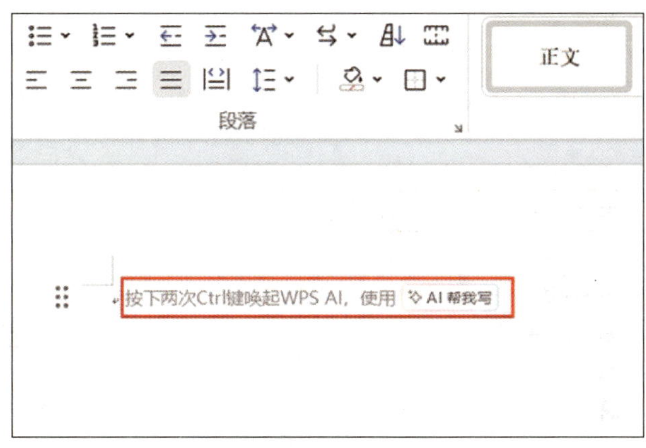

图 7-1-1　连续按两次 Ctrl 键唤起 WPS AI

（2）使用“WPS AI”选项卡唤起

在 WPS 文字中，单击功能区上方的“WPS AI”选项卡也能唤起 WPS AI，如图 7-1-2 所示，在弹出的下拉菜单中选择相应命令即可使用 WPS AI 功能。

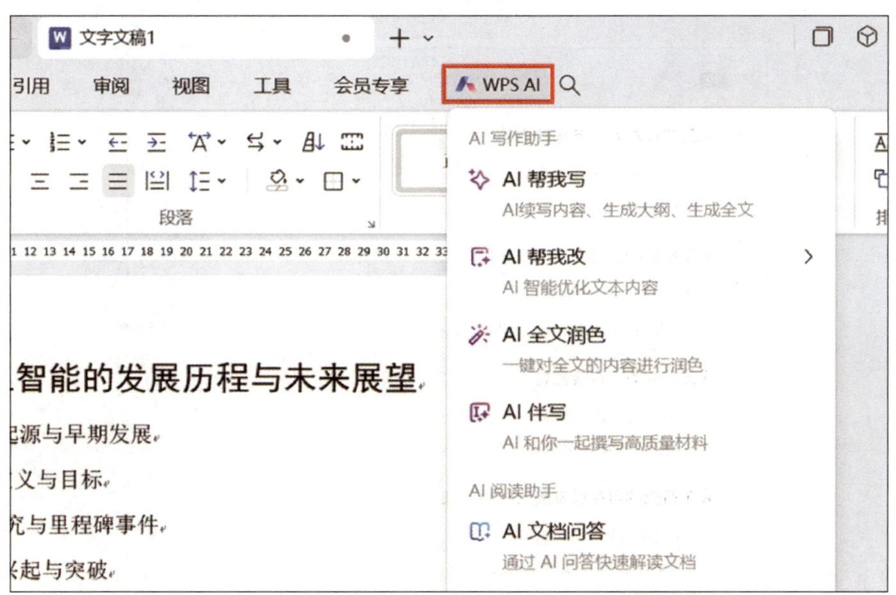

图 7-1-2　使用“WPS AI”选项卡唤起 WPS AI

2. 文章大纲和全文的生成

“AI 帮我写”支持构建文章大纲、讲话稿、心得体会、会议纪要等功能。

在空白文档中连续按两次 Ctrl 键，打开 WPS AI 对话框，在“AI 帮我写”下拉菜单中选择“文章大纲”命令，如图 7-1-3 所示。接下来需要输入生成内容的主题，实现一键生成大纲。

图 7-1-3　选择“文章大纲”命令

在弹出的对话框中，单击“继续写”按钮，WPS AI 会继续生成内容。单击“插入大纲”按钮，可将生成的大纲插入到光标所在位置，单击“生成全文（约 10 k 字）”按钮，可以根据生成的大纲继续生成全文，如图 7-1-4 所示。

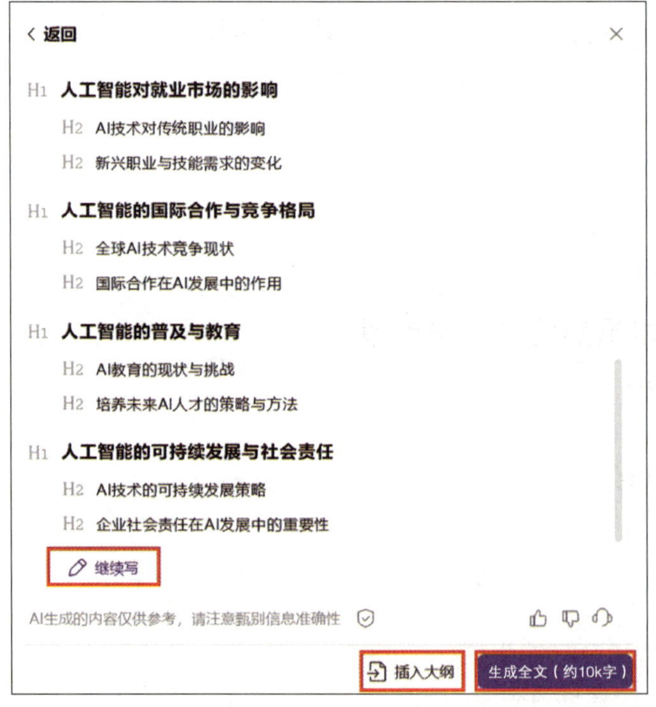

图 7-1-4　生成大纲

在完成全文的生成后，单击“返回编辑大纲”按钮可以重新返回大纲进行编辑，单击“弃用”按钮 可以弃用生成的内容，单击“保留”按钮可以将生成的全文插入到光标所在位置，如图 7–1–5 所示。

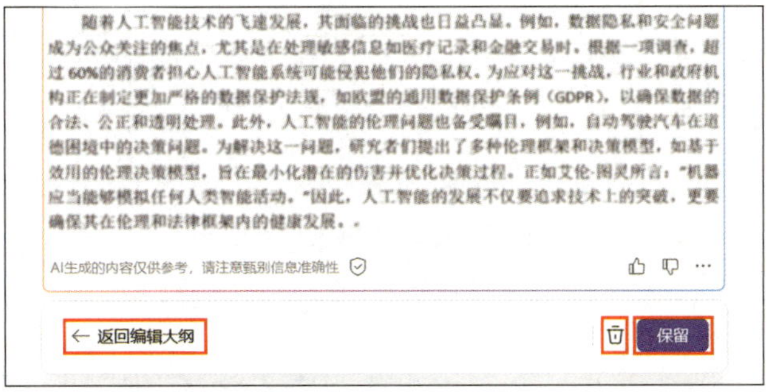

随着人工智能技术的飞速发展，其面临的挑战也日益凸显。例如，数据隐私和安全问题成为公众关注的焦点，尤其是在处理敏感信息如医疗记录和金融交易时。根据一项调查，超过 60%的消费者担心人工智能系统可能侵犯他们的隐私权。为应对这一挑战，行业和政府机构正在制定更加严格的数据保护法规，如欧盟的通用数据保护条例（GDPR），以确保数据的合法、公正和透明处理。此外，人工智能的伦理问题也备受瞩目，例如，自动驾驶汽车在道德困境中的决策问题。为解决这一问题，研究者们提出了多种伦理框架和决策模型，如基于效用的伦理决策模型，旨在最小化潜在的伤害并优化决策过程。正如艾伦·图灵所言："机器应当能够模拟任何人类智能活动。"因此，人工智能的发展不仅要追求技术上的突破，更要确保其在伦理和法律框架内的健康发展。.

AI生成的内容仅供参考，请注意甄别信息准确性

← 返回编辑大纲　　保留

图 7–1–5　生成全文后的按钮

3. 请假条的内容生成

（1）命令的选择

在空白文档中，单击“WPS AI”选项卡，在弹出的下拉菜单中选择“AI 帮我写”命令，在文档中即可弹出 WPS AI 对话框，在“AI 帮我写”下拉菜单中选择“申请”→“请假条”命令，如图 7–1–6 所示。

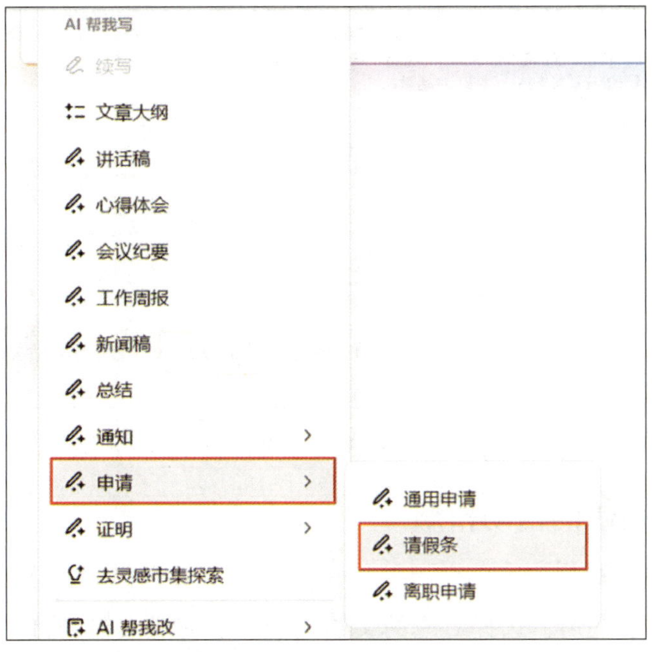

图 7–1–6　选择“请假条”命令

（2）请假信息的输入

进入请假信息输入模式，根据实际情况输入请假条的相关信息，如图 7–1–7 所示。

按 Enter 键或单击“发送”按钮➤，即可进行 AI 创作。

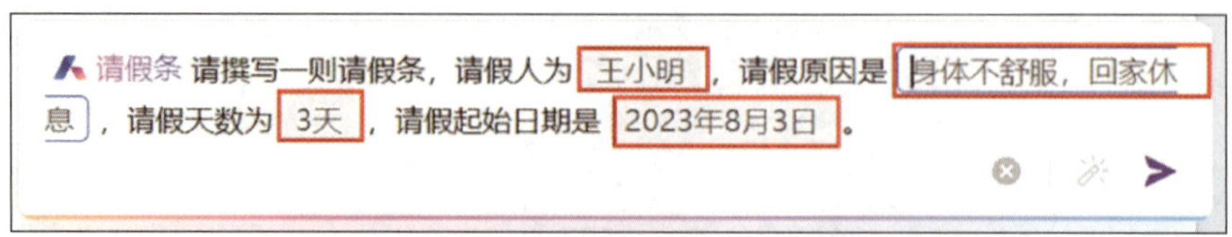

图 7-1-7 输入请假条的相关信息

（3）请假条的生成

WPS AI 自动生成请假条后，如果对生成内容不满意，则可以单击“重写”按钮重新生成请假条。单击“保留”按钮，将请假人和日期进行修改即可，如图 7-1-8 所示。

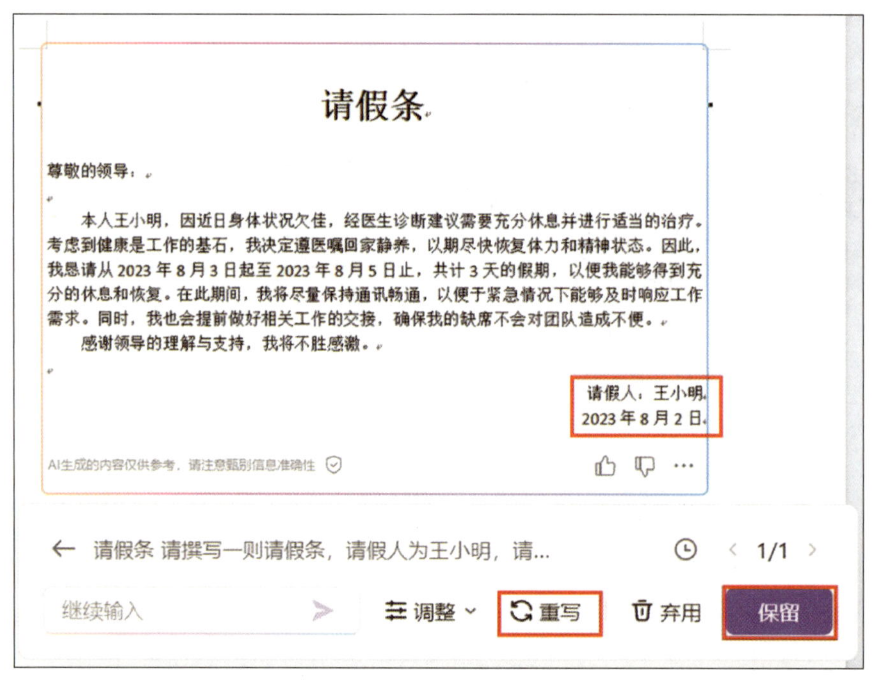

请假条

尊敬的领导：

本人王小明，因近日身体状况欠佳，经医生诊断建议需要充分休息并进行适当的治疗。考虑到健康是工作的基石，我决定遵医嘱回家静养，以期尽快恢复体力和精神状态。因此，我恳请从 2023 年 8 月 3 日起至 2023 年 8 月 5 日止，共计 3 天的假期，以便我能够得到充分的休息和恢复。在此期间，我将尽量保持通讯畅通，以便于紧急情况下能够及时响应工作需求。同时，我也会提前做好相关工作的交接，确保我的缺席不会对团队造成不便。

感谢领导的理解与支持，我将不胜感激。

请假人：王小明
2023 年 8 月 2 日

图 7-1-8 生成请假条

三、WPS AI 的自动排版

1. AI 排版的文档模板

选择 AI 排版功能后，选择对应的文档类型即可完成文档的自动排版。AI 排版功能提供了学位论文、党政公文、合同协议、招投标文书、通用文档等文档模板，如图 7-1-9 所示。

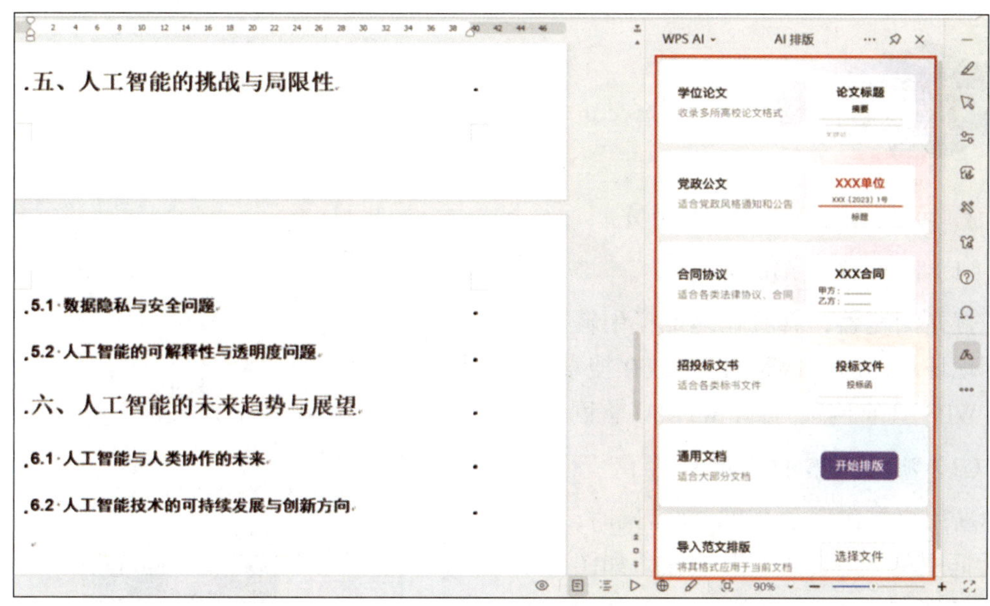

图 7-1-9　AI 排版的文档模板

2. AI 排版的应用

在“AI 排版”窗格中选择“通用文档”模板进行自动排版，可以勾选“显示目录”复选框和取消勾选“显示原文”复选框，单击“应用到当前”按钮，如图 7-1-10 所示，完成 WPS AI 的自动排版。或者单击“应用到当前”下拉按钮，在弹出的下拉菜单中选择“应用到新文档”命令，将新建一个文档应用 WPS AI 自动排版的内容。

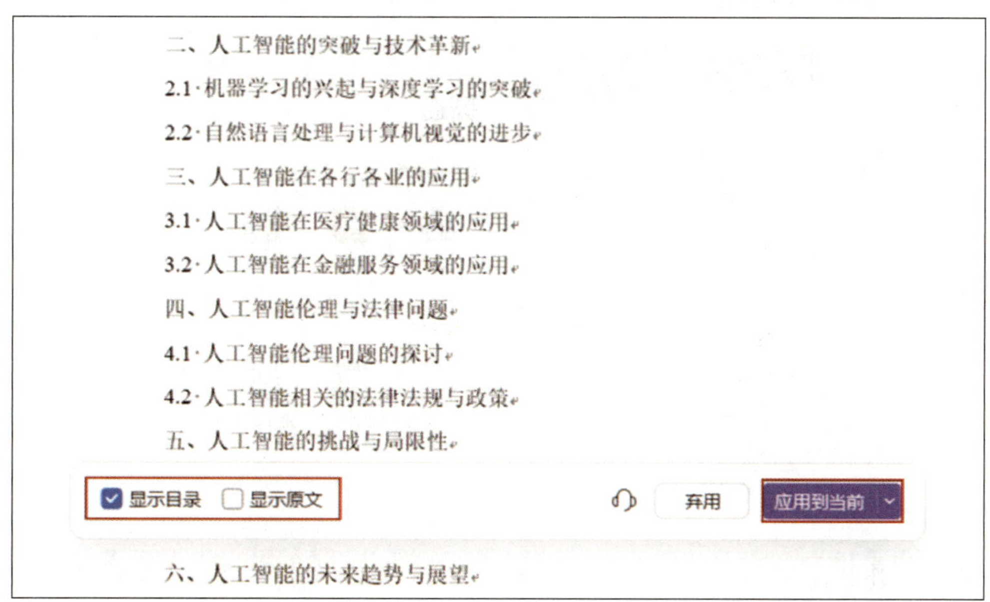

图 7-1-10　AI 排版的应用

1. 免费领取 WPS AI 会员

（1）访问 WPS AI 官网

打开浏览器，直接在地址栏中输入 WPS AI 官网地址“https://ai.wps.cn”，或在搜索引擎中搜索“WPS AI 官网”，打开 WPS AI 官网主页。

（2）领取 WPS AI 会员

新用户首次登录 WPS AI 官网时，在弹出的对话框中单击“知道了”按钮，如图 7–1–11 所示，该账号即可免费获取 15 天 WPS AI 会员，单击 WPS AI 官网右上角的个人头像即可查看 WPS AI 权益包到期时间。

图 7–1–11　单击“知道了”按钮

2. 新建智能文档

在 WPS Office 首页中，单击“新建”按钮，在弹出的“新建”菜单中单击“智能文档”按钮，如图 7–1–12 所示。

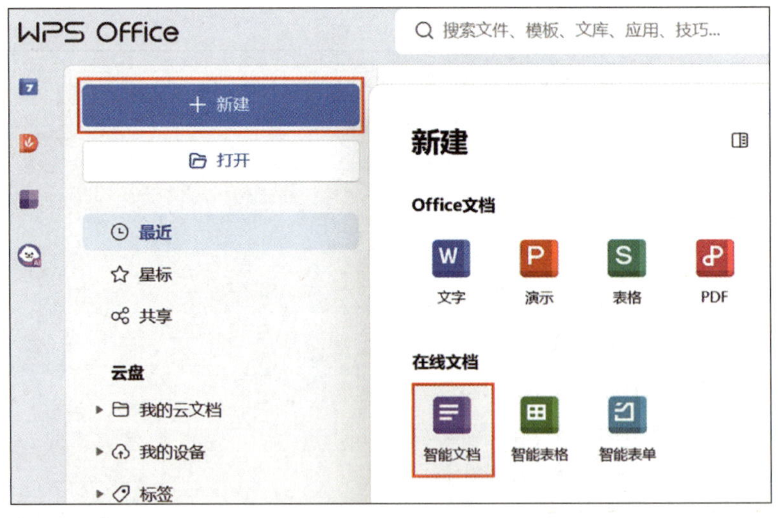

图 7–1–12　新建智能文档

在“新建智能文档”标签页面中，单击“空白智能文档”按钮，如图 7–1–13 所示，创建一个新的空白智能文档。

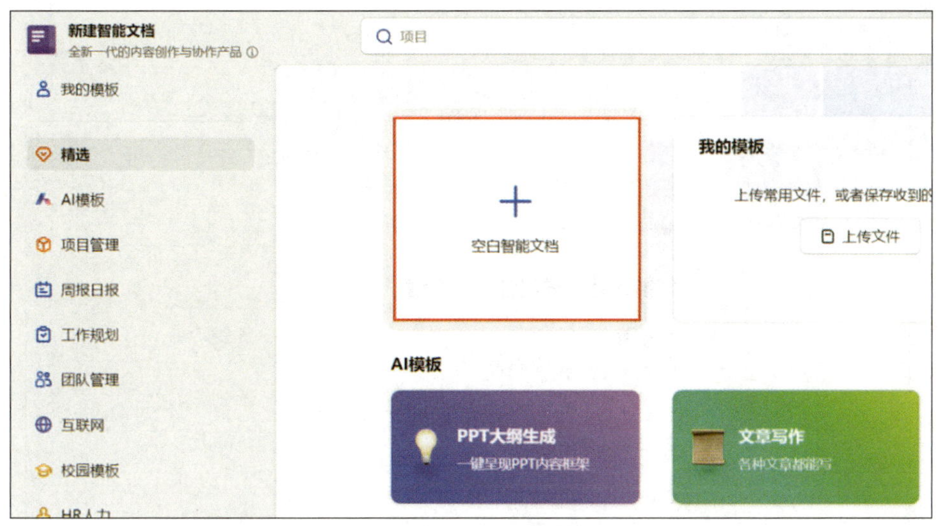

图 7-1-13　单击“空白智能文档”按钮

3. 撰写调查报告大纲

在新建的空白智能文档中，连续按两次 Ctrl 键唤起 WPS AI，在 WPS AI 对话框中输入“帮我写技能人才需求调查报告大纲”，在下拉菜单中选择“文章大纲”命令，单击“发送”按钮，如图 7-1-14 所示。

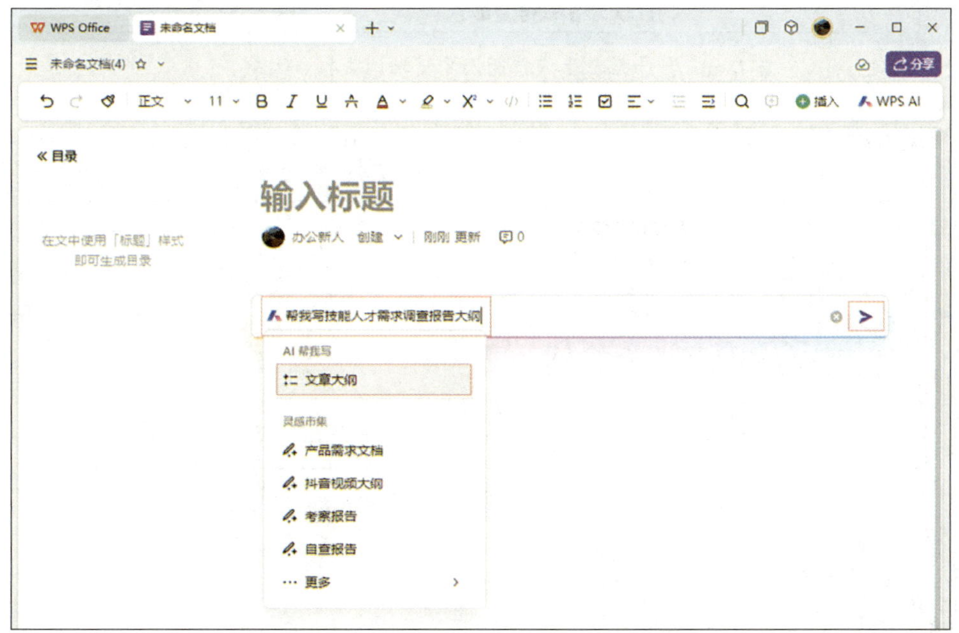

图 7-1-14　选择“文章大纲”命令

WPS AI 会自动生成技能人才需求调查报告大纲，如图 7-1-15 所示。

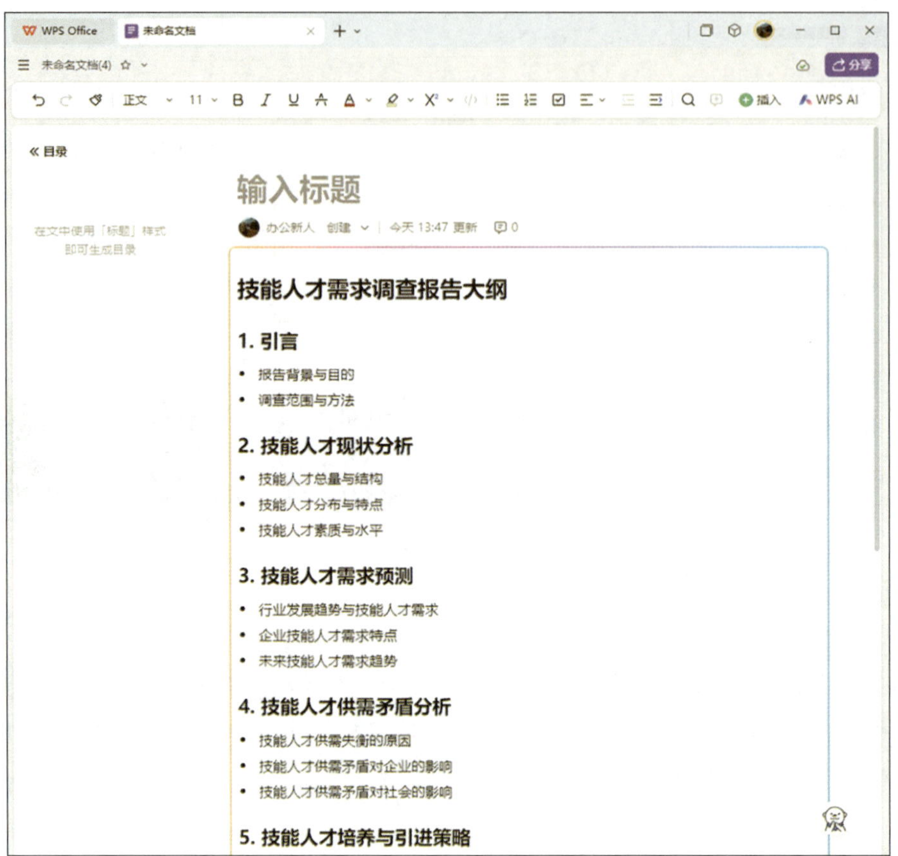

图 7-1-15 生成技能人才需求调查报告大纲

根据大纲的生成质量，用户可以选择“重写”“弃用”或“保留”，如图 7-1-16 所示。

图 7-1-16 重写、弃用或保留

4. 完善和优化调查报告内容

（1）扩写大纲“引言”部分

选中大纲的第一章节“引言”的全部内容，单击“WPS AI”选项卡唤起 WPS AI，在弹出的下拉菜单中选择“AI 帮我改”→“扩写”命令，如图 7-1-17 所示。

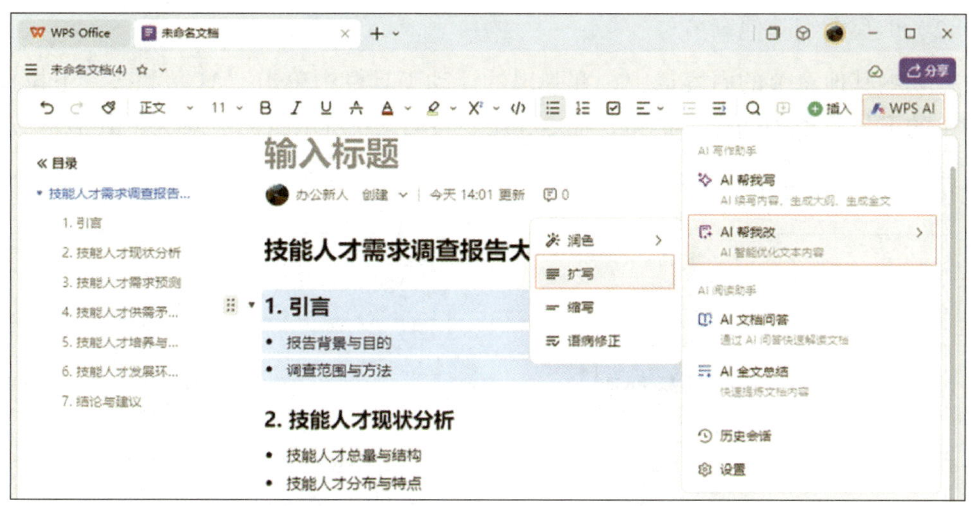

图 7-1-17　选择“扩写”命令扩写大纲“引言”部分

WPS AI 会对所选内容进行智能扩写，完成后单击“替换”按钮，大纲“引言”部分的扩写结果如图 7-1-18 所示。

图 7-1-18　大纲“引言”部分的扩写结果

（2）扩写大纲其他章节

将大纲其他章节的内容选中，在弹出的浮动工具栏中单击“AI 帮我改”下拉按钮，在弹出的下拉菜单中选择“扩写”命令，如图 7–1–19 所示，完成对大纲其他章节的智能扩写。

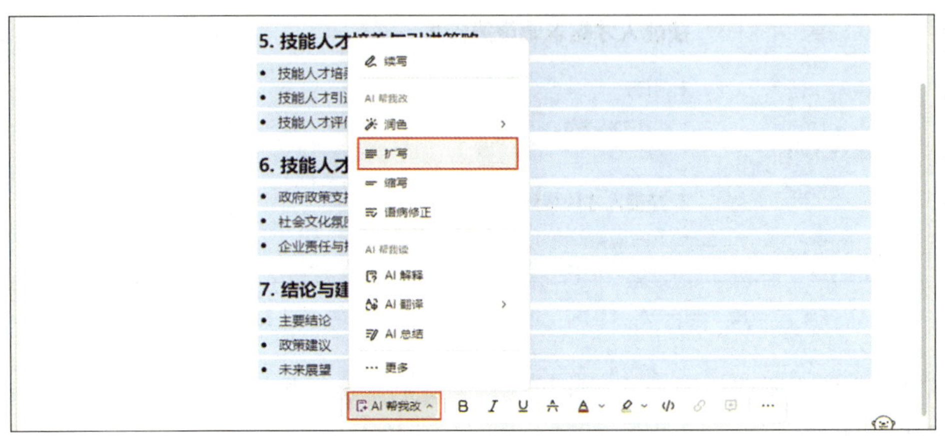

图 7–1–19 选择“扩写”命令扩写大纲其他章节

（3）润色章节内容

为使章节内容语言更加流畅，表达更准确，文章条理更清晰，可以利用“AI 帮我改”中的“润色”功能进行内容的润色加工。选中大纲第六章内容，单击“WPS AI”选项卡唤起 WPS AI，在弹出的下拉菜单中选择“AI 帮我改”→“润色”→“快速润色”命令，如图 7–1–20 所示。

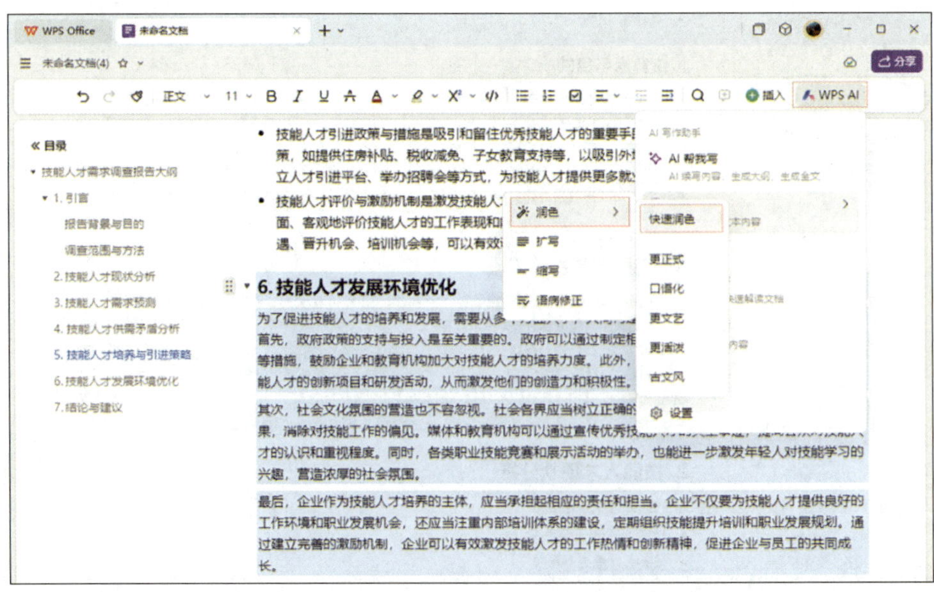

图 7–1–20 选择“快速润色”命令润色章节内容

WPS AI 会对所选内容进行快速润色优化，完成后可单击“替换”按钮，如图 7-1-21 所示。

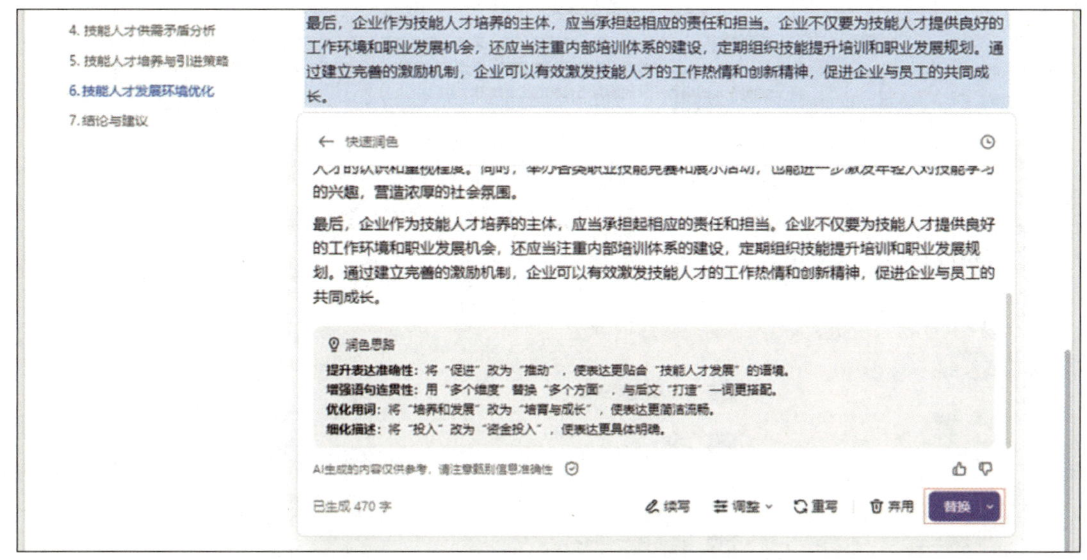

图 7-1-21　快速润色后的文本效果

5. 重命名和保存智能文档

（1）重命名智能文档

新建的智能文档的默认名称为“未命名文档”，如果需要更改文档名称，则可以在界面左上角区域单击文档名称，直接输入新的文档名称“2024 年技能人才需求调查报告初稿”，如图 7-1-22 所示。

图 7-1-22　重命名智能文档

（2）保存智能文档

智能文档属于在线文档，文档默认会自动保存在“我的云文档”中，将鼠标指针移动到标签栏中的文档名称上，会在其下方自动显示智能文档的保存位置和最近保存时间，单击“移动到”按钮，如图 7-1-23 所示，弹出“移动到”对话框，如图 7-1-24 所示，可以进行更改在线智能文档的保存位置等操作。

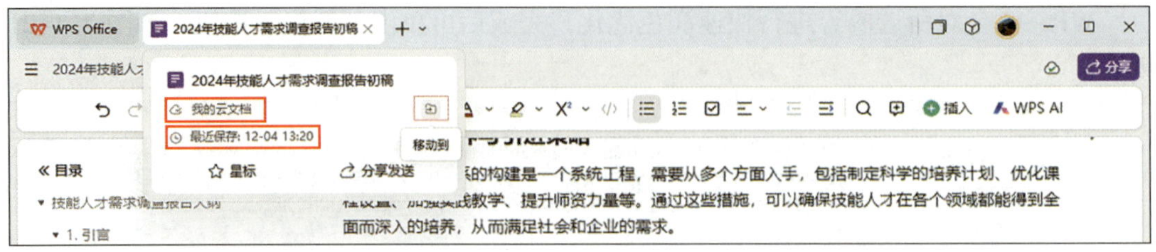

图 7-1-23　查看智能文档的保存位置和最近保存时间

图 7-1-24　“移动到”对话框

（3）导出智能文档

如果要把智能文档从线上下载到本地计算机，则可以单击左上角“文件操作”按钮，在弹出的下拉菜单中选择“导出为”命令，并在“导出为 Word (.docx)”“导出为 PDF”“导出为图片”3 种类型中选择第一种，如图 7-1-25 所示，将文档导出为 Word 类型。

6. 应用 AI 排版

（1）开始排版

打开刚导出的智能文档，单击“WPS AI”选项卡唤起 WPS AI，在弹出的下拉菜单中选择“AI 排版”命令，如图 7-1-26 所示。

单击“AI 排版”窗格中的“通用文档”中的“开始排版”按钮，如图 7-1-27 所示，AI 很快会完成通篇文档的自动排版。

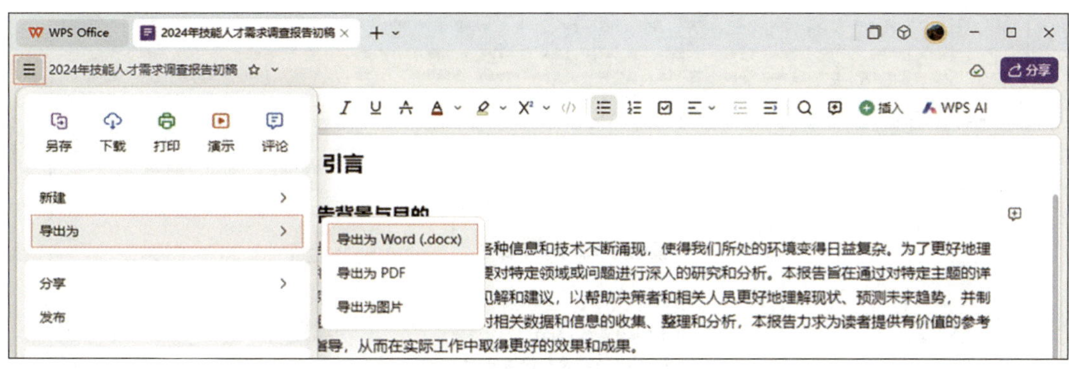

图 7-1-25　导出智能文档

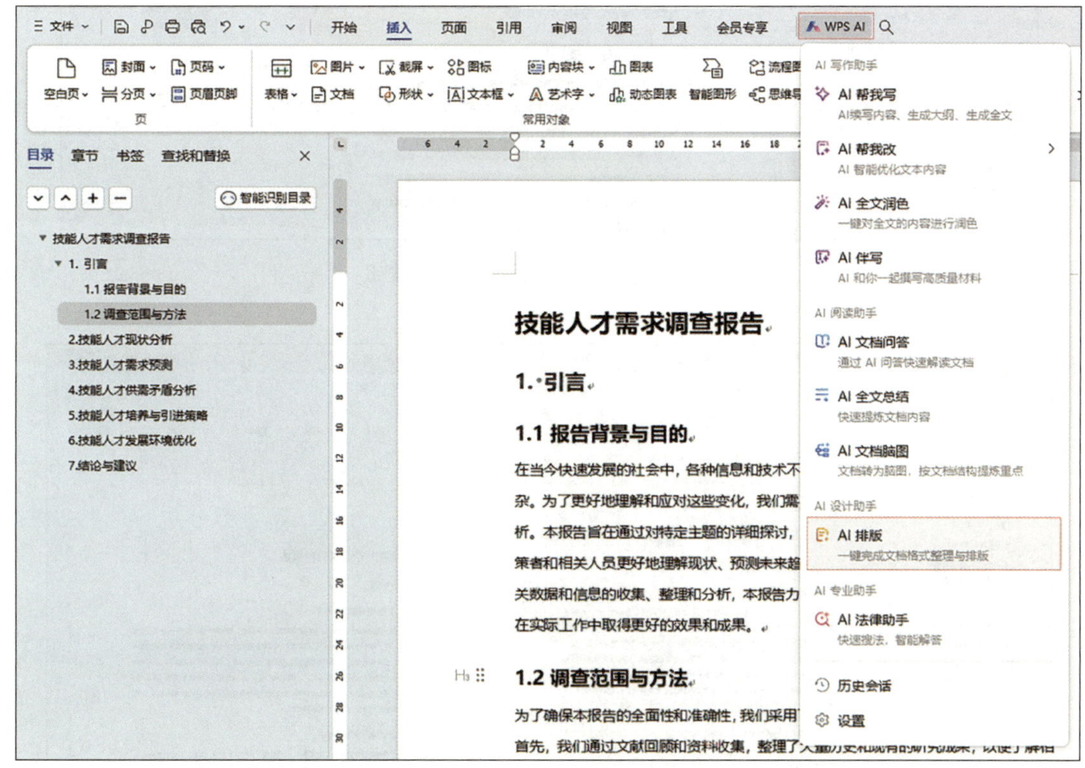

图 7-1-26　选择“AI 排版”命令

（2）选项设置

完成排版后，在文档下面的浮窗中有“显示目录”“显示原文”“同步滚动”复选框和“弃用”“应用到当前”按钮，如图 7-1-28 所示。勾选“显示目录”复选框，窗口左侧将显示导航窗格和目录内容；勾选“显示原文”复选框，窗口中将显示排版后效果和排版前效果；勾选“同步滚动”复选框，可以实现排版前后的内容上下同步滚动的查看效果；单击“应用到当前”按钮，AI 排版后的文档将替换原文。

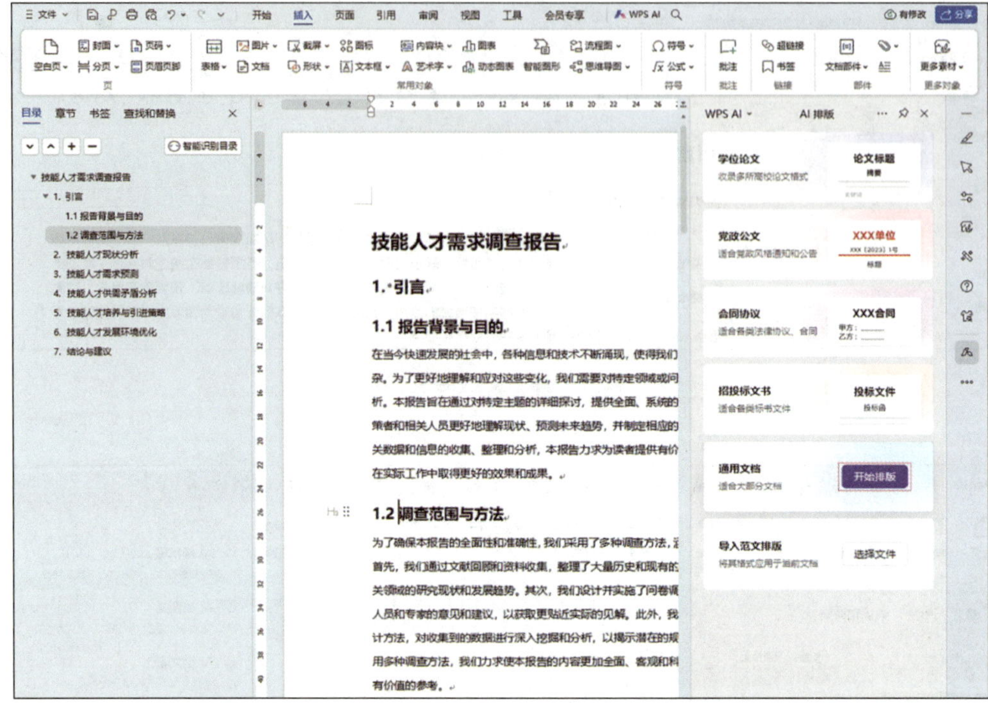

图 7-1-27 单击“开始排版”按钮

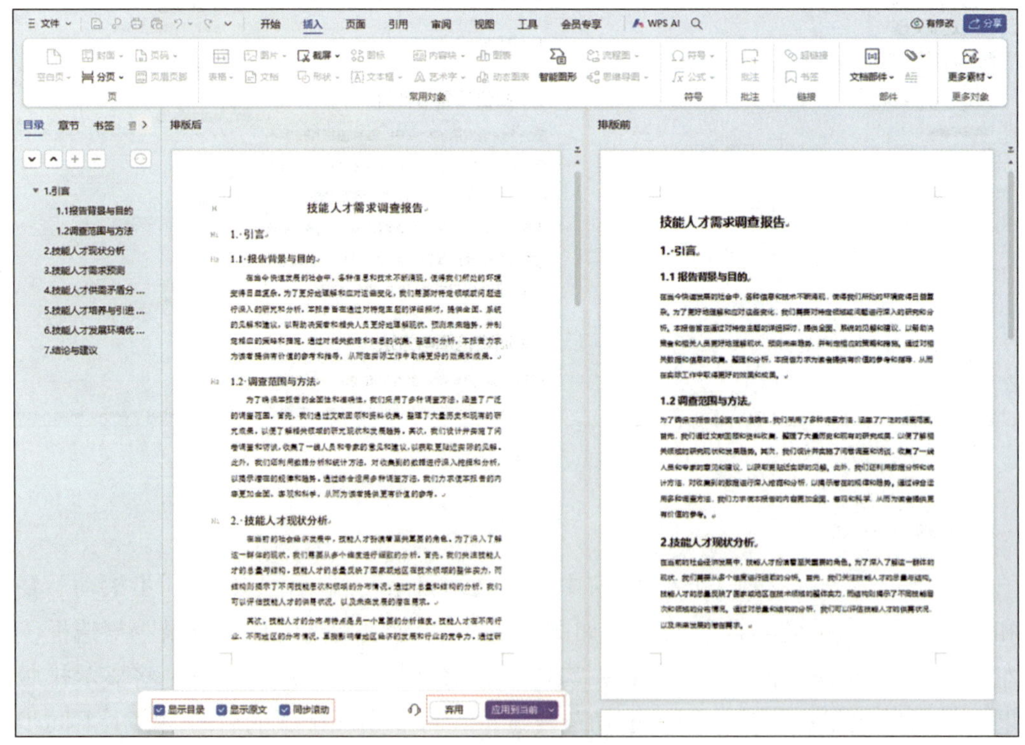

图 7-1-28 AI 排版后的选项设置

任务 2　共享云文档及协同办公

1. 能够表述云文档的功能。
2. 能够设置共享文档的权限和查找云文档的保存位置。
3. 能够利用云文档恢复文档的历史版本。

肖老师在完善技能人才需求调查报告时，组织相关教师共同对本地及周边企业进行了相关调查获取数据，考虑到编写团队在调查走访中需要经常变换工作场所，肖老师准备利用文档云同步功能实现文档的多台设备、不同平台自动同步，团队成员实时共享编辑，最终完成技能人才需求调查报告的撰写任务。

一、云文档的功能

1．云端存储

云文档实现了办公文档的云端存储功能，显著提升了工作效率与便捷性。在用户离开办公计算机或文档已保存至计算机本地存储空间的情况下，若需修改数据或文案，启用云文档功能后，用户仅需在手机上下载并安装 WPS Office 应用，使用相同账号登录，即可在 WPS Office 应用的首页中下拉刷新“最近”文档列表，找到并打开需要编辑的文档，从而在移动设备上进行查看和编辑。

2．自动备份

云文档支持文档的实时自动备份，便于用户快速恢复原文档。在进行文档编辑时，若遭遇断电或计算机死机等意外情况，未启用本地智能备份功能可能导致工作成果丢失。启用云文档后，用户仅需在 WPS Office 软件中通过首页搜索框输入文件名称或关键词，即可迅速找回备份至云文档中的文档。

3. 历史版本

云文档能够帮助用户快速检索文档的特定历史版本。在工作中，文档经常需要被反复修改，导致保存的文档被覆盖，甚至创建了多个不同编号的文档，这不仅占用本地磁盘空间，整理和查找也变得烦琐。启用云文档后，用户可以在 WPS Office 首页中选中文档，通过在右键快捷菜单中选择“历史版本”命令查看按时间顺序排列的文档修改历史，并自由选择时间点进行预览或恢复所需版本。

4. 安全共享

云文档实现了文档的安全共享。在传统的文档分享方式中，文档可能面临定时清理、二次编辑等问题。启用云文档后，用户可以利用共享功能设置文档操作权限，文档将自动上传至云端，文档接收者可在云端查看或编辑共享的文档。云文档实时记录共享文档的所有操作，从而提高文档共享的便捷性和安全性。

5. 协同办公

云文档支持团队协同办公，提高办公效率。在工作中，经常需要向同事发送相同的文档，会导致文档整理不便，团队工作进度难以统一。启用云文档后，用户可以创建云文件夹（共享文件夹）并将其设置为团队共享，将团队文档统一上传。团队成员可随时查看和编辑共享文件夹中的文档，协同完成工作，并可设置管理权限，防止误改误删，增强共享文档的安全性。

二、云文档的共享

在日常的工作与生活场景中，用户经常需要交换各种类型的文档。云文档提供了共享功能，以支持团队协同办公。该功能通过将云文档以链接形式分享给他人，有效减少因文档体积过大而导致的传输时间。此外，用户还可以对文档的编辑权限进行设置，包括限定链接的有效期以及自定义文档共享权限，从而显著提高了文档传输过程中的安全性。

1. 共享文档的查看

在 WPS Office 首页中，单击左侧面板中的“共享”按钮，在文档列表中的“共享文件夹”选项卡中显示所有共享文件夹，如图 7-2-1 所示，在“我发出的”选项卡中显示分享给他人的文档，在“我收到的”选项卡中显示他人分享的文档。

2. PC 端文档的共享

在 PC 端打开文档后，单击 WPS 文字工作界面右上角的“分享”按钮，弹出分享文档面板，如图 7-2-2 所示，其中包含两种模式，一种是协作模式，所有成员都能看到最新的文档内容；另一种是发送模式，选择“发送文件”命令可以将本文档更新到云端，选择“发送到我的设备”命令可以将本文档发送到使用同一 WPS 账号的任意一台设备上。

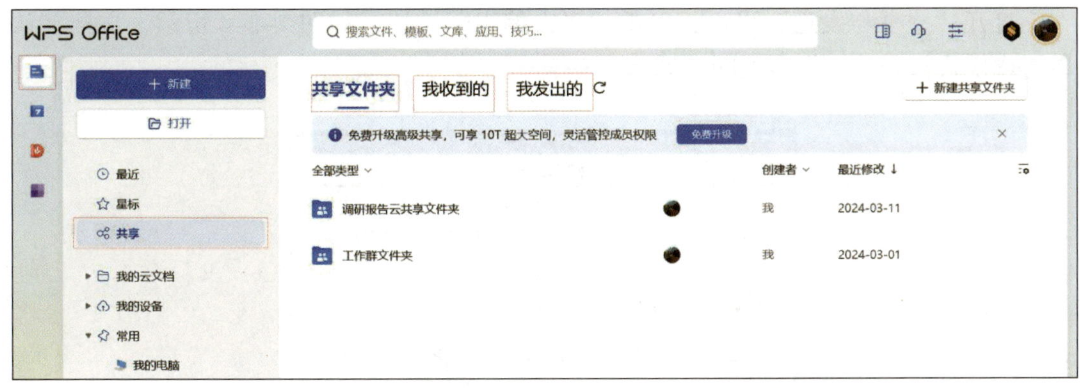

图 7-2-1　共享文件夹

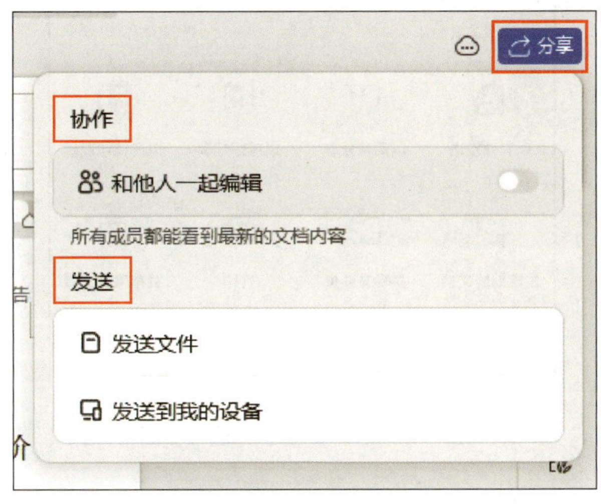

图 7-2-2　分享文档面板

打开协作模式后，用户可以看到生成的共享文档链接，在“协作”中可以选择分享受众、设置编辑权限和链接有效期。

3. 手机端文档的共享

先将微信群中接收的文档或手机中存储的文档用默认软件打开，然后选择其他应用打开方式中的“WPS Office”，打开目标文档。点击手机界面底部的“分享”按钮，如图 7-2-3 所示。

图 7-2-3　点击“分享”按钮

打开“分享与发送”界面，点击“多人编辑”按钮，如图 7–2–4 所示，文档默认以协作模式打开，可供多人同时编辑。

图 7-2-4 “分享与发送”界面

三、云文档的管理

1. 共享文件夹

在工作中，为了便于云文档的管理与分发，用户可以建立共享文件夹并邀请成员，各成员可上传文档到文件夹中。还可以对共享文件夹中的文档内容设置自定义权限，使文档更安全。

（1）创建共享文件夹并邀请成员

在 WPS Office 首页中，单击左侧面板中的“共享”按钮，在文档列表中单击“新建共享文件夹”按钮，弹出“创建共享文件夹”对话框，如图 7–2–5 所示，输入共享文件夹名称，单击“立即创建”按钮，即可创建共享文件夹并邀请团队成员协同办公。

（2）复制链接并邀请成员

用户可以通过复制链接并发送给好友的方式邀请成员，如图 7–2–6 所示，或者直接从通讯录里邀请好友加入。

图 7-2-5　创建共享文件夹

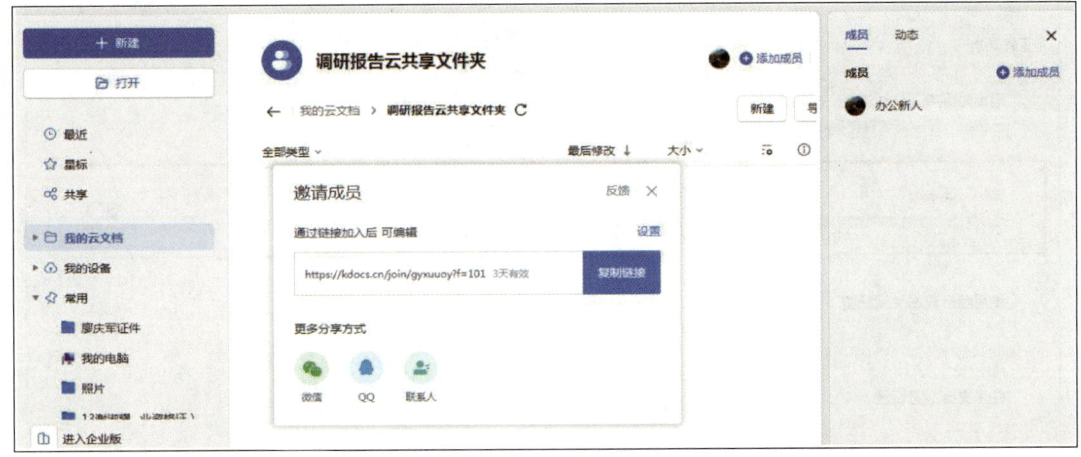

图 7-2-6　邀请成员

2. 云文档保存位置的查找

（1）如果用户已经打开文档，则将鼠标指针放在文档标题处，此时出现文档信息浮窗，在此处可以查看文档保存路径，单击即可快速定位此文档。

（2）如果用户没有打开文档，则用户可以在 WPS Office 首页的搜索框中输入文件名称或关键词，可以快速定位文档并打开文档。

（3）可以在 WPS Office 首页中的文档列表中的“最近”中查看最近使用或保存的文档，在文档下方可显示文档路径。

（4）用鼠标指针指向“文档列表”中的文档并单击鼠标右键，在弹出的快捷菜单中选择“打开文件位置”→“在 WPS 云盘中查看”命令，即可快速定位到此文档的位置。

1. 开启文档云同步功能

登录 WPS 账号，在 WPS Office 首页的用户与设置区中单击“全局设置”按钮☰，在弹出的下拉菜单中选择“设置”命令，在打开的“设置中心”标签页面中开启文档云同步功能，如图 7-2-7 所示。

图 7-2-7　开启文档云同步功能

2. 共享报告文档

打开本地文档“2024 年技能人才需求调查报告初稿.docx”，单击 WPS 文字工作界面右上方的“分享”按钮，弹出分享文档面板，开启“和他人一起查看 / 编辑”滑块开关，如图 7-2-8 所示，即可切换到协作模式。

3. 设置共享文档的权限

将“链接权限”中的“权限”设置为“编辑”、“谁能打开”设置为“所有人”，如图 7-2-9 所示，在“高级设置”中设置链接有效期为“30 天有效”。

图 7-2-8　切换到协作模式

单击“复制链接”按钮，通过微信群或 QQ 群发送给编写团队的其他人。

4．查看历史版本

在 PC 端打开 WPS Office 软件，登录自己的 WPS 账号，在 WPS Office 首页中单击左侧面板中的“最近”或者“共享”按钮，在文档列表中选中云文档“2024 年技能人才需求调查报告初稿.docx”，单击鼠标右键，在弹出的快捷菜单中选择“历史版本”命令，效果如图 7-2-10 所示。

5．恢复历史版本

云文档的历史版本是按照时间顺序排列的文档修改版本，用户可以自由选择时间进行预览或直接恢复所需的版本，方法是单击某个版本记录最右侧的“菜单”按钮 ··· ，在弹出的下拉菜单中选择“恢复到该版本”命令，如图 7-2-11 所示，即可恢复到所选的历史版本。

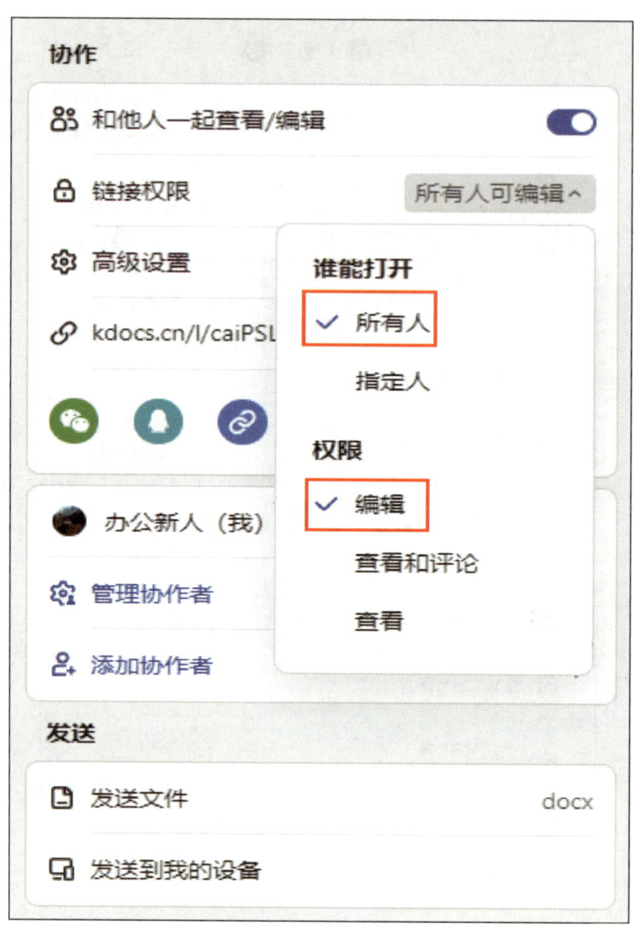

图 7-2-9　设置链接权限

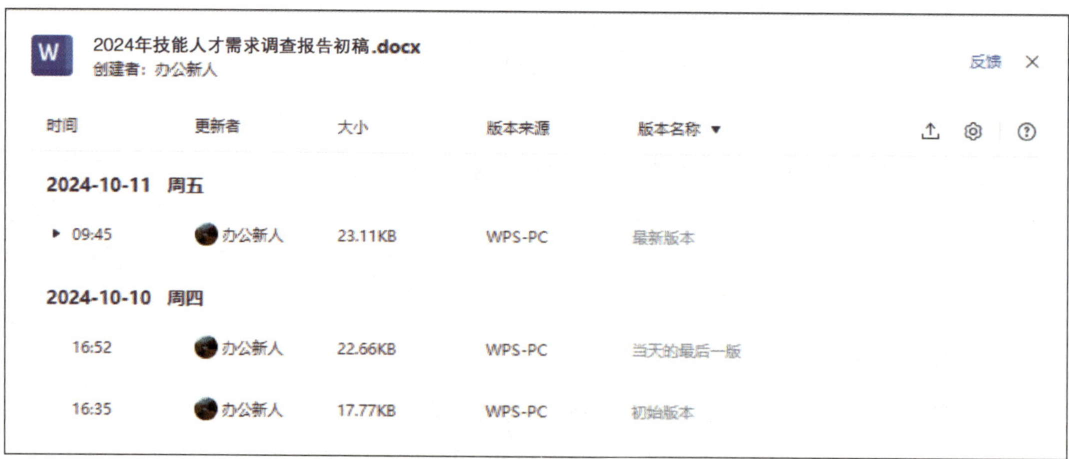

图 7-2-10　查看历史版本的效果

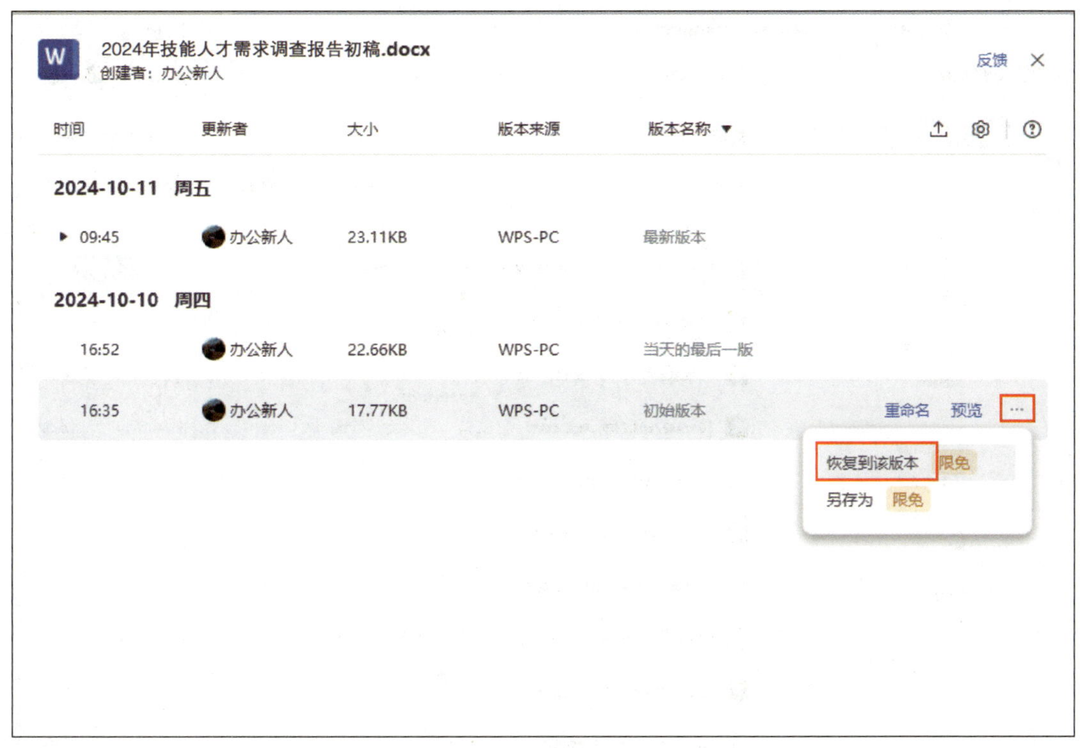

图 7-2-11　恢复历史版本

6. 取消文档共享

在对文档结构和内容进行完善优化后，调查报告基本已经完成，为保证文档的安全，需要及时取消文档共享。

在 WPS Office 首页中，单击左侧面板中的“最近”或者“共享”按钮，在文档列表中选中云文档“2024 年技能人才需求调查报告初稿.docx”，单击鼠标右键，在弹出的快捷菜单中选择“取消共享”命令即可，如图 7-2-12 所示。

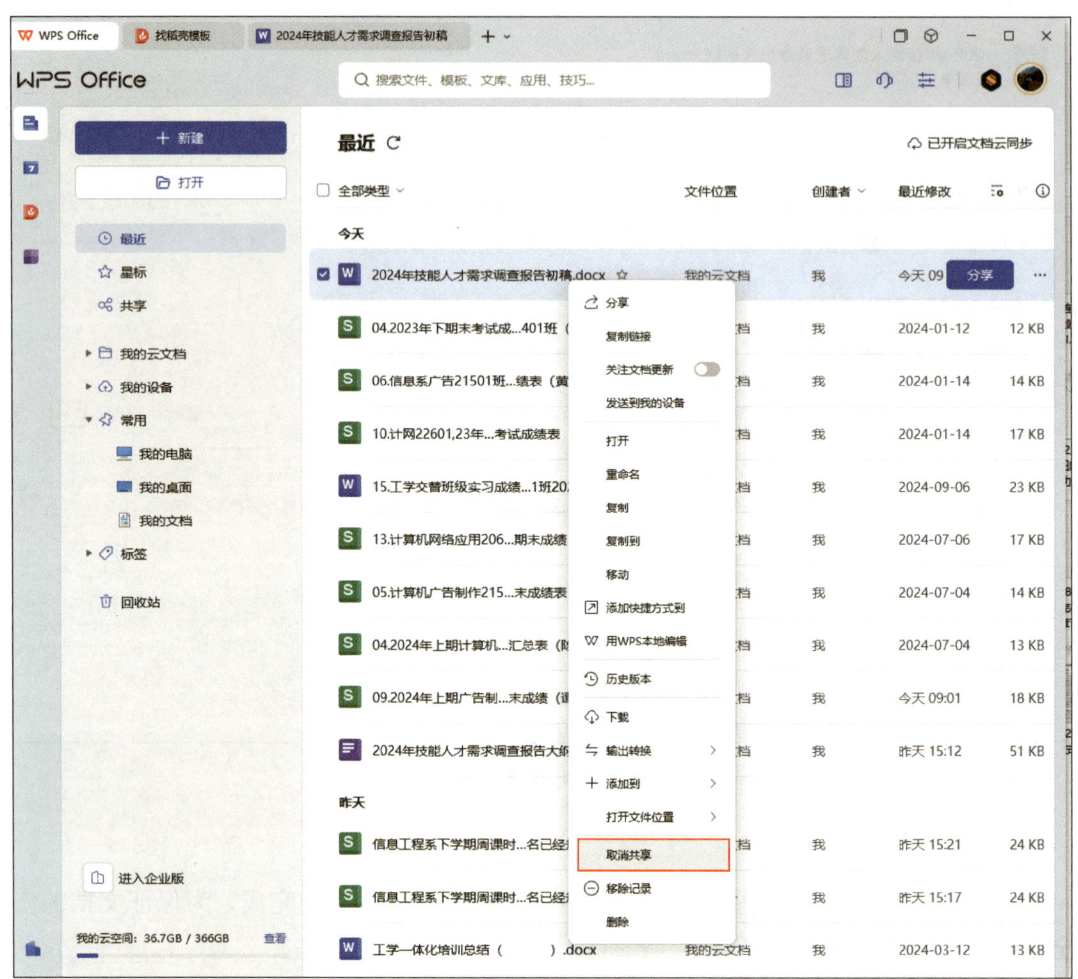

图 7-2-12　取消文档共享